수학 속 패러독스

황운구 지음

Paradoxes and Math

저자 **황 운 구**

- 수학교육학 박사
- 대전괴정고등학교 교사
- 공주대학교 겸임교수
- 홈페이지 http://www.mathmouseion.com

수학 속 패러독스

초판인쇄	2019년 10월 31일
초판발행	2019년 10월 31일

저 자	황운구
펴 낸 곳	지오북스
발 행 인	신은정
주 소	서울 중구 퇴계로 213 일흥빌딩 408호
등 록	2016년 3월 7일 제395-2016-000014호
전 화	02)381-0706 │ 팩스 02)371-0706
이 메 일	emotion-books@naver.com
홈페이지	www.geobooks.co.kr

ISBN 979-11-87541-65-3
값 19,000원

이 도서의 국립중앙도서관 출판예정도서목록(CIP)은 서지정보유통지원시스템 홈페이지(http://seoji.nl.go.kr)와 국가자료공동목록시스템(http://www.nl.go.kr/kolisnet)에서 이용하실 수 있습니다. (CIP제어번호 : CIP2019038048)

이 책은 저작권법으로 보호받는 저작물입니다.
이 책의 내용을 전부 또는 일부를 무단으로 전재하거나 복제할 수 없습니다.
파본이나 잘못된 책은 바꿔드립니다.

1. 여호와는 나의 목자시니 내게 부족함이 없으리로다.
2. 그가 나를 푸른 풀밭에 누이시며 쉴 만한 물 가로 인도하시는도다.
3. 내 영혼을 소생시키시고 자기 이름을 위하여 의의 길로 인도하시는도다.
4. 내가 사망의 음침한 골짜기로 다닐지라도 해를 두려워하지 않을 것은 주께서 나와 함께 하심이라 주의 지팡이와 막대기가 나를 안위하시나이다.
5. 주께서 내 원수의 목전에서 내게 상을 차려 주시고 기름을 내 머리에 부으셨으니 내 잔이 넘치나이다.
6. 내 평생에 선하심과 인자하심이 반드시 나를 따르리니 내가 여호와의 집에 영원히 살리로다.

-시편 23편-

(개정개혁성경)

감사의 글

하나님께 영광을 돌린다. 이 책을 저술 하기까지 무척 많은 고민과 고뇌를 하였다. 패러독스의 책들은 시중에 많이 나와 있고 수학 관련 패러독스 책들도 엄청 많이 출간되어 있다. 이들 수학 관련 패러독스는 수학적 접근이 아니라 단지 논리와 이야기 중심으로 되어 있어서 조금 아쉬움이 있다. 그래서 수학적 접근의 '수학 속 패러독스' 책을 쓰기로 마음을 먹었으나 저술하는데 매우 힘이 들었다. 원래 뚜렷한 목표가 없이 조금씩 논문 형식의 글로 정리를 하다가 중간에 책으로 내겠다는 생각을 하니 부담이 백 배로 다가왔다. 기존의 책과 다르게 하려면 어떻게 해야 할까? 더우기 올해는 몸 상태가 그리 좋은 것이 아니었다. 탈장 수술과 잦은 감기로 인해 체력이 떨어질 때 까지 떨어져 있는 상태였고, 3년 전 부터 만성 안구 건조증도 있어서 눈도 침침한 상태이다. 그래도 하나 씩 정리하고 자료를 찾고 연구하고 워드를 치고 해서 이 책이 나왔다. 조금 더 일반화까지 할 수 있는 것이면 일반화를 시키려고 노력을 하였다.

이 책의 내용은 초등학교, 중학교 및 고등학교의 학교 교실 속 현장에서 조금이나마 도움이 될 것으로 믿고 있다. 패러독스를 활용한 지도는 개념을 확인 시키는데 만큼 좋은 방법 중 한 가지이다. 학생들이 한번이라도 더 생각을 할 수 있는 상황을 만들 수 있기 때문이다.

몇 개의 패러독스는 어떻게 소개할지 전개를 어떻게 해야 할지도 고민이 많았고 정리하는데도 어려움이 있었다. 그러나 많은 자료를 찾고 정리하고 글로 써서 이 책을 출간하였다. 이 책 속에는 역사적으로 유명한 패러독스 중심으로 다루었고 다음으로는 '수학 교과서 속 패러독스와 퍼즐'을 집필을 하려고 한다.

현 학교 교육 현장에서는 활동 수업을 강조하고 과정 평가를 중시하는데 수학 수업에서 조금이나 마 도움이 되었으면 한다. 프로젝트로 하기에도 좋은 과제이기도 하다. 이를 염두해두고 질문을 통한 첫 장과 중간 중간 질문과 이에 대한 설명을 하였다. 설명 부분을 쉽게 쓰려고 노력을 하였으나 노력만 한 것 같다. 너무 수식이 많다. 수식이 어렵다. 그러나 이러한 책도 필요하다.

시편 23편이 계속해서 머리 속을 맴돌고 있다. 하나님은 언제나 선하시고 최고의 길로 나를 인도하신다. 감사의 마음으로 그저 순종을 할 뿐이다. 하나님께 감사를 드리며 '학자의 처음 생각'을 항상 마음 속에 새기며 연구를 계속하길 기도한다. 마지막으로 항상 옆을 지켜준 아내와 응원을 보내준 두 딸들에게도 감사의 말을 전한다.

모든 학생이 수학을 사랑하는 그날까지 열심히 가르치리라 다짐을 하며...
대전과학기술대학교 그라지에 카페에서
황운구
2019.9.14.

소개

이 비싼 책을 사주신 보답으로, 독자들에게 나는 아래 그림과 같은 유명한 블루베리 파이 마지막 조각을 선물로 드리겠다. 이 글을 읽고 있는 당신은 파이 A 또는 파이 B 중 하나를 원하는 것을 선택 하면 된다. 파이 A를 선택하겠는가? 물론, 그것이 더 큰 조각일 것으로 판단될 수 있다. 아니면 파이 B? 최종 결정을 내리기 전에 책을 거꾸로 하여서 같은 그림을 다시 들여다 보아라. 책을 올바르게 하고 보았던 그림의 파이가 바로 전에 보았던 파이처럼 보이지 않는다. 우리의 뇌가 우리 자신을 속일 수 있다.

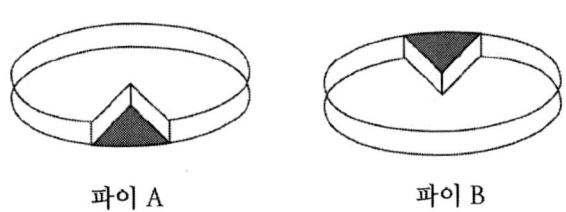

파이 A   파이 B

마틴 가드너(Martin Gardner)는 《스핑크스 수수께끼 (Riddles of the Sphinx)》에서 책을 올바르게 볼때는 파이 A를, 책을 거꾸로 볼때는 파이 B를 더 큰 조각으로 인식하는 착시가 있다고 하였다. 이 파이는 공상 과학 소설 작가 프레드 플래너건 (Fred Flanagan)의 작품이며 그는 "이것은 조금도 환상이 아니며 단지 하나처럼 보인다."라고 하였다.

패러독스는 히랍어 para(초월)과 doxa(의견)의 합성이다. 어원의 일반적 견해를 넘어섰다는 의미이다. 또한 퍼즐(puzzle)은 어려운 문제나 깊이 생각하게 만드는 문제이다. 패러독스와 퍼즐은 수학자들의 가장 훌륭한 농담이다. 좋은 패러독스는 완전히 믿을 수 없는 것들을 들을 만한 대목(Punch line)에 도달 할 때까지는 쉽고, 그럴 듯하고, 명백하게 논리적으로 전개 된다. 좋은 농담 같은 좋은 패러독스는 잘 전달해야 하며, 이내 눈살을 찌푸리다가 허탈한 웃음 부터 박장대소를 일으키게 하는 것이다. 퍼즐 또한 직관적인 결과와 동떨어진 믿을 수 없는 수학적 계산에 의한 결과에 놀라워하고 믿을 수 없다는 표정을 짖는다.

마틴 가드너가 말한 것과 같이, 패러독스 또한 요술을 부리는 것처럼 느껴진다. 마법사는 청중들에게 빈 모자를 보여준 후, 마술 지팡이를 흔들고 모자에서 토끼를 꺼낸다. 이 속임수는 어떻게 부렸을까? 토끼는 어디에서 나왔을까? 수학은 마술과 같지 않다. 단순한 연쇄 추리가 어떻게 잘못된 결론을 가능하게 했을까? 마술사들은 절대 그들의 묘기를 설명해 주지 않지만, 수학자들은 마지막 세부 사항까지 모든 것을 설명하려고 한다.

패러독스는 단순한 계산의 실수 혹은 오류에 의존하고 있고, 일반적인 정의와 수학적인 정의에서 오는 혼란에도 의존하고 있다. 아주 어려운 것과 쉬운 것이 들쭉날

쭉한 하기도 하다. 매우 깊이가 있고, 좋은 패러독스의 본질은 그 어떤 설명도 완전히 만족스럽지 않다. 예를 들어 무한의 패러독스는 풀기가 특히 어렵다. 어쩌면 무한의 개념이 완전히 추상적이고 실제 경험이 아니기 때문일 수도 있다. 이 중에는 '아킬레스와 거북이' 패러독스 처럼 무한을 다룬 고대의 위대한 패러독스도 있다.

패러독스와 퍼즐은 재미있지만 또한 진지하게 받아들여야 하는데, 왜냐하면 패러독스는 수학자들이 주제의 기초에 대해 진지하게 생각하게 해주는 강력한 힘이 있기 때문이다. 정수의 이론 안에 모든 수학을 포함 시킬 수 있다는 피타고라스의 생각은 제곱근이 정수 또는 분자 분모 모두 정수인 분수 형태로 나타낼 수 없다는 발견으로 조롱 당하였다. 비교적 최근에 미적분학의 발달은 영국의 수학자인 아이작 뉴톤(Isaac Newton, 1642~1727)과 독일 수학자 길포드 라이프니츠(Gottfried Leibniz, 1646~1716)를 무자비하게 공격했던 영국 아일랜드 철학자 조지 버클리(George Berkeley, 1685~1753)의 무한한 패러독스에서 영향을 받았다. 그리고 나중에 독일 수학자 고트로브 프레게(Gottlob Frege, 1848~1925)가 집합론의 수학 기초로 한 시도는 러셀(Russell)의 패러독스에 의해 짓밟히었다.

수학은 패러독스와 퍼즐로 가득 차 있고, 절대 그것에서 벗어날 수 없다. 패러독스와 퍼즐은 역설적이지만 충분히 그것을 엄밀히 검증 할 수 있다. 1930년대 오스트리아의 논리학자 쿠르트 괴델(Kurt G.del, 1906~1978)은 기초 대수학을 포함하는 수학 시스템에서 결정 불가능한 표현이 있음을 증명하였다. 다시 말하면 현 논리체계로는 같은 논리체계로 구축된 이론이 옳다고 증명하거나 틀렸다고 증명할 수는 없었다는 것이다. 괴델 이론은 수학자의 연구가 끝나지 않았다는 것을 증명을 한 것이다. 이것이 바로 궁극적인 패러독스일 것이다.

마지막으로 기원전 400년 경 밀레토스(Miletus)의 그리스 철학자 유빌리데스(Eubulides)의 '거짓말 쟁이(Liar Paradox) 패러독스'를 이야기하고 마치도록 하자.

어느 누군가 "나는 거짓말을 하고 있다."라고 말하였다. 만약 그의 말이 거짓이라면, 사실 그는 말은 참이다. 만약 그의 말이 참이라면, 사실 그의 말은 거짓이다. 다시 말해, 그는 거짓말을 하고 있다. 그리고 그는 참말을 하고 있다.

목차

1장 50번 종이 접기 패러독스 1
2장 실제로 한 방향으로 만 종이 접기 9
3장 동아줄로 지구 둘레 감기 13
4장 몬티 홀 패러독스 19
5장 생일 패러독스 23
6장 벽돌을 밀어내면서 쌓기 28
7장 도형 분할 패러독스 39
8장 커리 패러독스 44
9장 체스판 패러독스 50
10장 심슨 패러독스 55
11장 히파수스 패러독스 62
12장 대각선 패러독스 69
13장 가브리엘 나팔 패러독스 78
14장 페인트 통 패러독스 90
15장 두 장의 편지 봉투 패러독스 94
16장 상트페테르부르크 패러독스 96
17장 칸토어 패러독스 100
18장 아리스토텔레스 바퀴 패러독스 109
19장 가계도 패러독스 117
20장 파론도 패러독스 120
21장 제노 패러독스 125
22장 네 마리 아기 곰 패러독스 135
23장 베두인 유서 패러독스 137
24장 밀로스와 독이든 와인 146
25장 러셀 패러독스 151

26장 칠교 퍼즐 패러독스 155
27장 체스 토너먼트 패러독스 158
28장 픽 정리 패러독스 161
29장 에프론 주사위 패러독스 173
30장 탐험가 패러독스 176
31장 펜로즈 삼각형 179
32장 떠오르는 달 패러독스 181
33장 3D 착시 현상 185
34장 항상 이기는 게임 192

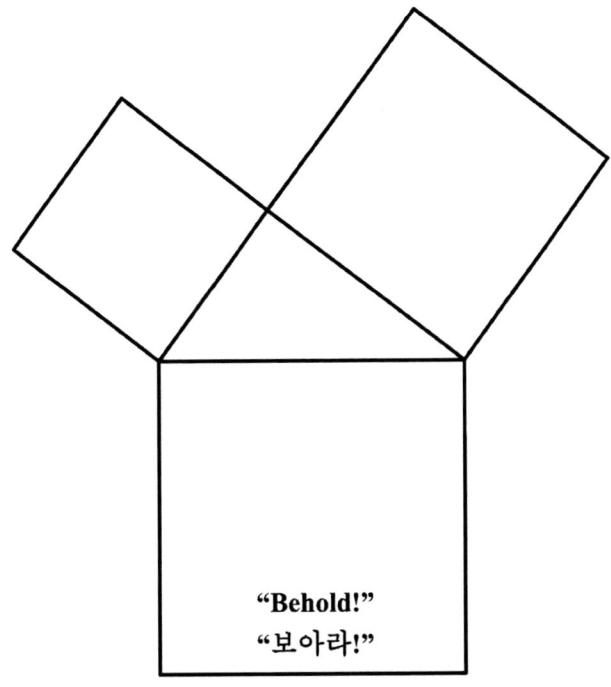

"Behold!"
"보아라!"

viam Inveniam aut Faciam.
나는 길을 찾거나 아니면 길을 만들겠다.

1
50번 종이 접기 패러독스

A_4 복사지 한장을 가지고 50번을 접어보아라. 물론 접을 수도 없다. A_4 복사지 한 장은 너무 작아서 5번에서 6번 정도 접을 수 있다. 우리에게 50번 접을 수있는 거대한 종이 한 장을 가지고 있다고 가정하자. 그렇다면 마지막 50번 접힌 종이의 두께는 얼마나 되겠는가? 몇 cm?, 몇 m?, 몇 km?

(단, 복사지 한 장의 두께는 약 $0.14mm$ 이다.)

50번 종이 접기 패러독스는 매우 유명한 패러독스로, 천 년 동안 다양한 책 속에서 많은 사람들에 의해 발표되었으나 독자들에게 깊은 인상을 남기지 못하였다. 이 패러독스의 흥미로운 점은 해가 존재하고 명확히 증명을 한 후에도, 100% 사실임을 입증 한 후에도, 여전히 결론을 받아들이기 위해서는 마음 속에 있는 무엇인가 꺼림직 한 오류를 지워야 한다. 답을 추측하려면 적어도 야구장이나 축구장에서 이러한 문제를 실제로 실험을 한다고 가정을 하여야 한다. 또한 A_4 복사지 한장은 너무 작아서 약 5번 정도 접을 수 있지만 50번 접을 수 있는 거대한 종이 한 장을 가지고 있다고 가정하자.

수업에서 학생들에게 위의 질문을 하면 학생들은 대부분 직관으로 수 천에서 수만 km 정도 대답을 한다. 직관을 탈피하기 위해서 컴퓨터를 이용하여 계산을 하여 보자. 연필과 종이로 계산을 하면 많은 계산을 하여야 한다. 우리에게는 계산기 또는 컴퓨터가 있다. 이를 적극적으로 활용하자. 종이의 두께가 두 배 씩 늘어난다는 것을 알고 있으므로, 복사지는 접지 않는 상태는 $0.14mm$이고, 한번 접으면 $0.28mm$이고, 두 번 접으면 $0.56mm$이며 세 번 접으면 $1.12mm$가 된다. 그러므로 마지막 50번 접은 종이의 두께는 아래와 같다.

$$(\text{50번 접은 종이 두께}) = (0.14) \times \underbrace{2 \times 2 \times 2 \times \cdots \times 2}_{50 \text{ 개}} (mm)$$

$$= (0.14) \times 2^{50} (mm)$$

$$= (0.14) \times 1,125,899,906,842,624 (mm)$$

$$\approx 157,625,986,957,967 (mm) \approx 15,762,598,695,797 (cm)$$

$$\approx 157,625,986,958 (m) \approx 157,625,987 (km)$$

수학 속 패러독스

이 거리를 실감할 수 있는 거리가 있는데 바로 지구와 태양 사이의 거리이다. 그 거리가 평균적으로 약 149,600,000km이다. 다시 말해 태양을 한번 찍고 다시 지구 방향으로 지구와 달 거리(384,400km)의 약 21배의 거리를 더 와야 한다.

표 1 50번 종이 접기 두께 계산

접는 횟수	두께(mm)	두께(km)
0	0.14	0.00000014
1	0.28	0.00000028
2	0.56	0.00000056
3	1.12	0.00000112
4	2.24	0.00000224
5	4.48	0.00000448
6	8.96	0.00000896
7	17.92	0.00001792
8	35.84	0.00003584
9	71.68	0.00007168
10	143.36	0.00014336
11	286.72	0.00028672
12	573.44	0.00057344
13	1,146.88	0.00114688
14	2,293.76	0.00229376
15	4,587.52	0.00458752
20	146,800.64	0.14680064
25	4,697,620.48	4.69762048
30	150,323,855.36	150.324
35	4,810,363,371.52	4,810.36
40	153,931,627,888.64	153,931.63
45	4,925,812,092,436.48	4,925,812.09
50	157,625,986,957,967	157,625,987

이 마지막 숫자는 매우 재미있는 수이기도 하다. 또 다른 궁금증이 생긴다.

한 변의 길이가 100(*km*) 정사각형의 종이를 가로 세로 번갈아가며 50번 접으면 그 한 변의 길이는 얼마일까?

한 변의 길이가 100*km*인 직사각형의 종이가 있다고 하자. 그러면 50번을 접는데 가로를 한번 접고, 세로를 한번 접고, 다시 가로로 접고 또 다시 세로로 접고 이를 반복한다. 그러면 가로와 세로는 각각 25번 씩 접게 된다. 이렇게 접힌 종이의 마지막 길이를 구하여 보자.

(가로 세로 25번 접은 종이의 한 변의 길이)

$$= \frac{100}{\underbrace{2 \times 2 \times 2 \times \cdots \times 2}_{25 \text{ 개}}} \approx 0.0000000000000088817842 \, (km)$$

$$\approx 0.000000088817842 \, (mm) \approx 0.088817841970013 \, (nm)$$

한 변의 길이를 100*km*로 하였을 때 가로 세로로 25번 접은 결과 0.088817841970013 나노미터(*nm*)이다. 말도 않되는 결과가 나왔다. 이런 길이는 나노 세계에서도 매우 작은 수이다.

현실적이지 못한 이러한 결과가 나오게 되는 이유는 무엇일까?

어마어마한 큰 수를 대부분 사람들은 그들의 직감이 2의 거듭 제곱의 성질을 무시한다. 2의 거듭 제곱은 아래와 같다.

1 ,2 4, 8, 16, 32, 64, 128, 256, 512, 1024, ⋯

이 수열은 기하급수적으로 늘어난다. 이 수열을 영어로는 '기하 수열(Geometry Sequence)'인데 우리나라 중고등학교 교육 과정에서는 '등비수열'이란 용어를 사용한다.

하노이 탑과 지구 종말 예언

오늘날에 거의 모든 장난감 상점에서 고대 퍼즐 장난감들을 많이 볼 수 있다. 그 중에는 평범해 보이는 '하노이 탑'도 있다. [그림 1]와 같이 3 개의 수직으로 고정된 나무 막대가 평평한 나무 판에 꽂혀 있다. 나무 막대기 중 하나에는 나무 막대기 위에서 부터 가장 작은 원판으로 시작해서 바닥으로 갈 수록 원판의 크기가 일정하게 커지고 바닥에는 가장 큰 원판으로 구성되어 있다. 문제는 모든 디스크를 첫 번째 막대기에서 다른 막대기로 최소한의 이동으로 옮기는 것이다. 즉, 세 번째 막대기로 옮기면 세 번째 막대기에 최종 배열이 첫 번째 막대기에 꽂혀 있던 원판의 배열과 같게 최소한의 이동으로 옮겨야 하고, 한 번에 하나의 원판만 이동해야 하며 작은 원판 위에 큰 원판을 옮겨 놓을 수는 없다.

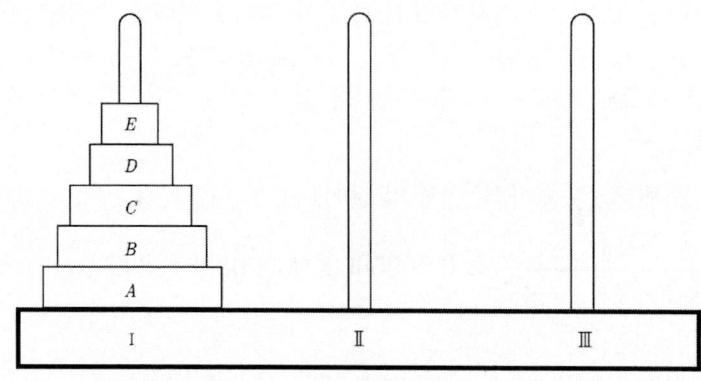

그림 1 하노이 탑

예를 들어, [그림 1]과 같이 막대기 I, 막대기 II, 막대기 III가 있고 원판 A, B, C, D, …가 막대기 I에 꽂혀 있다고 가정하자. 원판 2개의 원판 A와 B 만이 I에 있으면 B를 II, A를 III으로, 다시 B를 III으로 이동 시켜라. 그러면 2개의 원판은 최소 3번 ($=2^2-1$)의 이동이 필요하다. 3개의 원판 A, B 및 C가 있는 경우는 C를 III, B를 II, C를 II, A를 III, C를 I, B를 III 그리고 마지막으로 C를 III의 순서로 이동 시켜라. 그러면 3개의 원판으로 최소 7번($=2^3-1$)의 이동이 필요하다.

일반적으로 n개의 원판이 있으면 최소 2^n-1번의 이동이 필요하다. 물론 이 게임은 종이에 나무 판과 막대기 3개를 그리고 골판지로 원판을 대신하여 게임을 할 수 있다. 5개의 원판은 최소 $2^5-1=31$번의 이동이 필요한 5개의 원판을 사용하고 더 능숙해지면 원판을 더 추가 하여서 시도를 하여 보아라. 유용한 힌트가 있다. 원판의 개수가 짝수이면 첫 번째 원판을 막대기 II에, 홀수면 막대기 III에 이동 시켜 보아라.

이 하노이 탑의 기원을 다음과 같다.

"세계의 중심을 나타내는 돔 아래에 있는 위대한 사원 베르나스 (Berenas)에, 각각 높이가 한 큐빗[1]이고 지름이 꿀벌의 몸통처럼 얇은 고정된 3 개의 다이아몬드 바늘에 황동 판이 놓여 있다. 이 바늘 기둥들 중 하나에, 하나님께서 세상을 창조할 때, 순금으로 된 64 장의 원판을 황동 판 위에 가장 큰 원판을 놓고 위로 올라갈 수록 점점 작은 원판을 맨 위까지 끼워 놓았다. 이것이 브라마(Bramah) 탑이다. 밤낮으로 세 사장들은 브라마의 고정 불변의 법칙에 따라 다이아몬드 바늘 한 개에서 다른 바늘로 원반을 끊임없이 옮긴다. 브라마의 임무를 맡은 제사장은 하루에 한 개의 원반 만을 움직여, 다른 바늘에 끼워져야 하고 이동한 원판 아래에는 그 보다 작은 원반이 없도록 해야 한다. 이렇게 해서 64개의 원반이 한 바늘에서 하나님이 창조할 때 놓여

---

[1] 고대에 사용되던 길이 단위의 하나. 손가락 끝에서 팔꿈치까지의 길이로 약 $45cm$

져 있던 다른 바늘로 모두 옮겨졌을 때, 탑, 신전, 브라마 모두 똑같이 먼지로 부서지고 천둥소리와 함께 세상은 사라질 것이다."

이 경우에 원판이 최소 이동한 수는 $2^{64} - 1$번이다. 만약 사제들이 24시간 스케줄을 짜서 초 당 1개의 속도로 원판을 이동하고 절대 실수를 하지 않는다고 가정한다면, 세상이 먼지로 사라지는데는 약 5.82×10^{11}년, 즉 거의 60억 년이 걸릴 것이다. 이 세상의 기록 된 종말 예언 중 가장 낙관적 예언 중 하나이다!

너무나 많은 밀

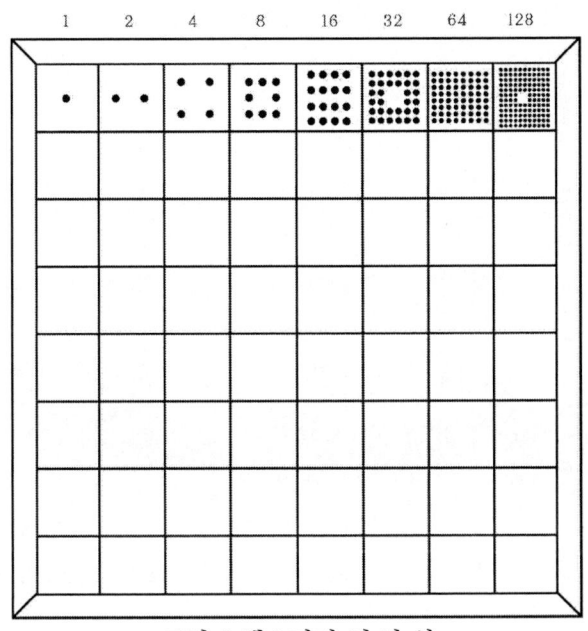

그림 2 체스판과 밀 낱 알

숫자 $2^{64} - 1$은 체스의 기원과도 연결되어 있다. 전설에 따르면 페르시아의 고대 샤(Shah)는 이 체스 게임에 매우 감명을 받아 발명가에게 그가 원하는 어떤 것도 들어주겠다고 하였다. 아마도 그는 영리한 산술가였던 것 같다. 발명가는 밀 낱 알을 체스판 첫 칸에는 한 알, 두 번째 칸에는 두 알, 세 번째 칸에는 네 알, 네 번째 칸에는 여덟 알, 등등 체스판의 모든 칸에 이러한 방식으로 밀을 채워서 달라고 하였다.

그가 요구한 밀 낱 알 개수는 $1 + 2 + 2^2 + 2^3 + \cdots + 2^{63} = 2^{64} - 1$ 개이다. 샤는 그의 조언자들이 그에게 문제의 심각성을 이야기하기 전까지 요구한 보상이 형편없다고 생각을 하였다. 조언자들이 알아낸 낱알의 개수는 $2^{64} - 1$ 개로 즉, 약

1.84×10^{19} 개이다. 만약 1 파인트(pint)[2]에 9000개의 밀알이 있다고 가정한다면, $2^{64} - 1$이 수치는 약 3×10^{13}부셸(bushel)[3]로 오늘날까지도 세계 연간 밀 수확량의 수천 배에 달하는 숫자이다!

독일 기센에 가면 이를 시각적으로 느낄 수 있게 만들어 놓은 수학 실험물이 있다. 보드 판 모양의 격자 책장에 각 거듭제곱에 대응되는 사물들을 갖다 놓았다. 물론 처음 몇개는 쌀의 낱알 개수로 시작하지만 거듭제곱을 할 수록 무게로 대채된 실물 모형과 사진들로 채워져 있다.

그림 3 마테마티쿰(독일 기센)에 있는 2의 거듭제곱 표현

네델란드 탐험가와 카나시 지역의 인디언

아래에는 매우 흥미로운 등비수열이 있다.

$$1, 1.08, (1.08)^2, (1.08)^3, (1.08)^4, \cdots$$

첫번째 항이 1이고 공비가 1보다 조금 큰 1.08인 등비수열임에도 불구하고 이 수열은 우리가 인식하는 것보다 매우 빠르게 증가하는 수열이다.

역사적인 사실을 바탕으로 접근을 하여 보자.

---

[2] 파인트(액량·건량 단위. 영국에서는 0.568리터, 일부 다른 나라들과 미국에서는 0.473리터. 8파인트가 1갤런)

[3] 곡물량의 단위로 약 36리터

1624년에 네델란드 탐험가들은 카나시 지역의 인디언들을 메하탄 섬에서 24달러에 팔아 넘겼다. 우리는 카나시 인디언들이 카나시 은행에 24달러를 매년 복리 8%로 정기 예금을 하였다고 가정하자. 이 글을 작성하고 있는 년도가 2019년이므로 1624년 이후로 395년이 흘렀다. 24달러를 연 복리 8%로 하여서 395년이 지난 금액을 구하여 보아라.

(395년이 지난 금액) = $24 \times (1.08)^{395} \approx \$382,467,607,417,421$

환율이 지금 현재(2019년 4월 29일) 1달러에 1,158.90원으로 계산을 하면 한화로 약44,3241,7102,3604,9216 원이다. 약 44경 3241조 7102억 원이다.

그러면 복리 8%가 많다고 하면 4%로 하여서 계산을 하여보자.

(395년이 지난 금액) = $24 \times (1.04)^{395} \approx \$813,861,297$

원화로 계산을 하면 약 9431,8385,7583이다. 약 9431억 원이다. 이 무지막지한 액수는 얼마나 많은 노동력을 착취 당했는지 알 수 있는 대목이다.

박테리아 번식

기하학적 번식과 관련이 있는 사례를 들어보자.

햄버거를 충분히 오래 익히지 않고 한 마리의 대장균 박테리아 (*Escherichia coli* bacterium)를 섭취했다고 가정하고 모든 박테리아가 20분마다 두 개의 박테리아로 나뉘어진다고 가정을 하자. 20분에 2배이므로 한 시간에는 $2 \times 2 \times 2 = 8$배로 박테리아로 나뉘어진다. 하루 24시간 후에는 몇 마리의 박테리아가 있을까? 수학적으로 계산을 하여보아라.

계산을 하여 보자. $1 \times 8^{24} = 4,722,366,482,869,645,213,696$ 개의 박테리아이다. 약 47해 2236경 6482조 8696억 4521만개의 수이다.[4] 이건 무슨 뭐라고 말할 수 없는 숫자이다. 그러니 햄버거는 꼭 잘 익혀서 먹도록 하자.

---

[4] 경 다음의 수는 해이다.

지수 함수의 역 함수인 로그 함수

2^{50}의 값을 로그 표를 이용하여 계산하여 보아라. (단, 상용 로그 표를 보고 계산하여라.)

지수의 계산은 너무 큰 숫자이므로 이를 해결하기 위해서 로그 함수가 도입이 되었다.

$$2^{50} = \underbrace{2 \times 2 \times 2 \times \cdots \times 2}_{50 \text{ 개}} = 1{,}125{,}899{,}906{,}824{,}624$$

이를 밑을 2인 로그로 나타내면 $50 = \log_2(1{,}125{,}899{,}906{,}842{,}624)$ 이다. n이 증가할 때, 지수 2^n는 매우 가파르게 값이 증가하지만, 로그 $\log_2 n$은 예상보다도 매우 느리게 값이 증가하는 특징을 가지고 있다.

이제 상용 로그를 사용하여 근사값을 구하여 보자.

$2^{50} = x$라고 하자. 양변에 자연로그를 취하자.

$\log x = \log 2^{50} = 50 \log 2 = 50 \times 0.3010 = 15.05 = 15 + 0.05$

여기서 15를 **지표**라고 하고, 0.05를 **가수**라고 한다.

가수 0.05는 $\log 1.12 = 0.0492 < 0.05 < 0.0531 = \log 1.13$이다. 상용 로그 표의 오른쪽에 있는 수는 보간법에 의한 값으로 상용 로그 값의 소수 셋째 자리 값을 구할 수 있다.

$0.05 - 0.0492 = 0.0008$이다. 소수점 넷째 자리 수 8을 주목하자. $\log 1.12$ 줄에 있는 비례식 값의 8에 해당하는 위의 숫자가 2이다. 그러므로 $0.05 = \log 1.122$이다.

그러므로 $\log x = 15 + 0.05 = 15 + \log 1.122 = \log(1.122 \times 10^{15})$이다.

따라서 $x = 1.122 \times 10^{15}$이다.

결론적으로 $2^{50} \approx 1.122 \times 10^{15} = 1{,}122{,}000{,}000{,}000{,}000$이다. 물론 이 값은 근사값이다. 위에 있는 참 값과는 차이는 나지만 그래도 앞의 세 자리 값은 정확히 일치한다. 이 일치하는 세 자리 값을 **유효숫자**라고 한다.

표 2 로그 표 일부

	0	1	2	3	4	5	6	7	8	9	1	2	3	4	5	6	7	8	9
1.0	0	0.0043	0.0086	0.0128	0.017	0.0212	0.0253	0.0294	0.0334	0.0374	4	8	12	17	21	25	29	33	37
1.1	0.0414	0.0453	0.0492	0.0531	0.0569	0.0607	0.0645	0.0682	0.0719	0.0755	4	8	11	15	19	23	26	30	34
1.2	0.0792	0.0828	0.0864	0.0899	0.0934	0.0969	0.1004	0.1038	0.1072	0.1106	3	7	10	14	17	21	24	28	31
1.3	0.1139	0.1173	0.1206	0.1239	0.1271	0.1303	0.1335	0.1367	0.1399	0.143	3	6	10	13	16	19	23	26	29
1.4	0.1461	0.1492	0.1523	0.1553	0.1584	0.1614	0.1644	0.1673	0.1703	0.1732	3	6	9	12	15	18	21	24	27
1.5	0.1761	0.179	0.1818	0.1847	0.1875	0.1903	0.1931	0.1959	0.1987	0.2014	3	6	8	11	14	17	20	22	25

2
실제로 한 방향으로 만 종이 접기

새 화장지가 있다. 새 화장지의 길이는 평균적으로 약 $27m(=27000mm)$이다. 이 화장지를 끊어지지 않게 긴 쪽으로 하여 몇 번을 접을 수 있을까? (화장지의 두께는 $0.45mm$이다.)

아래 공식을 적용하여 구하여 보아라.

자연수 n일 때, 한 방향으로만 n번 접었을 때 필요한 종이의 길이 L은

$$L = \frac{\pi}{6}t(2^n+4)(2^n-1)$$

이다. (단, t는 종이 두께이고, 그리고 접힌 부분이 공통 부분이 있을 때 접힌 상태로 인정한다.)

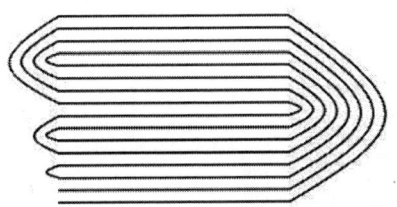

이를 맥 컴퓨터에서 실행되는 넘버스(numbers) 프로그램[5]을 이용하여서 구하여 보자. 엑셀을 이용해서 구하여도 된다. 이 계산을 통해서 보면 8번을 접을 수 있다. 9번째는 길이가 부족해서 접을 수가 없다.

---
[5] 맥용 스프레드시트 프로그램

수학 속 패러독스

n	$L = \dfrac{\pi}{6} t \left(2^n + 4\right)\left(2^n - 1\right)$
1	1.413
2	5.652
3	19.782
4	70.65
5	262.818
6	1008.882
7	3947.922
8	15613.65
9	62095.698

1장에서는 종이 접기를 무한히 할 수 있다고 가정을 하였지만 실제로는 몇 번 접을 수가 없다. 처음 세계 신기록을 기록한 사람은 2002년 1월 미국인 브리트니 걸리반(Britney Gallivan)은 고등학교 때 화장지 약 $1200m$를 이용하여 12번을 접었다. 7시간 동안 접었으며 12번째 접을 때는 널찍한 종이 판을 접었다. 그 크기가 폭이 약 $80cm$이고 높이가 약 $40cm$였다.

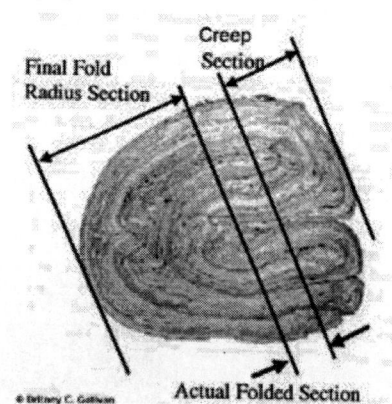

2012년에는 세사추세츠 대학교 학생들이 두께가 $0.45mm$인 화장지 $15.8km$를 이용하여 13번을 접어 세계신기록을 갈아치웠다.

우리는 여기서 두 가지의 공식을 알아야 한다. 종이 폴드 이론에서 사용되는 공식 두 가지가 있다. 이 이론은 브리트니 걸리반 학생이 고등학교 때 만든 공식이다.

실제로 한 방향으로 만 종이 접기

첫 번째 공식은 n번 교대로 접었을 때 필요한 종이의 폭(너비) W은

$$W = \pi t 2^{(3/2)(n-1)}$$

이고, 두 번째 공식은 n번 한 방향으로만 접었을 대 필요한 종이의 길이 L은

$$L = \frac{\pi}{6} t \left(2^n + 4\right) \left(2^n - 1\right)$$

이다. 단, W는 종이 폭이고, L은 종이 길이이며, t는 종이 두께, n은 종이를 접은 횟수이다.

우리는 여기서 두 번째 공식을 다룰 것이다. 한 방향을 접는데 중요한 조건이 있다. 아래의 그림처럼 세 번째 폴드에서 네 번째 폴드로 접을 때 정확히 공통적인 부분(아래 왼쪽 그림 위에 있는 D 길이)이 일치를 해야 한다.(폴드:종이를 접는 형태)

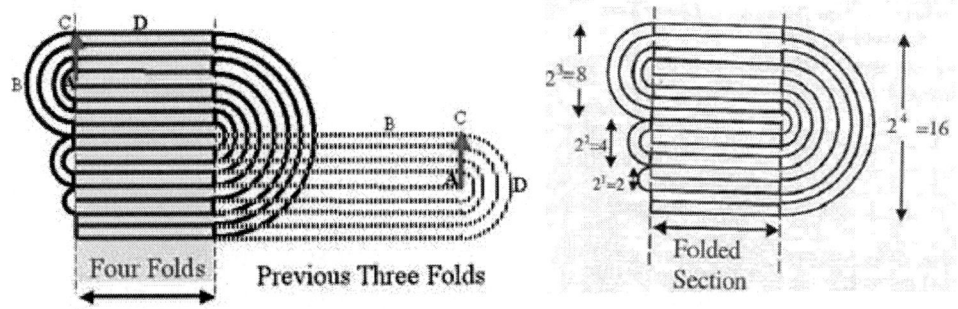

반지름에 의해서 생기는 반원 부분(creep section)때문에 종이의 길이와 높이의 비율이 π보다 작으면 접히지 않는다. 즉, 길이가 높이의 π배 보다 작으면 다음 접기를 할 수가 없다. 줄어든 길이를 구하여 전체 필요한 길이를 구하려고 한다.

길이가 L인 종이를 한번 접으면 종이의 두께가 t이므로 반원의 반지름도 t이고 이 반원의 호의 길이 πt만큼 종이 길이가 줄어든다. 두 번 접으면 반지름이 t인 것과 $2t$인 것이 만들어지고 이들 호의 길이 $\pi t + 2\pi t$ 만큼 더 종이가 줄어든다. 같은 방법으로 세번 접으면 더 줄어든 종이 길이 $\pi t + 2\pi t + 3\pi t + 4\pi t$ 이다. 일반적으로 n번째 접으면 줄어든 종이 길이는 $\pi t + 2\pi t + 3\pi t + 4\pi t + \cdots + 2^{n-1}\pi t$이다.

n번째까지 접어 줄어든 전체 길이 L은 아래와 같다.

$$L = \pi t + (\pi t + 2\pi t) + (\pi t + 2\pi t + 3\pi t + 4\pi t)$$
$$+ \cdots + \left(\pi t + 2\pi t + 3\pi t + 4\pi t + \cdots + 2^{n-1}\pi t\right)$$

이다. 종이를 접기가 가능하도록 하는 누적되어 줄어든 최소 길이 L을 계산을 하자.

$$L = \sum_{i=1}^{n}\sum_{j=1}^{2^{i-1}} j\pi t = \pi t \sum_{i=1}^{n}\sum_{j=1}^{2^{i-1}} j$$

$$= \pi t \sum_{i=1}^{n} \frac{1}{2} \cdot 2^{i-1}\left(2^{i-1}+1\right)$$

$$= \frac{\pi t}{2}\sum_{i=1}^{n}\left(2^{2(i-1)} + 2^{i-1}\right)$$

$$= \frac{\pi t}{2}\sum_{i=1}^{n}\left(4^{i-1} + 2^{i-1}\right)$$

$$= \frac{\pi t}{2}\left(\frac{4^n - 1}{3} + 2^n - 1\right)$$

$$= \frac{\pi t}{6}\left(2^{2n} + 3\cdot 2^n - 4\right)$$

$$= \frac{\pi t}{6}\left(2^n + 4\right)\left(2^n - 1\right)$$

실제로 지구 중심에서 달 중심 까지의 거리가 384,400km이다. 편의상 지구 중심에서 달 중심까지 간다고 가정하고 복사지의 두께가 0.14mm로 계산을 하여보자.

1장에서 41번째가 접으면 그 두께가 307,863km이므로 42번째는 되어야 달에 도착을 할 수가 있으므로 $n = 42$를 대입하여 계산을 하여 보면

$$L = 141,7183,4408,0788,2432 km$$

으로 적어도 약 142조 km의 길이의 복사지가 필요하다. 참 어마어마한 길이이다. 태양까지 가기 위해서는 얼마나 긴 복사지가 필요한지도 계산하여 보아라.

3
동아줄로 지구 둘레 감기

동아줄로 지구 적도를 감으려고 한다. 동아줄 대신 지름이 10mm이고 길이가 100m인 산업용 PP 로프로 지구 둘레를 감으려면 돈이 얼마나 필요할까? (단, 산업용 PP 로프 1km에 32만원으로, 지구 둘레는 약 40,030km로 계산을 하여라.)

북극에서 지구를 내려다 보면 지구 적도의 지면으로 부터 2m의 차이가 나게 지구 적도 평면에 동아줄이 둘러져 있다. 명확히 동아줄이 지구 적도보다 큰 원이다. 지구 적도 둘레 길이와 지구 적도 지면으로 부터 2m 높이에서 동아줄로 감은 원 둘레 길이와의 차이는 얼마일까?

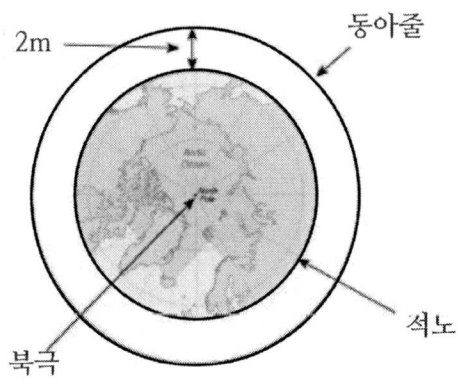

그림 1 지면으로 부터 2m 높게 지구 적도를 두른 동아줄

동아줄로 지구 둘레 감기 패러독스는 종이 접기 패러독스의 놀라움 보다 더 놀랍게 다가온다. 동아줄로 지구 적도를 감으려면 얼마가 필요할까? 가장 저렴한 지름이 10mm이고 길이가 100m인 산업용 PP 로프의 가격이 3만2천원정도 한다.(19.5.1.일자 인터넷 검색) 계산을 쉽게 하기 위해 1km에 32만원이므로 지구 둘레가 약 40,030km이니까 $40,030 \times 320,000 = 12,809,600,000$원으로 약 128억 정도 든다. 무게는 100m에 4.8kg이므로 1km에 480kg이므로 $40,030 \times 480 = 1,601,200\,kg$이다. 약 160톤의 무게이다.

수학 속 패러독스

우리는 동아줄을 지면에서 2m 정도 높게 하여 적도에 있는 브라질에서 부터 시작하여 태평양, 인도네시아 섬, 싱가포르, 슈마트라 섬을 통과해서 인도양, 아프리카를 지나고 대서양을 지나서 처음 시작한 브라질에서 끝을 연결한다고 생각하자.

북극에서 지구를 내려다 보면 지구 적도 지면으로 부터 2m 높게 지구 적도 평면에 동아줄이 둘러져 있다. 명확히 동아줄이 지구 적도보다 큰 원이다.

지구 적도의 원주 길이와 지구 적도 지면으로 부터 2m 높은 동아줄의 원주 길이와는 얼마나 차이가 날까?

대부분 수백 km라고 대답을 많이 한다. 이렇게 대답을 한 이유는 무엇일까? 지구 적도와 동아줄의 원 사이의 공간이 많다고 생각을 하여 수백 km라고 대답을 한다. 그러나 이것은 잘못된 생각이다. 단지 원의 성질과 관련이 있고, 지구 적도와 동아줄의 원 사이의 공간과는 상관이 없다. 이를 수학적으로 살펴보자.

중고등학교 학생이면 원주 길이의 공식을 배워서 알고 있다. 반지름이 R인 원의 원주 길이 C는 $C = 2\pi R$이다. (단, π는 원주율로 $3.1415927\cdots$의 값이다. 약 3.14로 계산한다.)

그러므로 지구의 반지름을 R이라고 하면,

(지구 적도의 원주 길이) $= 2\pi R$

(적도 지면으로부터 2m 높은 동아줄의 원주 길이)$2\pi (R + 2)$

(동아줄 원주 길이와 지구 적도 원주 길이 차이)

$$= 2\pi (R + 2) - 2\pi R = 4\pi = 12.56m$$

이다. 이게 무슨 말인가! 말도 안되는 결론이 나왔다. 처음 생각하였던 수백 km와는 상반된 결론으로 겨우 $12.56m$가 나왔다. 정리를 하자면 지구 적도 지면으로 부터 h만큼 높게 동아줄을 지구 적도 면으로 감았을 때 원주 길이와 지구 적도 원주 길이의 차이는 $2\pi h$ (m)이다. 또 다르게 질문을 하면, 지구를 다른 것을 대체를 하여 같은 질문을 하여 보자.

탁구공, 야구공, 축구공, 구 형태의 오랜지 등 구 면의 형태의 물건에 적도에서 2m 만큼 떨어져 동아줄을 감았고 동아줄의 원주 길이와 적도의 원주 길이와의 차이는 얼마인가?

결론은 $12.56m$로 지구에서 계산할 때와 같다. 이러한 같은 길이 차이를 갖는 것은 동아줄의 길에 종속되고 지구의 크기 즉, 구의 크기와는 상관이 없기 때문이다.

동아줄로 지구 둘레 감기

사실상, 오렌지, 지구 또는 어떤 구들의 적도 둘레와 적도에서 $2m$ 높은 적도 평면에 있는 동아줄 둘레의 차이는 $12.56m$인 같은 크기의 차이를 갖는다. 지구가 오렌지보다도 훨씬 큰데도 말이다. 오렌지의 적도에서 $2m$ 떨어져 동아줄을 감아도, 지구 적도에서 $2m$ 떨어져 감아도 각각의 적도의 원주 길이와의 차이가 같은 이러한 현상은 지구가 오렌지보다 훨씬 커서 우리가 지구 적도를 돌을 때 미터(m)당 곡률이 매우 작아지기 때문이다. 원의 곡률은 반지름의 역수이므로 쉽게 이해를 할 수 있다. 같은 현상으로 '조깅 문제'로 같은 질문을 던질 수 있다.

운동장에서 원형 트랙을 기준으로 바깥쪽으로 $2m$ 떨어져서 조깅을 하였다. 조깅을 얼마나 더 먼 거리 만큼 하게 되는가?

우리는 이미 답 $2\pi \times 2 = 4\pi = 12.56m$을 알고 있다. 또한 약간 다르게 원주 길이를 추가하고 높이를 묻는 문제로도 바꾸어 질문을 할 수도 있다.

탁구공과 지구의 적도 둘레 길이에 각각 $1m$ 더 긴 원 둘레를 갖는 원을 만들고 중심을 같게 하였을 때 새로 만들어진 원과 원래의 원과의 사이의 거리는 얼마나 될까? (단, 두 원은 같은 적도 평면 위에 있다.) 아래에 있는 빈 칸에 여러분의 생각과 비슷한 곳에 체크하여 보아라.

탁구공 적도 둘레 길이에 $1m$를 더한 원 둘레는 탁구공 적도 표면으로 부터 떨어진 길이는

___작은 길이($1cm$ 보다 작다.)

___$1cm$보다 같거나 크고 $10cm$보다는 작다.

___$10cm$보다 같거나 크고 $50cm$보다는 작다.

___$50cm$보다 같거나 크고 $1m$보다는 작다.

___$1m$보다 같거나 크다.

지구 적도 둘레 길이에 $1m$를 더한 원 둘레는 지구 적도 표면으로 부터 떨어진 길이는

___작은 길이($1cm$ 보다 작다.)

___$1cm$보다 같거나 크고 $10cm$보다는 작다.

___$10cm$보다 같거나 크고 $50cm$보다는 작다.

___$50cm$보다 같거나 크고 $1m$보다는 작다.

___$1m$보다 같거나 크다.

수학 속 패러독스

탁구공의 반지름을 r이라고 하고 탁구공 적도 둘레에 $1m$ 더 길게 하여 만든 원과 원래의 원과의 차이를 h라고 하자.

(탁구공 원주) $= 2\pi r$

$2\pi(r+h) = 2\pi r + 1$

$h = \dfrac{1}{2\pi} \, (m)$

지구의 반지름을 R이라고 하자. 지구 적도 둘레에 $1m$ 더 길게 하여 만든 원과 원래의 원과의 차이를 H라고 하자.

(지구 원주) $= 2\pi R$

$2\pi(R+H) = 2\pi R + 1$

$H = \dfrac{1}{2\pi} \, (m)$

이건 또 무슨 일이 벌어졌는가! 원래의 원과 원주 길이를 $1m$ 길게 하여 만든 원과 사이의 거리가 같다. 탁구공과 지구의 크기가 다른데도 말이다. $1m$도 않되는 탁구공의 원둘레에 $1m$를 추가하면 비교적 큰 거리가 차이가 난다. 그러나 $40,030,000m$ 쯤 되는 지구의 원둘레에 $1m$를 추가하는 것은 무시해도 된다.

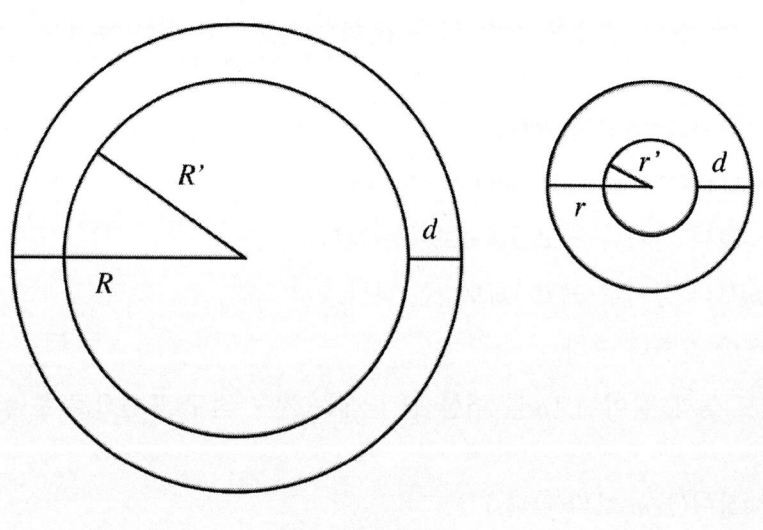

그림 2

그러므로 구의 표면에서 동아줄 까지 거리가 두 원의 거리와 같다는 것은 매우 놀라운 일이다. 위의 그림은 $R - R' = r - r' = d$이다. 그러나 $R : R'$은 $2 : 1$보다 작고, $r : r'$은 $2 : 1$보다 크다. [그림 2]

동아줄로 지구 둘레 감기

직감은 우리를 매우 오해하게 만들 수도 있다. 이 문제에 묘사된 상황을 우리 마음 속에서 상상을 할 때, 그 구의 상대적 크기는 우리의 직감을 지배하게 된다. 우리의 시각화 이미지를 무턱대고 신뢰해서는 안된다. 심지어 실제로 볼 수 있는 가상의 이미지라도 때때로 매우 오해를 불러 올 수 도 있다.

우리는 동아줄 문제를 다시 다른 도형에 적용을 하여 볼 수 있다. 물론 계산을 쉽게 하기 위해서 정다각형을 중심으로 전개를 하는 것이 좋을 것이다. 이 질문도 물론 일반화 하여 물을 수도 있다.

반지름이 R인 원에 내접하는 정삼각형이 있다. 삼각형의 각 변에서 변에 수직으로 높이가 h가 되게 끈을 두른다고 하자. (단, 꼭짓점에서는 부채꼴 모양으로 끈을 연결해야 한다.)그러면 높이 h만큼 해서 두른 끈과 원래 삼각형을 두른 끈과의 차이는 얼마인가?

우선 주어진 정삼각형에서 살펴보기로 하자. 우선 정삼각형이 있다고 하자. 반지름이 R인 원에 내접 한다고 하자. 그러면 정삼각형의 한 변의 길이를 l_3이라고 하고 정삼각형의 한 변에 대한 중심각은 $\frac{2\pi}{3}$이므로 제 2 코싸인 법칙에 의해서 계산하면 한 변의 길이는 아래와 같다.

$$l_3 = \sqrt{R^2 + R^2 - 2R^2 \cos\left(\frac{2\pi}{3}\right)} = 2R \sin \frac{\pi}{3} = \sqrt{3}R$$

이다.

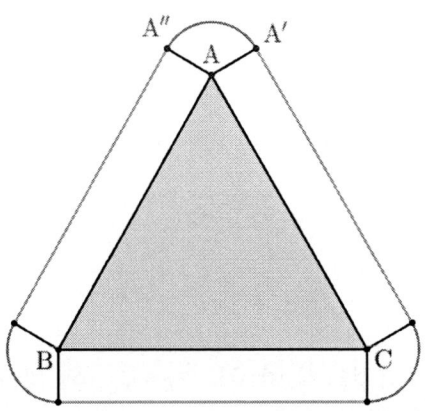

이제 정삼각형에서 변에서 바깥쪽으로 수직으로 높이가 h가 되도록 동아줄을 두른다. 그러면 애매한 부분이 있는데 바로 꼭지점에서 발생한다. 꼭지점 A를 공유하는 변 AB와 AC는 수직 방향으로 옮기었다. 그러므로 꼭지점에서 이동할 때는 높이가 h 라는 조건을 유지하려면 회전이동을 하여서 점 A'에서 점 A''으로 이동을 하여야 한다. 그 길이는 $h \times \dfrac{2\pi}{3}$이다. 이렇게 세점 A, B, C에서 같은 방법으로 이동을 하고 이 세 길이를 합치면 그 길이가 반지름이 h인 원둘레가 된다. 즉 $2\pi h$이다. 또한 삼각형의 변을 일정한 높이 h만큼 바깥쪽으로 수직으로 이동하였으므로 그 길이는 원래의 정삼각형의 둘레 길이 $3\sqrt{3}R$과 같다.

(정삼각형의 변에서 바깥쪽으로 수직으로 높이가 h가 되도록 동아줄을 두른 길이)

$$= 3\sqrt{3}R + 2\pi h$$

(정삼각형의 둘레 길이) $= 3\sqrt{3}R$

그러므로 정삼각형의 벼에서 바깥쪽 수직 방향으로 높이가 h가 되도록 동아줄을 두른 길이와 원래 정삼각형의 둘레 길이 차이는 $2\pi h$로 높이 h에 만 영향을 받는다.

정사각형, 정오각형, 정육각형, … 에 대해서도 같은 결과를 얻는다.

이를 일반화 하여 반지름이 R인 원에 내접하는 정n각형에 대해서 살펴보자. 내접하는 정n다각형의 한 변의 길이 $l_n = 2R \sin \dfrac{\pi}{n}$이다. 모든 변의 합은 $L_n = n \times l_n = 2Rn \sin \dfrac{\pi}{n}$이다. 각 변에서 바깥쪽 방향으로 수직으로 높이가 h가 되도록 동아줄을 둘렀다. 평행이동한 격이므로 모든 변의 합은 원래의 정n다각형의 모든 변의 합의 길이인 $L_n = n \times l_n = 2Rn \sin \dfrac{\pi}{n}$과 같다. 물론 각 꼭지점에서도 고려를 해야 한다. 각 꼭지점에서는 정삼각형에서와 같이 회전을 하여서 둘러야 한다. 한 꼭지점에서의 회전각은 $\dfrac{2\pi}{n}$이고 반지름이 h이므로 회전하여 동아줄로 두른 길이는 $h \cdot \dfrac{2\pi}{n}$이다. n 개의 꼭지점이 있으므로 모든 꼭지점을 두른 모든 길이는 $h \cdot \dfrac{2\pi}{n} \cdot n = 2\pi h$이다. 따라서 각변에서 바깥쪽 수직 방향으로 높이가 h가 되도록 동아줄을 두른 총 길이는 $2Rn \sin \dfrac{\pi}{n} + 2\pi h$이다.

$$2Rn \sin \dfrac{\pi}{n} + 2\pi h \xrightarrow{n \to \infty} 2R\pi + 2\pi h$$

그러므로 원래의 정n다각형과의 차이는 $2\pi h$로 n에 대하여 영향을 받지 않는다. 오직 높이 h에 만 영향을 받는다.

4
몬티 홀 패러독스

세 개의 문 중에서 하나를 선택하여 문 위에 있는 선물을 가질 수 있는 게임 쇼에서, 한 개의 문 뒤에는 자동차가 있고 나머지 두 개의 문 뒤에는 염소가 있다. 이때, 예를 들어 참가자가 1번 문을 선택했을 때, 게임 쇼 진행자는 3번 문을 열어 문 뒤에 염소가 있다는 것을 보여주면서 1번 문 대신 2번 문을 선택하겠느냐고 묻는다. 참가자가 자동차를 가지려 할 때 원래 선택했던 문을 바꾸는 것이 유리할까? 아니면 바꾸지 않는 것이 유리할까?

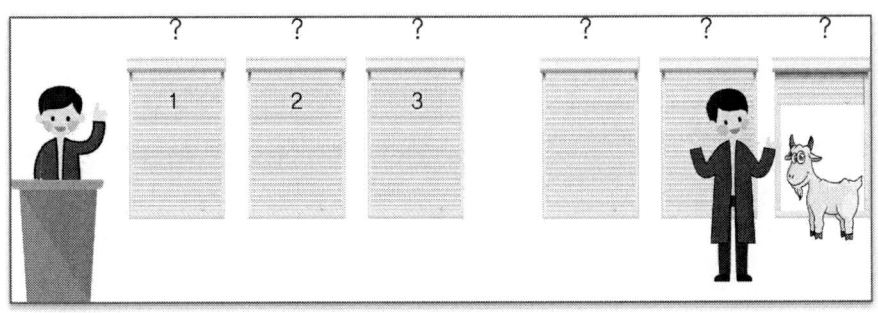

아직, 특히 전문 수학자들에게 약간의 불안이 생기는 문제가 있다면 몬티 홀 문제이거나, 더 나은 명칭이 없어서, 당혹스러운 몬티 홀 문제일 것이다. 1990년, 마릴린 보스 사완트(Marilyn Vos Savant)는 패러독스 잡지 "마릴린에게 물어봐(Ask Marilyn)"에서 첫번째로 몬티 홀 문제를 제시를 하였다. 보스 사완트는 자신이 '기네스 북의 명성의 영예의 전당(Guinness Book of World Records Hall of Fame)'에서 "이제까지 기록된 사람들 중 가장 높은 I.Q.를 가지고 있다."라고 말하였다. 의심의 여지없이 많은 사람들은 그녀를 조롱하였다. 패러독스 잡지에서 몬티 홀 문제에 대해 제시된 보스 사완트의 해는 말벌의 벌집을 들 쑤셔 놓는 것과도 같았다. 그녀는 만 여통의 편지를 받았고 저자의 이름 뒤에 대학 교수 붙은 편지가 가장 많았다. 그녀는 똑똑하였지만 그녀는 수학자가 아니었다. 그러나 어느 정도 시간이 지나고 그녀의 억울함이 벗겨졌을 무렵, 그녀를 비난한 자들은 풍성한 까마귀 요리를 먹어야 만했다.[6] 몬티 홀 문제는 확률적으로는 상황이 매우 비 직관적일 수 있으나, 아마도 직관이 어긋나는 인류 최고(crème de la crème)의 예일 것이다.

---

[6] 서양식 속담으로 비난의 화실이 다시 자신들에게 돌아간다는 의미

몬티 홀 문제는 미국의 TV쇼 'Let's Make a Deal'에서 다루어졌고, 몬티 홀 문제의 명칭도 쇼의 진행자 몬티 홀의 이름에 따왔다. 쇼의 진행에서 문제는 앞 페이지에서 제시한 것과 같다. 이때 진행자는 자동차와 염소가 어떤 문에 있는지 알고 있기 때문에, 진행자는 자동차가 있는 문을 여는 일은 절대 발생하지 않는다.

대부분의 사람들은 자신의 선택을 바꾸지 않는다. 그 이유는 무엇일까? 몬티 홀(사회자)이 염소가 있는 문을 열어 주었기 때문에 정답을 맞출 확률이 $\frac{1}{3}$에서 $\frac{1}{2}$로 높아졌다고 생각하기 때문이다.

그러면 수학적으로 이를 분석하자. 우선 고등학교 확률과 통계에서 배웠던 '조건부 확률'과 '베이즈 정리'를 알아야 한다.

사건 B가 일어났을 때 사건 A가 일어나 날 확률을 조건부 확률이라고 하고 $P(A|B)$로 나타내고 아래와 같이 정의한다.

$$P(A|B) = \frac{P(A \cap B)}{P(B)} = \frac{P(B|A)P(A)}{P(B)}$$

'베이즈 정리'는 사건 A가 세 개의 배반 사건으로 구성되어 있다고 하자. 즉 A_1, A_2, A_3가 A의 부분집합이고, $A = A_1 \cup A_2 \cup A_3$이며, $A_1 \cap A_2 = \phi$, $A_1 \cap A_3 = \phi$, $A_2 \cap A_3 = \phi$이다. 사건 B는

$$P(B) = P(A_1 \cap B) + P(A_2 \cap B) + P(A_3 \cap B)$$

을 만족하고 조건부 확률을 이용하여 구하면

$$P(A_1|B) = \frac{P(A_1 \cap B)}{P(A_1 \cap B) + P(A_2 \cap B) + P(A_3 \cap B)}$$

$$= \frac{P(B|A_1)P(A_1)}{P(B|A_1)P(A_1) + P(B|A_2)P(A_2)P(B|A_3)P(A_3)}$$

이다.

이제 몬티 홀 문제를 조건부 확률과 베이즈 정리를 이용하여 분석을 하자.

아무런 조건이 없으므로 자동차가 특정한 문에 있을 확률은 각각 $\frac{1}{3}$이다. 1번 문에 차를 놓일 사건을 $C1$, 2번 문에 차를 놓일 사건을 $C2$, 3번 문에 차를 놓일 사건을 $C3$이라고 하면 각각의 확률은 $P(C1) = P(C2) = P(C3) = \frac{1}{3}$이다.

그런데 쇼 진행자(몬티 홀)의 다음 행동(염소가 있는 문을 보여주는 행동)이 자동차가 어느 문에 있는지에 대한 정보를 제공한다. 참가자가 1번 문을 선택을 하였을 때, 쇼 진행자가 1번 문을 보여주는 사건을 $D1$, 2번 문을 보여주는 사건을 $D2$, 3번

몬티 홀 패러독스

문을 보여주는 사건을 $D3$이라고 하자. 진행자가 3번 문을 보여줄 조건부 확률을 구하면 자동차가 1번 문에 있다면 2번 문과 3번 문에 둘다 염소가 있으므로 두 개의 문 중에서 하나를 뽑을 확률이므로 $P(D3|C1) = \frac{1}{2}$이다. 그리고 자동차가 2번 문에 있다면 나머지 두 문중에서 염소가 있는 문은 3번 문이므로 $P(D3|C2) = 1$이다. 마지막으로 자동차가 3번 문에 있으면 3번 문을 열 수가 없으므로 $P(D3|C3) = 0$이다. 이를 정리하면

$$P(D3|C1) = \frac{1}{2}, P(D3|C2) = 1, P(D3|C3) = 0$$

이다.

참가자가 1번 문을 선택하였고, 쇼 진행자가 3번 문을 열었을 때, 1번 문에 자동차가 있을 확률과 쇼 진행자가 3번 문을 열었을 때, 1번 문에 자동차가 있을 확률을 조건부 확률과 베이즈 정리를 이용하여 각각 구하여 보자.

$$P(C1|D3) = \frac{P(D3|C1)P(C1)}{P(D3|C1)P(C1) + P(D3|C2)P(C2) + P(D3|C3)P(C3)}$$

$$= \frac{\frac{1}{2} \times \frac{1}{3}}{\frac{1}{2} \times \frac{1}{3} + 1 \times \frac{1}{3} + 0 \times \frac{1}{3}} = \frac{1}{3}$$

$$P(C2|D3) = \frac{P(D3|C2)P(C2)}{P(D3|C1)P(C1) + P(D3|C2)P(C2) + P(D3|C3)P(C3)}$$

$$= \frac{1 \times \frac{1}{3}}{\frac{1}{2} \times \frac{1}{3} + 1 \times \frac{1}{3} + 0 \times \frac{1}{3}} = \frac{2}{3}$$

같은 방법으로

$$P(C1|D2) = \frac{1}{3}, P(C3|D2) = \frac{2}{3}$$

을 구할 수 있다.

위키디피아에서 이러한 경우를 쉽게 이해를 돕기 위해서 아래의 표7와 같이 제시를 하였다.

조금 더 설명을 하자면 1번 문에 자동차가 있을 확률은 진행자의 행위와 상관없이 $\frac{1}{3}$으로 일정하지만 나머지 두 개의 문에 자동차가 있을 확률은 진행자의 행위에 영향을 받는다. 왜냐하면 진행자가 나머지 두 개의 문 중에서 어느 문에 자동차가 없

---

7 위키백과 참조

는지 보여줌으로써 확률을 한쪽으로 몰아주었기 때문이다. 즉, 1번 문에 자동차가 있을 확률은 $\frac{1}{3}$인데, 3번 문을 열어 자동차가 없음을 보여주게 되면 이 사건을 통해서 3번 문에 자동차가 있을 확률은 0이 되고 2번 문제에 자동차가 있을 확률이 $\frac{2}{3}$가 된다.

따라서 종합적으로 결론을 내리면 참가자는 자신의 선택을 바꾸는 것이 항상 유리하다.

문이 4개이고 참가자가 1번문을 선택하였을 때, 자동차가 없는 2개의 문을 보여주는 쇼를 생각하여 보아라. 더 명확하게 원리가 이해가 될 것이다.

5
생일 패러독스

오늘은 나의 생일이어서 22명의 친구들을 집으로 초대하였고 나를 포함하여 23명이 파티 장 안에 있다. 이 파티 장 안의 23명 중 적어도 2명이 생일 같을 확률은 얼마일까? 10% ?아니면 80%? 여러분의 생각은 어떠한가?

때때로 문제의 특징 측면을 간과 할 때도 패러독스라고 한다. 이 범주에 속하는 역설 중 하나가 생일 패러독스이다. 역설의 이름은 패러독스의 전체적 내용 구성에서 나왔다. 동일한 현상에 대한 다른 시나리오도 있다.

우리 모두는 생일 파티를 좋아한다. 우리가 생일 파티에 있다고 가정 해 보자. 생일 파티 장에는 23명이 있다. 수학자의 입장에서는 궁금해 할 수도 있지만, 생일 파티에서 이 이 패러독스와 관련된 문제를 제기하지 말아라. 그렇지 않으면 친구들이 당신을 멀리할 것이다. 문제를 보자.

생일 파티에 참석한 23명의 사람들 중에 적어도 두 사람이 같은 생일을 가질 확률은 얼마일까?

우리는 태어난 년도를 말하는 것이 아니라 태어난 달과 일을 말하는 것이다. 우리는 1년 중 즉, 365일 또는 366일 중 어느 날이라도 상관이 없다. 계산을 편하게 하기 위해서 윤달을 제외한 365일로 계산을 하자.

수학 속 패러독스

어느 정도의 확률인지 말하지는 않지만 여러분 뿐만 아니라 다른 거의 모든 사람들은 '높은 확률로 추측하거나' 또는 '낮은 확률로 추측"한다. 위에서 제기하였던 문제를 다시 보자. "23명으로 구성된 그룹에서 2명이 같은 생일을 가질 확률은 얼마일까?"

실제로, 최소 두 사람 생일이 일치할 확률이 $\frac{1}{2}$일 때, 이 두 사람을 포함하여 필요한 사람의 수를 예측하여 보아라. 얼마나 많이 사람이 필요할까? 100명, 150명, 약 183명. 파티에서 생일이 일치할 확률이 $\frac{1}{2}$의 티핑 포인트(tipping point)[8]가 되게 하는 사람의 수는 몇 명일까?

생일 패러독스의 해는 우리가 알고 있는 확률 이론으로 쉽게 계산을 할 수 있다. 몇 가지 확률을 구하여 보자. 서로 다른 동전 2개가 있다. 동전을 던졌을 때 한 개의 동전이 앞면이 나올 확률이 $\frac{1}{2}$이므로, 동전 두 개 모두 앞면이 나올 확률은 $\frac{1}{2} \times \frac{1}{2} = \frac{1}{4}$이다.

나를 포함한 100만명이 복권을 샀다. 이 중에서 당첨 복권이 1개일 때 내가 복권에 당첨될 확률은

$$(\text{내가 복권에 당첨될 확률}) = \frac{1}{1,000,000} = 0.000001$$

이다. 구할 사건에 대한 확률을 구하기가 어려울 때, 경우의 수가 너무 많을 때는, '여사건 확률'로 구하면 쉽게 구할 수 있다. 내가 복권에 당첨되지 않을 확률은 얼마인가? 위에서 내가 복권에 당첨될 확률이 0.000001이므로 확률은 아래와 같다.

$$(\text{내가 복권에 당첨되지 않을 확률}) = 1 - (\text{내가 복권에 당첨될 확률})$$
$$= 1 - 0.000001 = 0.999999$$

이제 파티에 참석한 23명에 대해 최소한 두 명이 생일 같을 확률을 구하여 보자. 이를 구하기 위해서 여사건 확률을 구하여서 해결하려고 한다. 첫번째 사람의 생일은 365일 중 어느 한날이고 두 번째 사람은 첫번째 생일인 날을 제외한 364일이므로 두 명의 생일이 다를 확률은 $\frac{365}{365} \times \frac{364}{365} \approx 0.997$이다. 그러므로 두 명의 생일이 같을 확률은 $1 - 0.997 = 0.003$이다. 사람 수를 늘려서 계산을 하여보자.

---

[8] 작은 변화들이 어느 정도 기간을 두고 쌓여, 이제 작은 변화가 하나만 더 일어나도 갑자기 큰 영향을 초래할 수 있는 상태가 된 단계

생일 패러독스

사람 수	생일이 모든 사람이 다를 확률		적어도 한쌍이 생일이 같은 확률
2	$\frac{365}{365} \times \frac{364}{365} \approx$	0.997	0.003
3	$\frac{365}{365} \times \frac{364}{365} \times \frac{363}{365} \approx$	0.992	0.008
4	$\frac{365}{365} \times \frac{364}{365} \times \frac{363}{365} \times \frac{362}{365} \approx$	0.98	0.02
5	$\frac{365 \cdot 364 \cdot 363 \cdot 362 \cdot 361}{(365)^5} \approx$	0.97	0.03
6	$\frac{365 \cdot 364 \cdot 363 \cdot 362 \cdot 361 \cdot 360}{(365)^5} \approx$	0.96	0.04
10	$\frac{365 \cdot 364 \cdot 363 \cdots 356}{(365)^{10}} \approx$	0.88	0.12
15	$\frac{365 \cdot 364 \cdot 363 \cdots 351}{(365)^{15}} \approx$	0.75	0.25
20	$\frac{365 \cdot 364 \cdot 363 \cdots 346}{(365)^{20}} \approx$	0.59	0.41
23	$\frac{365 \cdot 364 \cdot 363 \cdots 343}{(365)^{23}} \approx$	0.49	0.51
30	$\frac{365 \cdot 364 \cdot 363 \cdots 336}{(365)^{30}} \approx$	0.29	0.71
35	$\frac{365 \cdot 364 \cdot 363 \cdots 331}{(365)^{35}} \approx$	0.19	0.81
50	$\frac{365 \cdot 364 \cdot 363 \cdots 316}{(365)^{50}} \approx$	0.03	0.97
100	$\frac{365 \cdot 364 \cdot 363 \cdots 266}{(365)^{100}} \approx$	0.0000004	0.9999996

우리의 처음 질문으로 돌아가 보자. 생일 같은 사람이 적어도 두 명 이상 있을 확률이 $\frac{1}{2}$이 되려면 몇 명이 있어야 하는가? 각자의 답을 생각해 보자. 그리고 표에서 계산된 바탕으로 보면 확률이 $\frac{1}{2}$이 되려면 23명이면 된다. 50명이면 확률은 무려 0.97이고 100명이면 0.9999996이다. 경험적으로도 확인을 할 수 있다.

우리는 직관적으로 판단한 결과와 수학적으로 계산한 결과와 큰 차이를 보이는 이유는 특정한 두 사람의 생일이 같을 확률과 임의의 두 사람이 같을 확률을 혼동하기 때문이다. 즉, 생일 파티에서 나와 생일이 같을 친구가 있을 확률은 낮지만, 나를

수학 속 패러독스

포함한 친구가 서로 같은 생일 존재한 친구가 존재할 확률은 높다. 생일 패러독스는 후자의 경우이다. 다시 말하자면 우리는 보통 나를 중심으로 해서 n번만 비교를 해야 한다고 생각을 하지만 이는 잘못된 생각이다. 두 명일 때는 한 번만 비교를 하면 되지만 세 명일 경우에는 세 번을 비교하여야 한다. n명이라면 $\binom{n}{2} = \frac{n(n-1)}{2}$번을 비교하여야 한다. 사람이 늘어날 수록 비교하여야 할 횟수가 이차함수로 크게 늘어난다는 것이다.

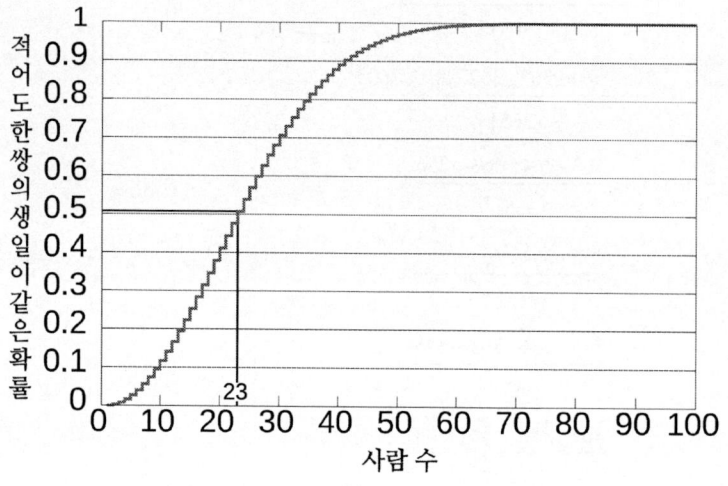

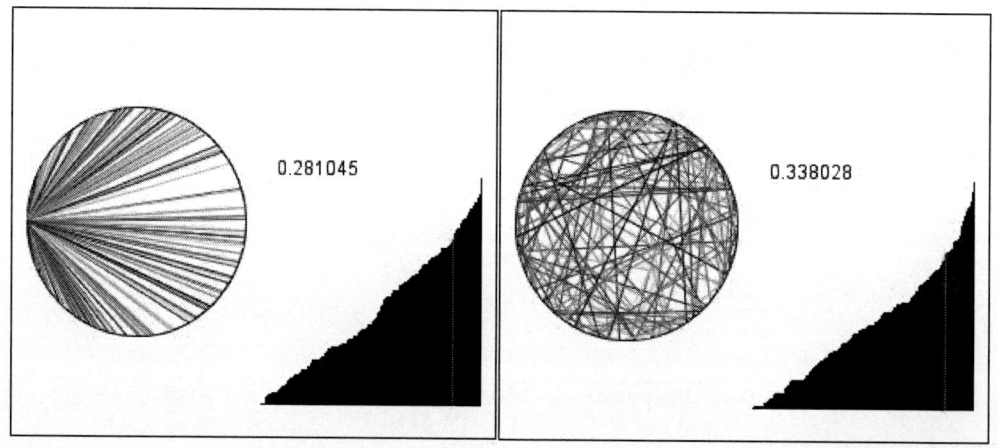

실제적으로 예를 들어서 살펴보자. 바로 조선시대 역대 왕이 26명이다. 26명의 생일 같을 확률을 구하여 보자.

26명의 왕의 생일 다를 확률은 $\frac{365 \cdot 364 \cdot 363 \cdots 340}{(365)^{26}} \approx 0.402$ 이므로 26명의 왕의 생일이 같은 확률은 약 0.598로 60%정도이다.

생일 패러독스

인터넷 위키백과에서 조사를 하였다.

대	왕명	생일	대	왕명	생일
1	태조	10.27	14	선조	11.26
2	정조	7.8	15	광해군	6.4
3	태종	6.13	16	인조	11.7
4	세종	5.15	17	효종	7.3
5	문종	11.15	18	현종	3.14
6	단종	8.9	19	숙종	10.7
7	세조	11.2	20	경종	11.20
8	예종	1.14	21	영조	10.31
9	성종	8.19	22	정조	10.28
10	연산군	11.23	23	순조	7.29
11	중종	4.16	24	헌종	9.8
12	인종	3.10	25	철종	7.25
13	명종	7.3	26	고종	9.8

명종과 효종이 7월 3일로, 헌종과 고종이 9월 8일로 같다. 두 쌍의 왕의 생일 같다.

생일 패러독스는 객실 전환(parlor diversion) 방법 이상으로 역할을 할 수 있으며, 해시 테이블(hash table)[9]을 메모리 위치에 할당하는 컴퓨터 프로그래머에게 경고 역할도 한다. 해시 테이블의 개념은 해시 테이블의 값과 컴퓨터의 메모리 위치 간의 맵핑(mapping)을 설정하는 것이다. 주어진 메모리 위치 (즉, 검색 프로세스)로 부터 키 및 결과 정보를 입력한다. 그러나 해시 코드의 맥락에서 생일 패러독스는 두 해시 코드가 동일한 메모리 위치를 참조 할 확률이 직관적으로 생각하는 확률보다 높다는 사실을 보여준다. 따라서 해싱 전략은 주의해서 처리해야 한다.

---

[9] 해싱 함수에 의해 산출된 함수 값에 해당하는 위치에 각 레코드를 기억시킨 표, 키(key)라고도 부름

6
벽돌을 밀어내면서 쌓기

우리는 크기가 동일하고 밀도가 균일한 벽돌들이 있다. 너비나 높이는 우리의 목적에 무관하므로 폭 만을 가지고 계산을 하자. 우리의 목적과 계산의 편의성을 위해 벽돌의 폭을 단순한 길이인 1로 고정을 하고, 아래 그림 처럼 벽돌들을 쌓고 책상 끝에서 쌓으며 앞으로 넘어지지 않게 수평으로 최대한 벽돌들을 책상 끝에서 밀어낸다. 벽돌 7개로 책상 끝 모서리 부분에서 벽돌들 중 맨 위에 있는 벽돌의 끝 부분까지 가능한 한 수평으로 밀어낸 최대 거리를 구하여 보아라.

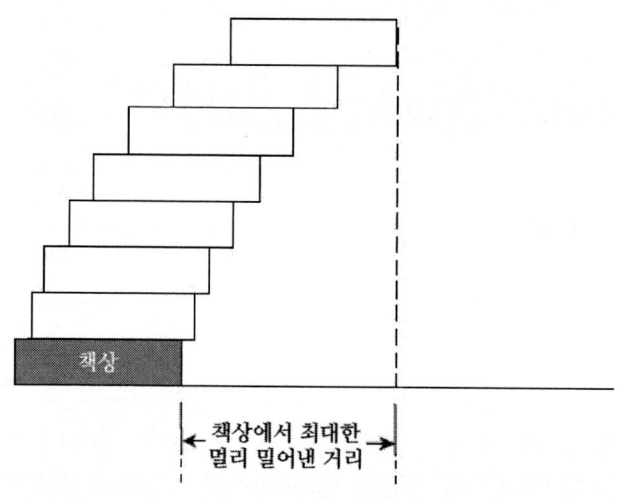

어떤 수학적 패러독스는 일상 생활 주변에서 찾을 수 있다. 이러한 패러독스는 세는 것 즉 수열과 기하학적 이론을 바탕으로 다룬 것이지만, 논리적으로 무한을 다룬 것이다. 이것을 다루기 위해서는 기하학과 높은 수준의 대수적 계산이 필요하다. 스스로 계산하고 증명한 결론을 아마 본인조차 믿지 못할 수도 있다. 당신 혼자만이 그런 것은 아니다.

우리는 크기가 동일하고 밀도가 균일한 벽돌들이 충분히 많이 있다. 계산의 편의성을 위해 벽돌의 폭을 단순한 길이 1로 고정을 하자. 벽돌들을 쌓고 책상 끝에서 쌓으며 앞으로 넘어지지 않게 수평으로 최대한 벽돌들을 책상 끝에서 책상 밖으로 밀

벽돌을 밀어내면서 쌓기

어낸다. 책상 끝 모서리 부분에서 벽돌들 중 맨 위에 있는 벽돌의 끝 부분까지 가능한 한 수평으로 밀어낸 최대 거리를 구하여 보자.

벽돌 1은 [그림 1] 처럼 책상의 끝에서 앞으로 넘어지지 않게 최대한 밀려면 벽돌 길이의 $\frac{1}{2}$을 밀면 된다.

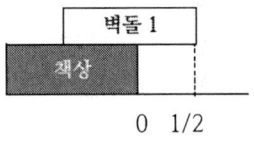

그림 1

이제 벽돌 2를 벽돌 1 위에 놓아야 한다. 벽돌 2을 벽돌 1 위에 올려놓고 최대한 멀리 밀어낸다. 벽돌 2는 벽돌 1 위에서 절반까지 밀어낼 수 있다. 그리고 벽돌 2를 벽돌 1을 얹은 상태에서 책상 끝에서 넘어지지 않게 최대한 멀리 밀어낸다. 이때 합쳐진 벽돌 1, 2의 무게중심이 책상 끝 모서리를 넘어서면 벽돌이 앞으로 넘어지므로 책상 가장자리까지 조심스럽게 밀어내야 한다. [그림 2] 처럼 책상 위의 벽돌의 오른쪽 가장자리에서 점 선으로 된 수직선을 살펴보면 두 벽돌의 절반 씩 오른쪽과 왼쪽에 놓여 있으므로 벽돌 1과 벽돌 2가 최대 돌출 길이와 균형을 이루는 것을 관찰 할 수 있다.

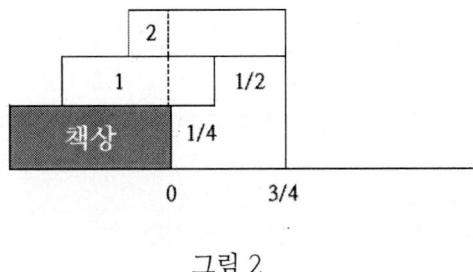

그림 2

수학 속 패러독스

(두 개의 벽돌의 최대로 밀어낸 길이) $= \dfrac{1}{2} + \dfrac{1}{4} = \dfrac{3}{4}$

이제 벽돌 3을 벽돌 2 위에 올려 놓아야 한다. 조금 복잡해 진다. [그림 3] 처럼 세 개의 벽돌을 올려 놓아 책상 가장자리에서 최대한 멀리 밀어내는 거리는 얼마인가?

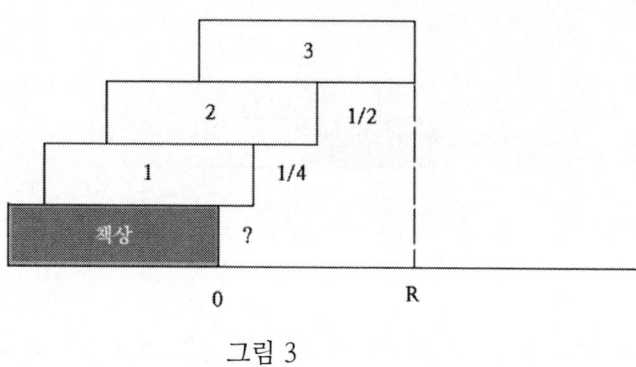

그림 3

벽돌을 추가하는 과정에서 약간의 가정을 하자. 이후 벽돌에 대해서는 새로운 벽돌을 책상 위에 놓인 벽돌들 중 가장 위에 있는 벽돌 위가 아닌 책상 위에 있는 벽돌들 중 책상 위의 첫번째 벽돌과 책상 사이에 새로운 벽돌을 직접 밀어 넣는다. 그리고 벽돌 순서는 책상 위에 서 부터 새롭게 매긴다. 책 상위의 벽돌들에 있는 전체 벽돌들에 대한 무게중심이 책상의 가장자리 위치 0에 위치하도록 책상 위의 벽돌들 하나씩 오른쪽 가장자리를 따라 조심 스럽게 밀어내야 한다. 책상 위에 그리고 이전에 배치 된 벽돌들 아래에 직접 새 벽돌을 추가 할 때마다 이전에 배치 된 벽돌은 서로 상대적으로 이동하지 않으며 서로 붙어있는 것으로 상상할 수 있다. 어느 정도까지 이러한 벽돌을 넘어 트리지 않고 쌓을 수 있을까?

우리가 처음 두 개의 벽돌을 쌓았을 때는 매우 쉬운 문제였다. 그러나 이후 세 개의 벽돌부터는 그리 쉽지 않은 문제로 바뀐다. 복잡한 부분이 있는데 새로운 기호로 나타내어서 복잡한 것을 단순하게 할 수 있다. 새로운 기호를 써서 세 개의 벽돌을 올려 놓아 책상 가장자리에서 최대한 멀리 밀어내는 거리를 R이라고 하자. 벽돌들을 넘어지지 않고 쌓는 벽돌 수를 세려면 벽돌들의 위치를 관찰하여야 한다. [그림 4]를 보자.

벽돌을 밀어내면서 쌓기

처음 세 개의 벽돌들의 관계를 나타낸 것이다. R은 벽돌 세 개의 최대대로 밀어 낸 거리이고, 벽돌의 크기는 1이다. 세 개의 벽돌의 왼쪽 및 오른쪽 가장자리의 위치를 결정하는 것은 그리 어렵지 않다. 각 벽돌들에 대한 오른쪽과 왼쪽의 위치는 아래와 같다.

(벽돌 1의 오른쪽 위치) $= R - \dfrac{3}{4}$

(벽돌 2의 오른쪽 위치) $= R - \dfrac{1}{2}$

(벽돌 3의 오른쪽 위치) $= R$

(벽돌 1의 왼쪽 위치) $= R - \dfrac{7}{4}$

(벽돌 2의 왼쪽 위치) $= R - \dfrac{3}{2}$

(벽돌 3의 왼쪽 위치) $= R - 1$

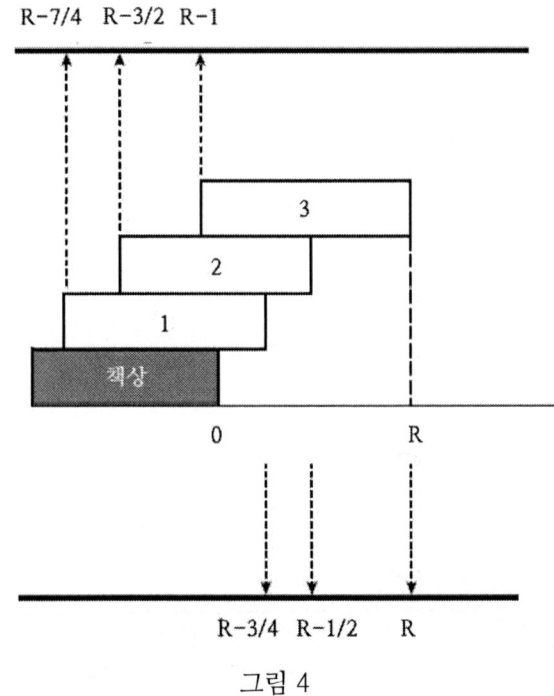

그림 4

우리는 지금 목표를 위해서 가고 있는 중이다. 쌓여있는 세 개의 벽돌의 무게중심의 위치가 0이어야 한다. 0의 위치는 책상의 가장자리 모서리이다. 세 벽돌의 무게중심이 세 개의 쌓여있는 벽돌의 무게 중심의 평균이다. 각각 벽돌의 무게중심은 각 벽돌들의 오른쪽과 왼쪽의 위치의 중앙 위치로 그 위치들은 아래와 같다.

수학 속 패러독스

$$(\text{벽돌 1의 무게중심}) = \frac{\left(R - \frac{3}{4}\right) + \left(R - \frac{7}{4}\right)}{2} = R - \frac{5}{4}$$

$$(\text{벽돌 2의 무게중심}) = \frac{\left(R - \frac{1}{2}\right) + \left(R - \frac{3}{2}\right)}{2} = R - 1$$

$$(\text{벽돌 3의 무게중심}) = \frac{R + (R - 1)}{2} = R - \frac{1}{2}$$

그 다음은 이들 세 위치의 평균 위치가 무게중심이 된다.

(벽돌 1, 2, 3의 전체 무게중심)

$$= \frac{\left(R - \frac{5}{4}\right) + (R - 1) + \left(R - \frac{1}{2}\right)}{3} = R - \frac{11}{12}$$

따라서 무게중심이 위치가 0이어야 한다. 그러므로

$$R - \frac{11}{12} = 0 \Rightarrow R = \frac{11}{12}$$

이다. 또한 벽돌 1의 밀려나온 거리를 구하여 보자.

$$(\text{벽돌 1의 밀려나온 거리}) = R - \frac{1}{2} - \frac{1}{4} = \frac{11}{12} - \frac{1}{2} - \frac{1}{4} = \frac{1}{6}$$

벽돌 세 개가 책상에서 최대 밀려나온 거리
= 1/2+1/4+1/6=11/12

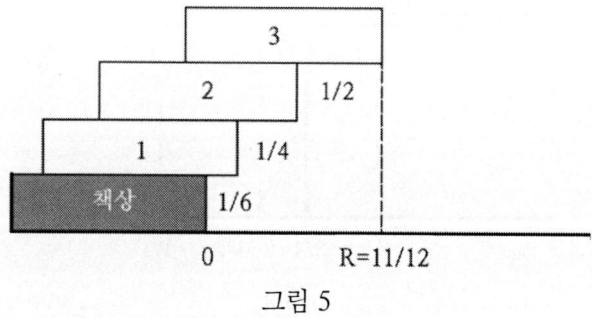

그림 5

이 과정을 반복해서 하면 다음 벽돌 4에 대해서도 계산을 할 수 있다. 이때 벽돌 4를 책상 위에 있을 벽돌 1, 2, 3이 붙어 있다고 가정하고 책상과 이들 벽돌 1 사이에 넣는다. 그리고 벽돌의 순서를 책상으로 부터 벽돌을 시작으로 해서 1, 2, 3, 4로 다시 재 배열한다. 그리고 벽돌을 쓰러지지 않게 밀기를 하면 된다. 그리고 위와 같은

벽돌을 밀어내면서 쌓기

방법으로 계산을 하면 [그림 6]과 같은 결과를 얻을 수 있다. 결과를 보면, 벽돌 네 개로 최대 밀려나온 길이 $\frac{1}{2}+\frac{1}{4}+\frac{1}{6}+\frac{1}{8}=\frac{25}{24}$는 벽돌의 폭 1을 넘어선다.

네 개 벽돌의 최대 밀려나온 길이=25/24〉1

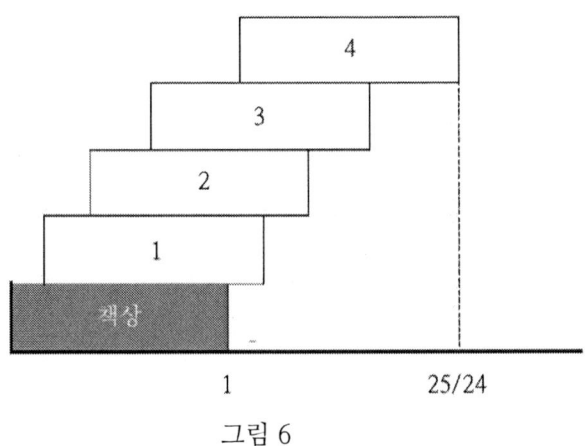

그림 6

이러한 과정을 반복해서 하였을 경우 위에 있는 벽돌이 아래 있는 벽돌로 부터 오른쪽 끝이 나온 최대 거리는 $\frac{1}{2}, \frac{1}{4}, \frac{1}{6}, \frac{1}{8}, \frac{1}{10}, \frac{1}{12}, \cdots$ 이다. 따라서 벽돌이 무한히 많다는 가정하에 최대로 밀려나온 거리의 계산은 수열의 합으로 표현된 무한급수로 해결을 할 수 있다. 아래와 같다.

(벽돌들이 최대로 밀려나온 거리)

$$=\frac{1}{2}+\frac{1}{4}+\frac{1}{6}+\frac{1}{8}+\frac{1}{10}+\frac{1}{12}+\cdots=\frac{1}{2}\left(1+\frac{1}{2}+\frac{1}{3}+\frac{1}{4}+\frac{1}{5}+\frac{1}{6}+\cdots\right)$$

그러나 무한급수 $1+\frac{1}{2}+\frac{1}{3}+\frac{1}{4}+\frac{1}{5}+\frac{1}{6}+\cdots$ 은 잘 알고 있는 조화급수(Harmonic series)이다. 고등학교 2학년 때 나오는 급수이다. 그런데 무한을 발산하기 때문에 이 조화급수의 합을 구할 수 없다는 것을 잘 알고 있다. 이를 처음으로 증명한 사람은 프랑스 수학자였던 니콜라오 오레슴(Nicole d'Oresme, 약 1323~1382)이다. 그는 급수의 수들을 2, 4, 8, 16, ⋯ 의 그룹으로 묶어서 그 수와 대소관계를 가지고 증명을 하였다. 한번 따라가 보자.

$$1 + \frac{1}{2} + \frac{1}{3} + \frac{1}{4} + \cdots = 1 + \frac{1}{2} + \left(\frac{1}{3} + \frac{1}{4}\right) + \left(\frac{1}{5} + \frac{1}{6} + \frac{1}{7} + \frac{1}{8}\right)$$
$$+ \left(\frac{1}{9} + \frac{1}{10} + \frac{1}{11} + \frac{1}{12} + \frac{1}{13} + \frac{1}{14} + \frac{1}{15} + \frac{1}{16}\right) + \cdots$$
$$> 1 + \frac{1}{2} + \left(\frac{1}{4} + \frac{1}{4}\right) + \left(\frac{1}{8} + \frac{1}{8} + \frac{1}{8} + \frac{1}{8}\right)$$
$$+ \left(\frac{1}{16} + \frac{1}{16} + \frac{1}{16} + \frac{1}{16} + \frac{1}{16} + \frac{1}{16} + \frac{1}{16} + \frac{1}{16}\right) + \cdots$$
$$= 1 + \frac{1}{2} + \frac{1}{2} + \frac{1}{2} + \frac{1}{2} + \cdots$$
$$= \infty(\text{발산})$$

별돌 밀어내기의 결론은 거의 사기에 가깝다. 다시 정리하자면 무제한의 벽돌이 주어진다면 동해의 해안선 끝에서 벽돌을 쌓아간다면 일본을 지나 미국까지 우리가 원하는 만큼 벽돌을 수평으로 확장 할 수 있다는 것이다.

벽돌의 폭을 $1m$라 하였을 때, $100m$를 나아가려면 얼마나 많은 벽돌이 필요로 할까?

이는 쉬운 미적분학 중 반비례 함수의 적분을 이용하여서 구할 수 있다.

$$\int_1^n \frac{1}{x} dx = 100$$

$$\ln n = 100$$

$$n = e^{100} \approx 26881171418161354484126255515800135873611119$$

이건 머 무한 개에 가까운 벽돌의 개수이다. 이렇듯 조화급수는 매우 천천히 무한으로 간다는 사실을 기억하자.

조금 더 수학적인 수열을 사용하여 접근을 하여 보자. 수학적에서는 벽돌 밀어내면서 쌓기 문제(Stacking Blocks Problem)로 알려져 있다.

벽돌을 밀어내면서 쌓기

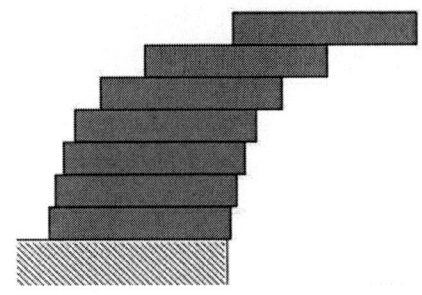

우리는 이제 이 벽돌을 밀어내면서 쌓기를 조금 더 수학적이고 물리적인 아이디어와 수열을 써서 설명을 하여보자. 우선 과거의 철학자이자 수학자, 물리학자 기타 등등인 그 유명한 아르키메데스를 떠올려야 한다. 아르키메데스는 그 당시 최초로 구의 부피를 구한 사람으로 미적분학의 시초인 극한 개념과 구분구적법을 이용하였고, 그가 주로 사용한 방법인 지렛대 원리를 이용하여 구하였다.

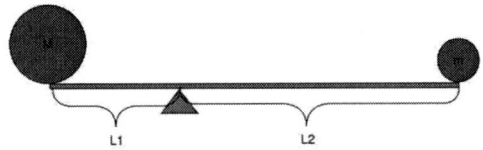

지렛대 원리는 무게가 M, m인 두 물체를 지렛대에 올려 놓아 지렛대가 평형을 유지하기 위해서는 지렛대 밑의 중심으로 부터 비가 $L1 : L2 = m : M$ 이 되어야 한다는 원리이다. 이러한 원리는 무게중심을 설명이 가능한데 수학적 표현은 적분의 모멘트 개념으로 가야 하지만 물리학적 성질로는 지렛대 원리로 설명을 하는 편리 하므로 이를 사용하겠다. 그런데 이러한 개념을 현대적인 기법을 적용하여서 수평선 좌표를 조금 도입을 해서 설명을 하여야 한다.

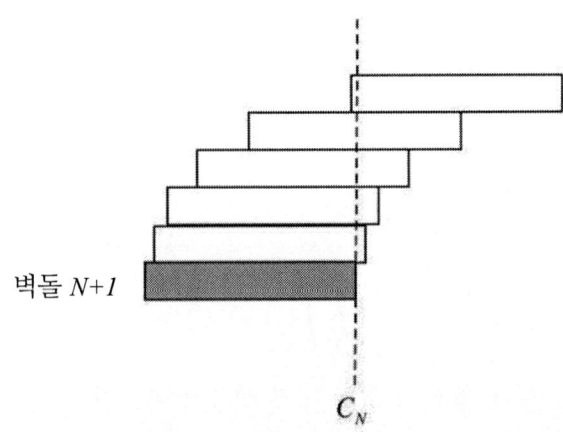

우선 길이가 b이고 무게가 m인 N개의 벽돌을 쌓은 무게중심의 x좌표를 C_N이라고 하고, $(N+1)$번째 벽돌을 쌓은 벽돌의 무게중심을 C_{N+1}이라고 하자. 벽돌 한 개의 무게중심은 $\frac{b}{2}$에 있다.

$(N+1)$번째 벽돌 1개의 무게중심은 $\frac{b}{2}$에 있다. 그러면 모든 $(N+1)$번째 벽돌의 무게중심인 C_{N+1}은

$$C_{N+1} = \frac{N \cdot C_N + 1 \cdot \left(C_N + \frac{b}{2}\right)}{N+1}$$

이다. 위 식을 조금 더 정리를 하자.

$$C_{N+1} = \frac{(N+1) \cdot C_N + \frac{b}{2}}{N+1} = C_N + \frac{b}{2(N+1)}$$

(단, $N = 1, 2, 3, \cdots$ 그리고 $C_1 = \frac{b}{2}$)

N에 차례대로 1, 2, 3, …을 대입하여 보자.

$$C_2 = C_1 + \frac{b}{2 \cdot 2}$$

$$C_3 = C_2 + \frac{b}{2 \cdot 3}$$

$$C_4 = C_3 + \frac{b}{2 \cdot 4}$$

…

$$C_N = C_{N-1} + \frac{b}{2N}$$

좌변과 우변끼리 각각 모두 더하자.

$$C_N = C_1 + \frac{b}{4} + \frac{b}{6} + \frac{b}{8} + \cdots + \frac{b}{2N} = \frac{b}{2} + \frac{b}{4} + \frac{b}{6} + \frac{b}{8} + \cdots + \frac{b}{2N}$$

$$= \frac{b}{2}\left(1 + \frac{1}{2} + \frac{1}{3} + \cdots + \frac{1}{N}\right)$$

그러면 이제 각 무게 중심의 위치를 몇 개를 알아보자.

$$C_1 = \frac{b}{2} \quad (1)$$

벽돌을 밀어내면서 쌓기

$$C_2 = \frac{b}{2}\left(1 + \frac{1}{2}\right)$$

$$C_3 = \frac{b}{2}\left(1 + \frac{1}{2} + \frac{1}{3}\right)$$

$$C_4 = \frac{b}{2}\left(1 + \frac{1}{2} + \frac{1}{3} + \frac{1}{4}\right) > b$$

최소 벽돌 4개를 쌓아야 무게중심이 벽돌의 길이를 넘게 된다.

카드 52장을 이렇게 쌓으면 얼마의 길이가 나올까 한번 계산을 하여보고 이를 직접 실험을 하여보아라.

한 장의 카드의 폭은 $8.8cm$이다. 총 카드 수가 52장이므로 카드가 넘어지지 않고 최대로 밀어낸 길이는 $8.8 \times \frac{1}{2}\left(1 + \frac{1}{2} + \frac{1}{3} + \frac{1}{4} + \cdots + \frac{1}{51}\right) \approx 19.88cm$이다. (오차 범위 $0.01cm$ 미만)

나는 충남대학교 2009년 수학교육론을 수강 하였던 학생들 중 한 조에 이 실험을 하게 하였다. 한 4시간에 걸쳐 15번의 도전 끝에 실험에 성공하였고, 이를 영상으로 제출받았다. 이 학생들에게 박수를 보낸다.

수학 속 패러독스

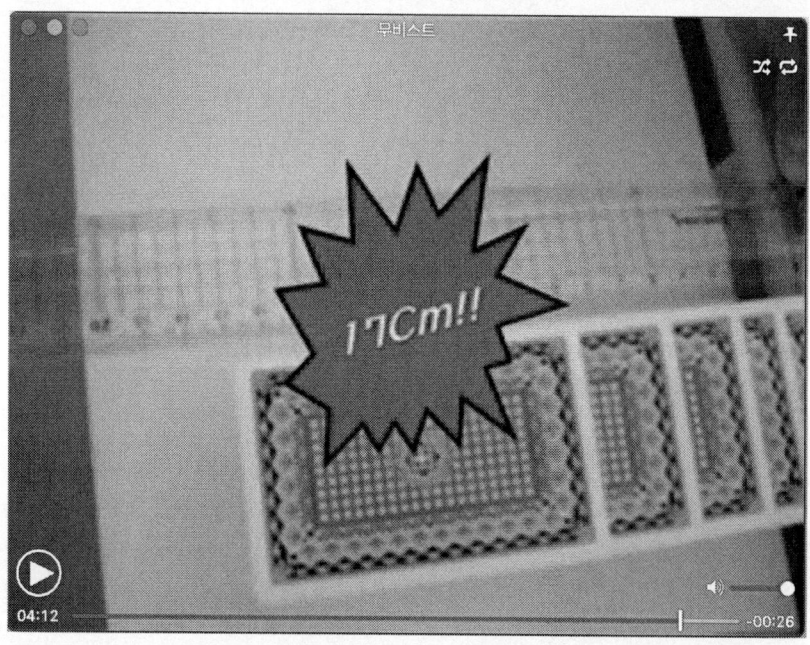

도형 분할 패러독스

7
도형 분할 패러독스

아래 [그림 1]의 8 × 8 정사각형의 두꺼운 선을 따라서 잘라라.

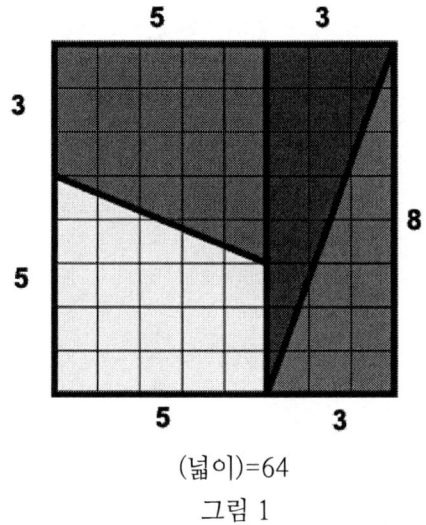

(넓이)=64
그림 1

이제 잘라진 조각들을 [그림 2]와 같이 재배열하여서 직사각형을 만들어라.

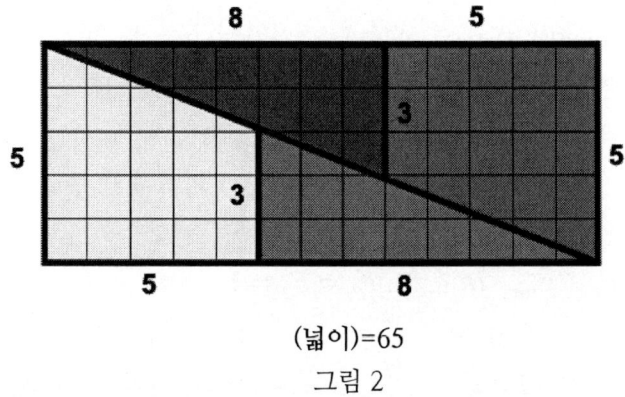

(넓이)=65
그림 2

[그림 1]의 정사각형의 넓이는 8 × 8 = 64이고, [그림 2]의 직사각형의 넓이는 5 × 13 = 65이다. 정사각형의 넓이보다 직사각형의 넓이 1이 더 증가한 이유는 무엇인가?

수학 속 패러독스

정사각형의 넓이와 직사각형의 넓이의 차이는 1이다. 이는 정사각형의 조각들로 직사각형을 덮을 수 없다는 뜻이다. [그림 1]의 조각들을 재 배열 하면 [그림 2]처럼 보일 것이다. 그러나 사실 직사각형의 대각선은 조각의 변들 과는 일치하지 않는다. [그림 3]은 이를 약간 과장한 것이다.

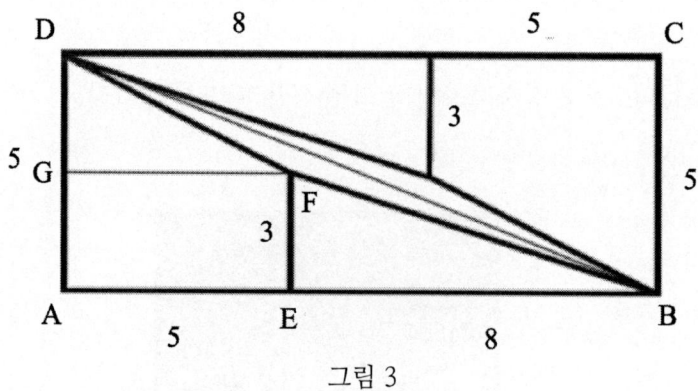

그림 3

몇몇 도형의 변에 대한 기울기를 구하여 보자.

(대각선 FB 기울기) $= \tan \angle EBF = \dfrac{3}{8}$

(대각선 DB 기울기) $= \tan \angle ABD = \dfrac{5}{13}$

(대각선 DF 기울기) $= \tan \angle GFD = \dfrac{2}{5}$

$\dfrac{3}{8} < \dfrac{5}{13} < \dfrac{2}{5}$ 이기 때문에, $\angle EBF < \angle ABD < \angle FGD$ 이다. 그래서 조각들은 대각선 DB를 따라 정확히 맞지 않는다. 이러한 이유로 조각들의 변 사이에 넓이가 1인 얇은 평행사변형이 생겨서 넓이 1이 증가하는 것이다.

이 패러독스의 기본이 되는 세 수 5, 8, 13은 잘 알려진 피보나치 수열 1, 1, 2, 3, 5, 8, 13, 21, 34, … 의 연속된 세 항의 수들이다. 피보나치 수열은 다음과 같이 정의된다.

$F_{n+1} = F_n + F_{n-1}$ $(n \geq 2)$, $F_1 = F_2 = 1$

피보나치 수열의 성질 중에서 $F_n^2 - F_{n-1}F_{n+1} = (-1)^{n-1}$ 이 있다. 예를 들어 $n = 6$일 때, $F_6^2 - F_5 \cdot F_7 = 8^2 - 5 \cdot 13 = -1$이다. 정사각형 넓이에서 직사각형의 넓이를 빼면 -1이 되는 것을 확인 할 수 있다.

이 피보나치 성질을 이용하면 이와 비슷한 도형 분할 패러독스를 만들 수도 있다. $n = 7$일 때, $F_7^2 - F_6 \cdot F_8 = 13^2 - 8 \cdot 21 = 1$이이 다. [그림 4]를 보아라. 이번에는 조각들은 대각선에 맞지 않고 조금 겹쳐진다.

40

도형 분할 패러독스

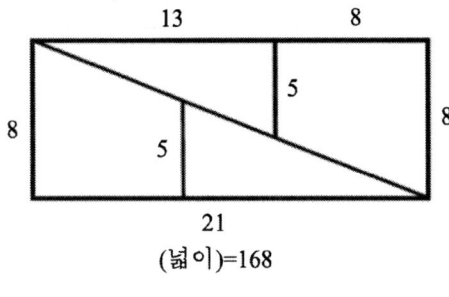
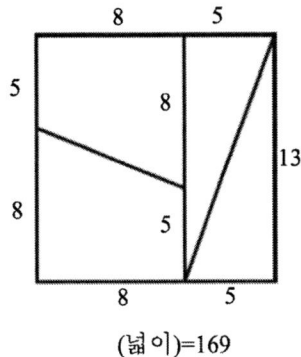

그림 4

카시니 공식 $n \geq 2$인 자연수에 대하여 $F_{n+1}F_{n-1} - F_n^2 = (-1)^n$, $F_1 = F_2 = 1$을 수학적 귀납법으로 증명을 하여 보아라.

$n \geq 2$인 자연수에 대하여 $F_{n+1}F_{n-1} - F_n^2 = (-1)^n$에 대해 수학적 귀납법을 적용하여야 한다.

1) $n = 2$일 때, $F_1 = F_2 = 1$, $F_3 = 2$이므로
$F_2F_1 - F_2^2 = 2 \times 1 - 1^2 = 1 = (-1)^2$이 성립한다.

2) $n = k$번째 성립한다고 가정하자. 즉, $F_{k+1}F_{k-1} - F_k^2 = (-1)^k$가 성립한다.

$n = k + 1$번째 성립함을 보이자.

$$F_{k+2}F_k - F_{k+1}^2 = (F_{k+1} + F_k)F_k - (F_k + F_{k-1})^2$$
$$= F_{k+1}F_k + F_k^2 - F_k^2 - 2F_k^2 - 2F_kF_{k-1} - F_{k-1}^2$$
$$= F_{k+1}F_k - 2F_kF_{k-1} - F_{k-1}^2$$
$$= (F_k + F_{k-1})F_k - 2F_kF_{k-1} - F_{k-1}^2$$
$$= F_k^2 + F_{k-1}F_k - 2F_kF_{k-1} - F_{k-1}^2 = F_k^2 - F_kF_{k-1} - F_{k-1}^2$$
$$= F_k^2 - (F_k + F_{k-1})F_{k-1} = F_k^2 - F_{k+1}F_{k-1}$$
$$= -(F_{l+1}F_{k-1} - F_l^2) = -(-1)^k = (-1)^{k+1}$$

따라서 모든 $n \geq 2$인 자연수에 대하여 성립한다.

도형 분할 패러독스에 대한 역사를 잠깐 살펴보자. 이 도형 분할 패러독스는 퍼즐로 소개되었는데 잉글랜드의 수학자 루이스 캐럴 도지슨(Charles Lutwidge Dodgson, 1832-1898)에 의해 고안되었다. 그는 자신의 가명으로 '루이스 캐럴

(Lewis Carroll)'라고 하였다. 《엘리스(Alice)의 이상한 나라 모험》과 《거울 나라의 엘리스(Through Looking Glass)》를 통해 더 잘 알려져 있다. 더 많은 도지슨 퍼즐(Dodgson's puzzles)에 대해 알고 싶으면, 《Collingwood Stuart Dodgson, ed., The Unknown Lewis Carroll: Eight Major Works and Many Minor (Mineola, NY: Dover, 1961).》을 보아라. 그리고 콜링우드 스튜어트(Collingwood Stuart)는 루이스 캐럴 도지슨(Charles Lutwidge)의 조카이자 전기 작가였다. 그에 대해서 더 알고 싶으면 로빈 윌슨(Robin Wilson)의 《Lewis Carroll in Numberland: His Fantastical Mathematical Logical Life (New York: W.W. Norton and Company, 2010)》을 보아라.

이 패러독스를 통해서 우리는 그림에서 작은 차이는 눈으로 발견을 할 수 없기 때문에 기하학적 '분할의 증명(Proof of Dissection)'은 신중히 조사를 하여야 한다.

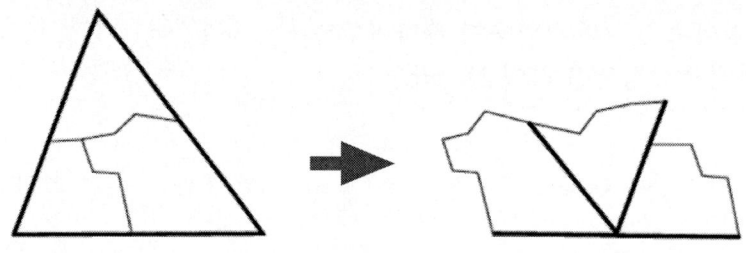

그림 5

잘 알려진 삼각형의 내각의 합이 180°라는 사실의 '증명'은 삼각형을 잘라 조각들이 직선에 맞도록 재배열 하는 것이다. 실제로 조각들은 정확히 맞지 않는다. 왜 그래야 하는지 추가의 논쟁은 없이는 '64 = 65'의 증명보다 논리적 근거가 적다. 그러므로 이것은 추가의 논쟁 없이는 수학적인 값일 뿐이다. 차라리 [그림 6] 처럼 종이 접기로 증명을 대신하는 편이 더 나을 것이다. 그래도 거의 같은 주장이다.

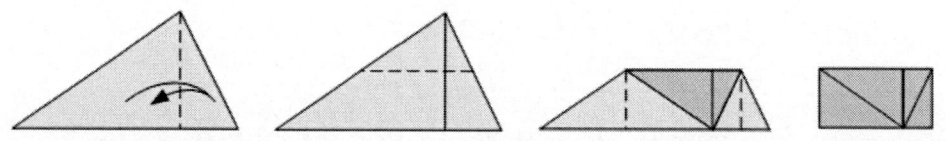

그림 6

피타고라스의 정리도 몇 가지 분할 증명으로 할 수 있다. 그 중에 [그림 7]을 보자.

[그림 7] 조각들을 잘 맞추어야 하는데 눈으로 확인하기가 어렵다. 그래서 조각들이 정확히 맞는 것을 확인하기 위해서는 아래와 같은 대수학적인 계산을 통해서 확인 과정을 필히 거쳐야 한다.

도형 분할 패러독스

$$c^2 = (a-b)^2 + 4 \cdot \frac{1}{2} \cdot ab = a^2 - 2ab + b^2 + 2ab = a^2 + b^2$$

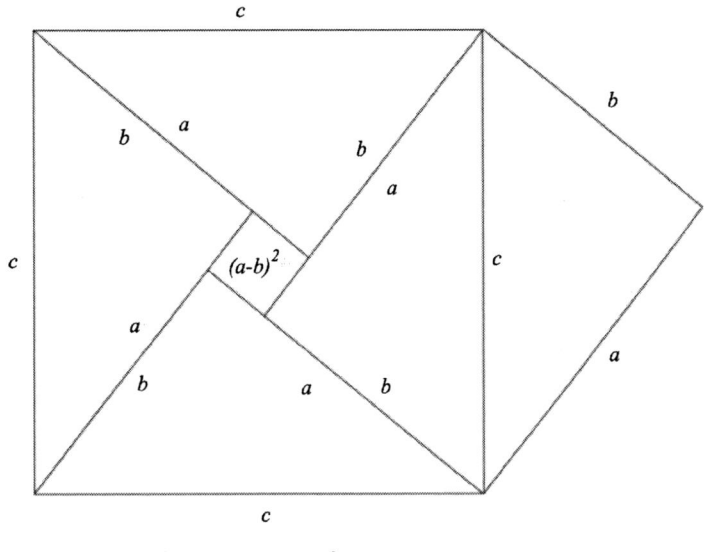

그림 7

8
커리 패러독스

'잃어버린 사각형'의 마법과도 같은 특이하고 기이한 현상의 패러독스가 있다. 이 패러독스는 너무 유명하여 '커리 패러독스'라는 이름이 붙여져 있다. 아래 그림을 보자. 같은 삼각형인데도 삼각형을 분할하여 옮겼더니 넓이 1의 정사각형이 사라졌다. 이게 어떻게 된 일인가! 이를 설명하여 보아라.

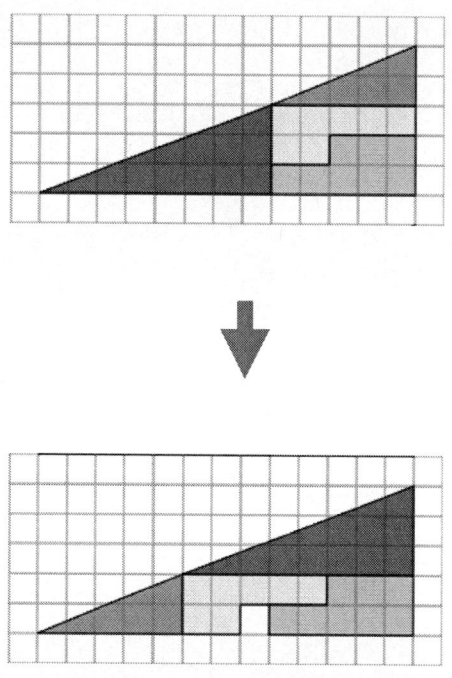

마틴 가드너(Martin Gardner)에 의하면, 1953년 뉴욕의 아마추어 마술사 파울 커리(Paul Curry)에 의해서 이 특별한 퍼즐이 고안되었다고 한다. 이 패러독스는 일반 대중들이 미친듯 해결하려고 애를 쓰게 만드는 퍼즐이었고, 퍼즐의 정체를 알고는 그것을 생각하지 못했다는 것에 자책을 하였다고 한다. 밑변이 15이고 높이가 5인 직각삼각형을 각각 밑변이 8이고 높이가 3인 직각 삼각형과 밑변이 5이고 높이가 2인 직각삼각형으로 2개의 작은 삼각형으로 자를 수 있다. 두 개의 작은 삼각형을 2가지의 다른 방법으로 처음 주어진 삼각형의 각을 거의 일치하게 만들 수 있다.

커리 패러독스

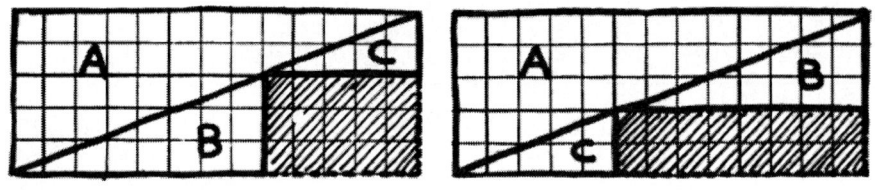

그림 1

[그림 1]에서 빗금친 부분의 넓이를 살펴보자. 왼쪽 빗금친 부분의 직사각형의 넓이는 5×3 즉 15이고, 또 오른쪽 빗금친 부분의 사각형의 넓이는 8×2 즉 16이다. 그 차이가 1의 넓이 만큼 차이가 난다.

이를 다시 삼각형 만을 살펴보도록 하자. [그림 1]에서 삼각형 B와 삼각형 C와 빗금친 사각형이 이루는 큰 삼각형 A의 넓이는 $\frac{1}{2} \times 13 \times 5 = 32.5$ 이고, 삼각형 B의 넓이는 $\frac{1}{2} \times 8 \times 3 = 12$ 이며 삼각형 C의 넓이는 $\frac{1}{2} \times 5 \times 2 = 5$ 이다. 오른쪽 빗금친 부분의 사각형의 넓이는 $5 \times 3 = 15$, 왼쪽 빗금친 부분의 사각형의 넓이는 $8 \times 2 = 16$이다.

오른쪽의 분할된 넓이의 합은 $12 + 5 + 15 = 32$ 이고 왼쪽의 분할된 넓이의 합은 $12 + 5 + 16 = 33$ 로 전체 큰 삼각형의 넓이와 차이가 난다. 이러한 현상이 일어나게 된 것은 바로 거기에는 작은 두 삼각형의 기울기에서 기인한다.

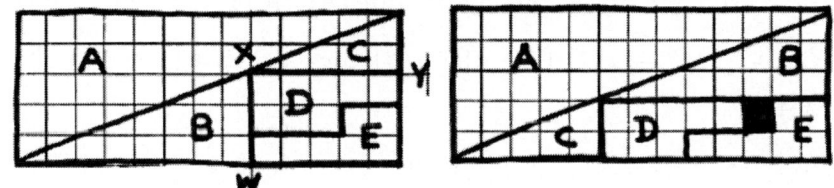

그림 2

삼각형 B의 빗변 기울기는 $\frac{3}{8} = 0.375$ 이고 $\arctan(0.375) \approx 20.57°$ 이고,

삼각형 C의 빗변 기울기는 $\frac{2}{5} = 0.4$ 이고 $\arctan(0.4) \approx 21.81°$ 이며,

전체 큰 삼각형 A의 빗변 기울기는 $\frac{5}{13} \approx 0.3846$ 이고, $\arctan(0.3846) \approx 21.05°$

이다. 즉, 전체적인 기울기에 대한 차이가 이러한 현상을 일으킨다. 즉 삼각형 B의 왼쪽의 점과 점 X와 삼각형 C의 빗변의 위의 점이 일직선 상에 놓여 있지 않다. 선분

XW 3인데 점 X가 삼각형 A의 빗변보다 약간 아래에 위치해 있다. 커리 패러독스를 지오지브라를 이용하여서 정확히 그려서 보면 그 차이를 알 수 있다.

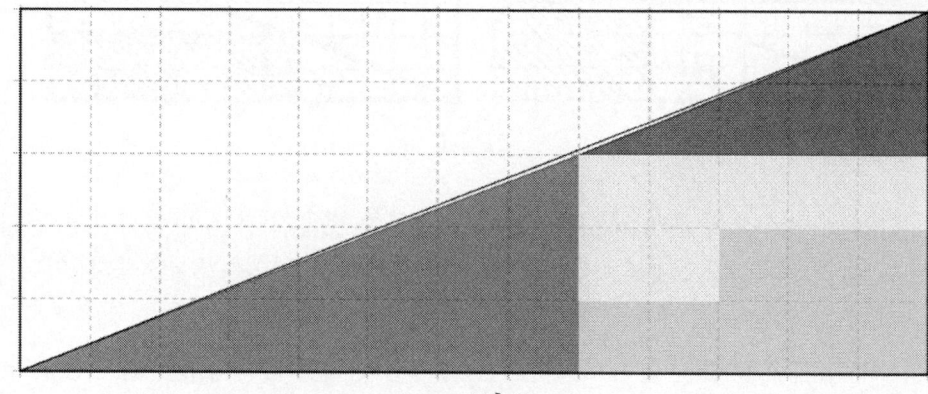

그림 3

[그림 3]는 지오지브라로 그린 정확한 그림이다. 보조선을 그어보니 빗변과 분할된 도형의 사이에 빈 공간이 보일 것이다. 머 삼각형이 아닌 것을 삼각형이라고 눈속임으로 전개를 하였다. 넓이 1이 사라는 것은 작은 두 삼각형의 밑변과 높이에 의해서 생기는 것이다. [그림 2]에서 왼쪽 빗변의 넓이는 삼각형 B의 높이 3과 삼각형 C의 밑변 5에 의해서 넓이가 15이고, 오른쪽 빗변의 넓이는 삼각형 B의 밑변 8과 삼각형 C의 높이 2에 의해서 넓이가 16이다. 이 숫자들을 잘 살펴보면, 모두 피보나치 수열이고 2, 3, 5, 8 로 피보나치 수열의 연속된 4개의 숫자들임을 알 수 있다. 이를 피보나치 수열의 일반항으로 나타내어 보면 $F_6 \cdot F_3 - F_5 \cdot F_4 = 1$ 이다. 이를 일반화 하면 $F_n \cdot F_{n-3} - F_{n-1} \cdot F_{n-2} = (-1)^n$ 이다. 이에 대한 피보나치 수열의 성질에 대하여 살펴보도록 하자.

이러한 분할 패러독스의 원리는 16세기부터 시작되었다. 퍼즐의 (2, 3, 5, 8, 13)의 부분의 정수 길이는 유명한 피보나치 수이다. 다른 많은 기하학적 분할 퍼즐은 피보나치 수열의 약간의 간단한 성질에 기반을 두고 있다. k 번째 피노나치 수열을 F_k라 하면, 변수를 n 으로 하는 직각삼각형의 밑변의 길이를 F_{n+1}, F_{n-1} 그리고 F_n 사이에 관계식을 찾을 수 있다.

두 변의 길이로 하는 두 직사각형의 넓이 $F_{n-1} \times F_{n-2}$ 와 $F_n \times F_{n-3}$ 은 그 차이가 1이다. 즉, $F_n \cdot F_{n-3} - F_{n-1} \cdot F_{n-2} = (-1)^n$

이다. 위의 식은 도가뉴(d'Ocagne's) 항등식[10]이라고 불리는

$$F_{n+1} \cdot F_m - F_n F_{m+1} = (-1)^n F_{m-n}$$

에서 $n = m - 2$를 대입하여 식을 얻을 수 있다.

---

[10] Philbert Maurice d'Ocagne(1862~1938)에 의해서 증명되었다.

커리 패러독스

파울 커리는 도가뉴 항등식에서 $n=5$ 일 때에 즉,
$$F_6 \cdot F_3 - F_5 \cdot F_4 = 1 \, (8 \times 2 - 5 \times 3 = 1)$$
의 사실을 이용하여서 커리 패러독스를 만들었다. 우리는 여기서 논제가 피보나치 수열의 성질을 증명하는 것은 논의에서 벗어나므로 증명은 독자들에게 남기고 그냥 넘어가기로 하자. 피보나치 수열의 성질을 이용하여서 만들었다니 참 대단하다.

눈에 보이는 패러독스의 결론은 매우 간단하다. 외관 상 보이는 것이 다는 아니다. 각각 다른 세 개의 각을 갖기 위해서는 기울기를 가져야 한다. [그림 4]를 보라. $n=5$에서 불일치 정도가 매우 미세하다. 그러나 $n=4$ [그림 5], $n=3$ [그림 6] 일 때는 확연하게 그 차이를 볼 수 있다.

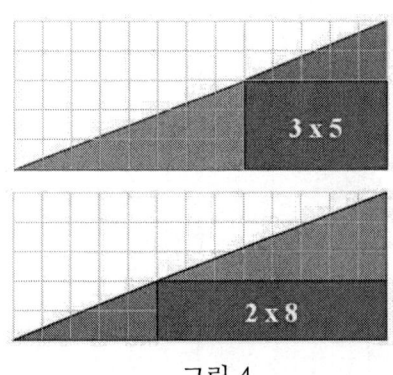

그림 4

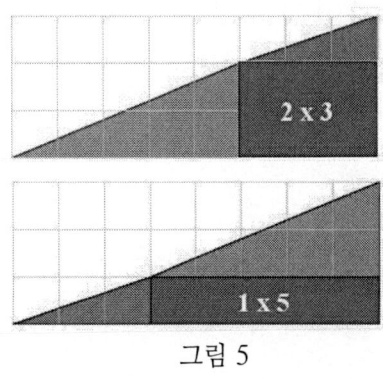

그림 5

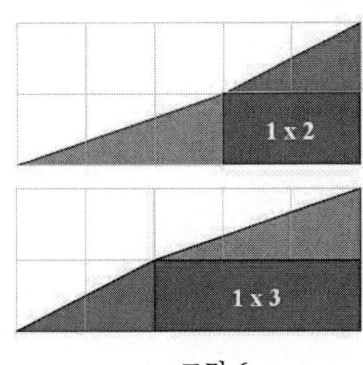

그림 6

수학 속 패러독스

뉴욕의 안과 의사 알랜 버넷(Alan Barnert)은 커리 패러독스에서 힌트를 얻어 간단한 공식에 의해서 크기를 변형하여 패러독스를 만들었다. 아래에 그 몇 가지를 소개한다.

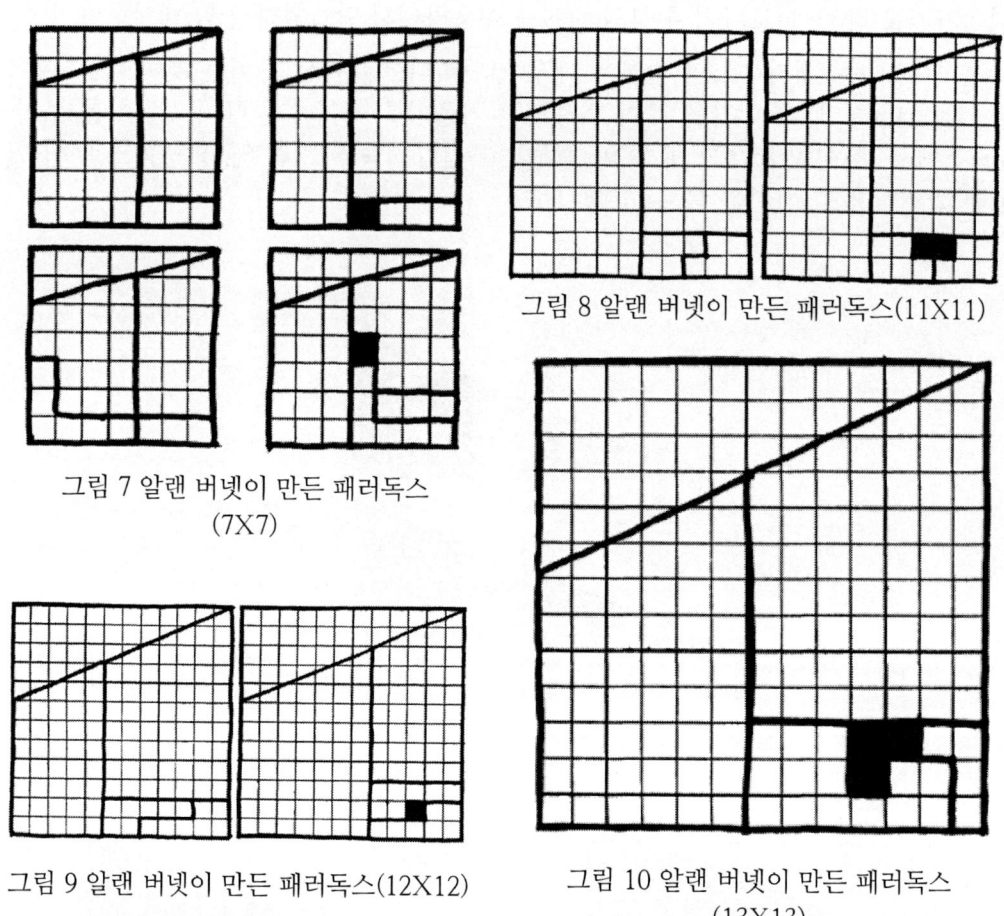

그림 7 알랜 버넷이 만든 패러독스 (7X7)

그림 8 알랜 버넷이 만든 패러독스(11X11)

그림 9 알랜 버넷이 만든 패러독스(12X12)

그림 10 알랜 버넷이 만든 패러독스 (13X13)

커리 패러독스

커리 패러독스의 크기를 키운 형태가 아닌 이번에 삼각형을 두 개 겹쳐놔서 만든 패러독스들이다. 크기다 다양하게 만들어 보면 순서대로 2, 4, 8 넓기가 사라지고 변형을 달리하여서 다양한 모양으로 도 만들 수 있다.

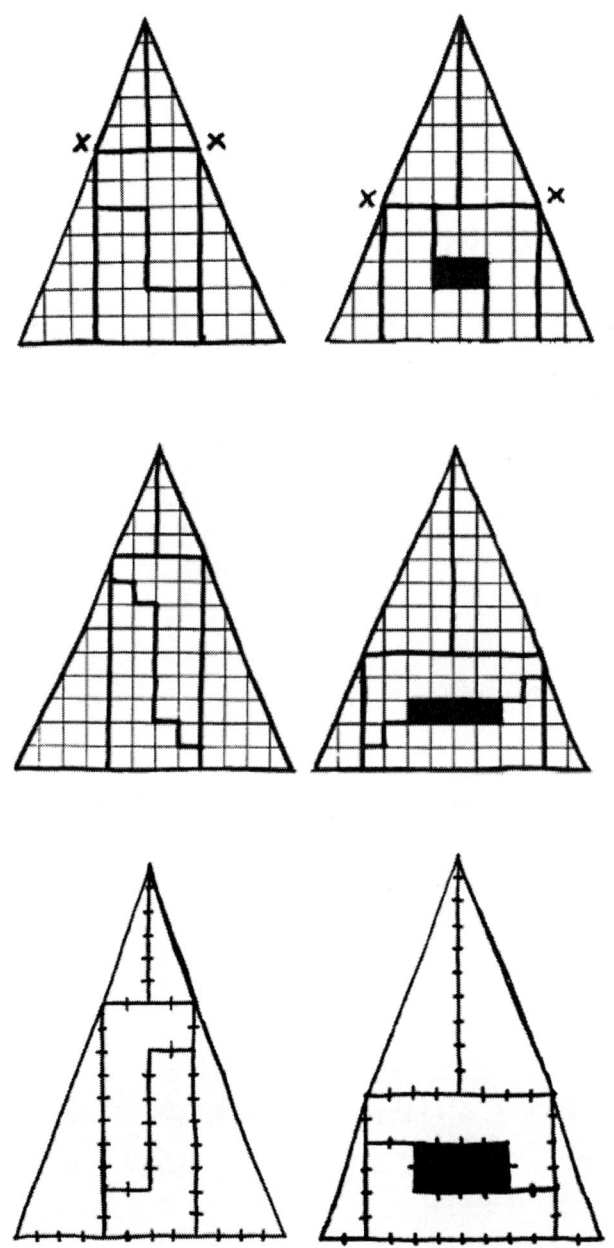

9
체스판 패러독스

왼쪽의 넓이는 $8 \times 8 = 64$ 이다. 가운데 있는 그림 처럼 대각선으로 올리고 오른쪽 위에 나온 삼각형을 잘라 왼쪽 아래의 빈곳에 넣으면 오른쪽의 그림과 같이 된다. 오른쪽의 넓이는 $7 \times 9 = 63$ 이다.

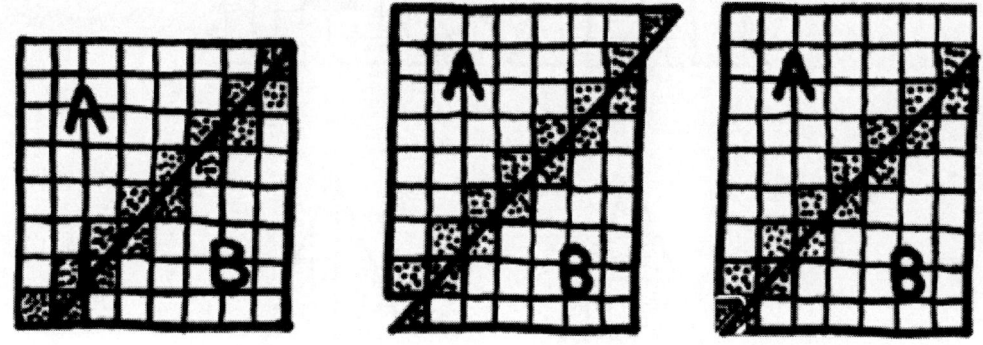

'64 = 63'이라는 것인가! 넓이 1이 사라진 이유를 설명하여 보시오.

이 패러독스는 체크판 패러독스로 커리 패러독스 원리는 피보나치 수열의 성질을 이용하였으나 체스판 패러독스는 넓이는 약간 늘리거나 줄여서 사람이 인식 못하는 수준에서 넓이를 빼는 원리를 사용하였다.

맨 왼쪽 사각형을 보자. 이 사각형의 넓이는 원래 64이다. 맨 마지막 직사각형의 높이가 $\frac{8}{7}$ 이다. 그러니까 원래 사각형의 높이는 $\frac{64}{7}$ 이다. 그러니 넓이가 64이다. 이를 잘라서 왼쪽과 같이 만들어서 이를 다시 역으로 만들게 하였으니 잘 알아차리기가 어렵다. 그러나 컴퓨터로 살펴보면 그 차이를 확연히 알 수 있다.

머 정확히 그리면 손으로 그린 위의 그림 처럼 나오지 않는다. 빈곳이 생기게 마련이다.

체스판 패러독스

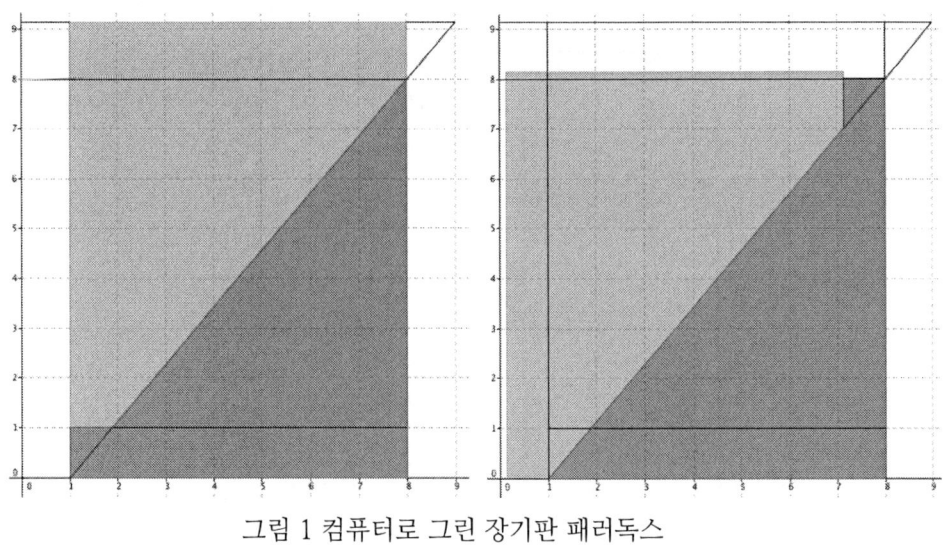

그림 1 컴퓨터로 그린 장기판 패러독스

카드 패러독스

이번에는 커리 패러독스 처럼 보이지만 아니다. 단지 넓이를 조금 넓혀서 정사각형이 사라지게 하는 것이다. [그림 2]의 왼쪽 사각형의 넓이는 $7 \times 7 = 49$ 인데 오른쪽 그림은 이다. 넓이 1이 사라졌다. 이를 가능하게 한 것은 넓이를 약간 늘려서 만들었기 때문이다.

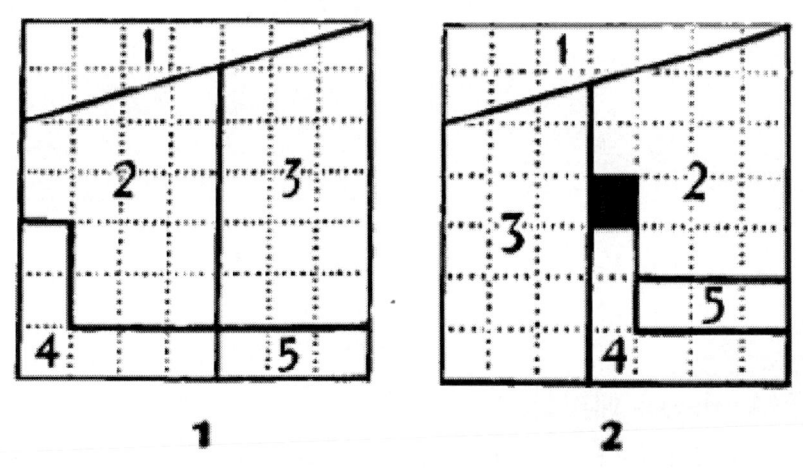

그림 2 카드 패러독스

[그림 3]을 보아라. 넓이가 줄어든 것이 아니라 기존 그대로 이다. 위로 약간 높이가 1/7 만큼 올라갔다. [그림 4]는 컴퓨터로 정확히 그린 그림이다.

수학 속 패러독스

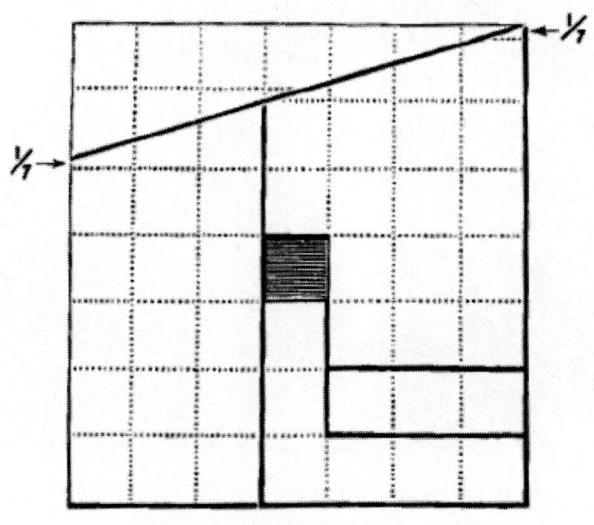

그림 3 카드 패러독스 원 그림

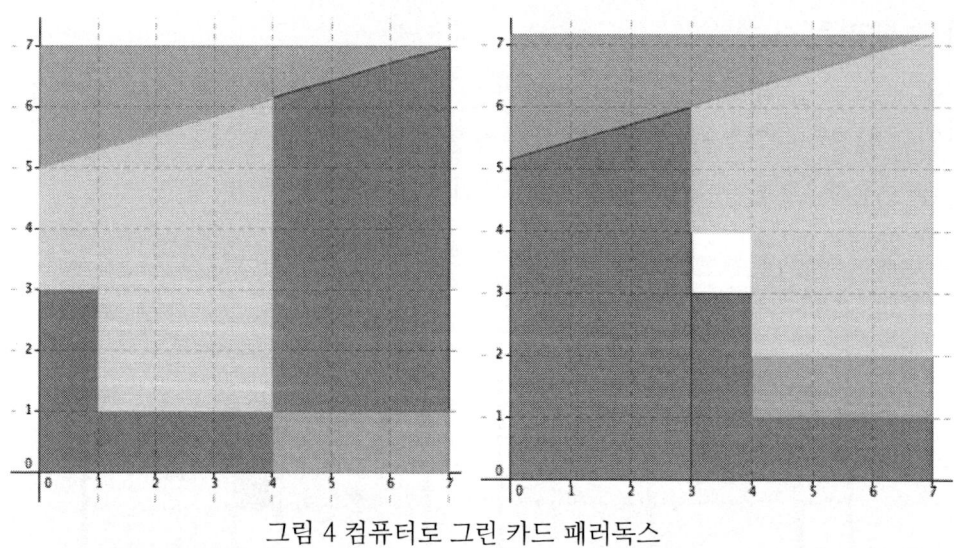

그림 4 컴퓨터로 그린 카드 패러독스

아줄레주(Azulejos) 패러독스

포르투갈을 대표하는 것 중 하나가 아줄레주 타일이다. 푸른색의 매우 아름다운 색의 타일로 벽을 장식하는 것이다. 아줄레주 패러독스는 3개의 타일이 빠지는 독특한 퍼즐이다. 이 퍼즐은 유투브에서 초코렛 3개가 남는 영상이 방영되기도 하였다.

다음 페이지 [그림 5]을 보자.

체스판 패러독스

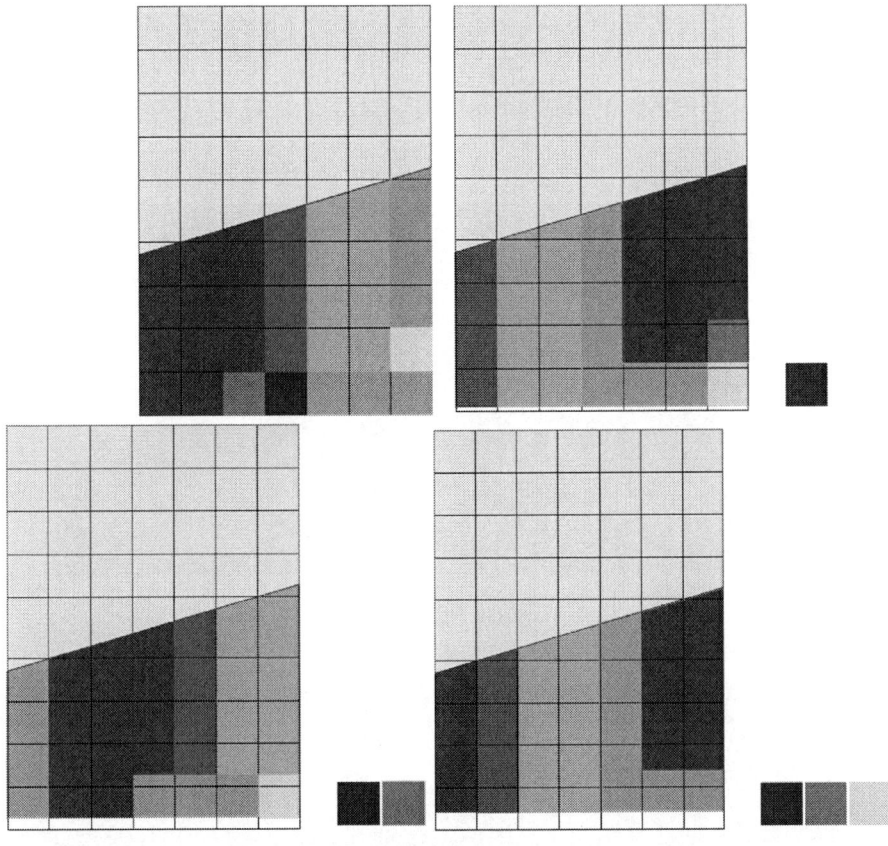

그림 5

매우 신기한 일이다. 물론 컴퓨터로 실험을 하여서 3개의 넓이가 사라짐을 쉽게 파악을 할 수 있을 것이다. 이것을 수학적으로 분석을 하여 보도자.
[그림 5]의 위의 왼쪽 그림에서 한 변의 길이가 3cm인 정사각형이 가로 7개 세로 9개의 넓이가 63인 도형이 있다. 이제 3의 넓이 만큼 세로 5번째의 사각형의 높이를 높이려고 한다. $(7+3) \times 9 cm^2 = 90 cm^2$ 이므로 높이가

$90 \div 21 = 4.2857 cm > 3cm$ 이다. 세로의 3cm의 7개의 정사각형과 나머지 2개 3cm와 4.285cm의 사각형의 비는 $\alpha = \arctan \dfrac{7.2857}{27} \approx 15.1°$ 이다. [그림 5]에

서 점 A와 점 B의 기울기를 구하여 보면 $\arctan \dfrac{4.275}{15} \approx 15.1°$ 이다. [그림 5]에

서 독립적으로 움직일 수 있는 정사각형 6, 7, 8 번이 자유롭게 움직일 수 있다. 정사각형 1개를 빼는 방법은 1 ~ 9 번의 도형을 왼쪽으로 3칸씩 움직여 재 배열을 하면 정사각형 1개가 남고 이를 3번을 할 수 있다. 이 퍼즐은 누가

53

만들었는지는 알려지지는 않았지만 이름에서 보듯이 포르투칼 사람인 것은 확실하다. 이것을 이용하여 작게도 만들 수도 있다. 넓이가 사라지지 않는 정사각형의 넓이 만큼 없에 버리면 매우 작은 직사각형의 모양으로 만들 수 있다.

그림 6 아줄레주 타일

그림 7 기차역의 아줄레주 타일 벽화

10
심슨 패러독스

철수과 영진은 야구경기 중 마이너리그에서 뛰는 선수들이다. 1923년 시즌은 4월에서 9월까지 경기를 하였다. 4월에 철수가 부상 당해 한번의 게임을 하고 4 타수 3 안타를 쳤다. 따라서 그는 0.750을 기록했다(야구에서 말하는 것처럼 7할 5푼 0리). 반면에 영진은 건강했고 한 달 동안 100 타수 50안타를 기록하여 평균 0.500을 기록했다.

이후에 철수은 부상에서 회복하여 5월부터 시즌이 끝날 때까지 뛰며 매달 100 타수 30개의 안타를 기록했다. 불행하게도 영진은 5월에 팔꿈치 건염에 걸렸고 100 타수 50안타를 쳤던 멋진 4월과는 반대로 나머지 시즌 동안 한 달에 한 경기를 뛰었고 각 경기는 4 타수 1 안타를 쳤다. [표 1]은 철수과 영진의 시즌 동안의 월 별 평균 타율과 연간 평균 타율을 보여준다.

표 1

	4월	5월	6월	7월	8월	9월	시즌평균
철수	$\frac{3}{4}$	$\frac{30}{100}$	$\frac{30}{100}$	$\frac{30}{100}$	$\frac{30}{100}$	$\frac{30}{100}$	$\frac{153}{504} = 0.303$
영진	$\frac{50}{100}$	$\frac{1}{4}$	$\frac{1}{4}$	$\frac{1}{4}$	$\frac{1}{4}$	$\frac{1}{4}$	$\frac{55}{120} = 0.458$

매월 철수은 영진 보다 매월 평균 타율이 월등히 높았다. 당연히 연말에는 철수의 연간 평균이 영진 보다 높을 것이라 생각했는데 연간 시즌 평균 타율은 영진이 더 높았다. 이럴 수가 있는가! 그 이유를 설명하여 보아라.

야구 팬들은 통계에 집착하고 있기 때문에 조금 더 생각해야 한다. 시즌 동안 선수 A가 선수 B의 매월 평균보다 월등한 타율을 기록한다면 확실하게 시즌 평균이 높다고 100% 확신을 할 수 있는가?

이 질문에 대한 답은 대부분의 사람들의 신념과는 반대이다. 월 평균 타율이 항상 낮더라도 선수 B는 선수 A보다 높은 시즌 평균 타율을 가질 수 있다. 이것은 단순 심슨 역설 (Simpson Paradox)이라고 불리는 것의 흥미로운 사건 중 하나이다. E.H. 심슨은 1951년 네이처 학술지에 실은 논문에서 처음으로 그 현상을 묘사했다. [표 1]의 숫자는 이러한 역전 현상이 일어날 수 있는 것을 보여준다.

수학 속 패러독스

철수의 월 평균 타율은 항상 영진의 월 평균보다 높다. 그러나 연간 시즌 평균 타율은 영진이 더 높다.(영진 0.458 대 철수 0.303). 야구 통계에서는 어떻게 이것이 가능할까? 우리는 실제 야구에서 그런 일이 일어났다고 말하는 것이 아니다.

이러한 야구의 예가 다소 억지스러웠지만 심슨 패러독스는 의료 및 사회 현상의 데이터와 같은 다른 분야에서 놀라 울 정도로 자주 등장한다. 예를 들어, 주어진 질병의 치료에서 두 가지 신약 〈약물 1〉과 〈약물 2〉의 유효성을 결정하기 위해 임상 실험이 수행되었다고 가정하자. 이 연구에서 환자들은 질병의 초기 단계와 고급 단계의 두 단계로 나누어 실험이 이루어 진다. 총 1,000명의 환자가 이 연구에 참여하고 500명에게는 〈약물 1〉이 투여 되고, 500 명에게는 〈약물 2〉가 투여 된다.

[표 2]는 임상 실험의 연구 결과인 두 약물의 치료 결과 상태가 개선 된 환자의 비율 및 백분율을 보여준다. 이 실험은 〈약물 1〉이 발병 및 진행성 질환의 치료에 더 유리하지만 전반적인 효과는 덜하다는 것을 나타낸다.

표 2

	진행성 질환 사람들 중 치료 비율	발병 질환을 가진 사람들 중 치료 비율	전체
약물 1	$\frac{116}{124} = 94\%$	$\frac{274}{376} = 73\%$	$\frac{390}{500} = 78\%$
약물 2	$\frac{334}{386} = 87\%$	$\frac{79}{114} = 69\%$	$\frac{413}{500} = 83\%$

[표 2]의 숫자를 더 자세히 보면, 역설적인 결과의 원인은 비율에서 기인한다.

$$\frac{116}{124} > \frac{334}{386} \text{ 이고 } \frac{274}{376} > \frac{79}{114} \text{ 이지만 } \frac{116+274}{124+376} < \frac{334+79}{386+114} \text{ 이다.}$$

일반적으로 심슨 패러독스의 기초 산술은

$$\frac{a}{b} > \frac{c}{d} \text{ 이고 } \frac{A}{B} > \frac{C}{D} \text{ 이면 } \frac{a+A}{b+B} > \frac{c+C}{d+D} \text{ 는 아니다.}$$

이다. 그러나 우리는 직관적으로 이를 사실로 믿는 경우가 많다.

버클리 대학 남녀 입학률

심슨의 역설을 보여주는 사례는 1973년 캘리포니아 대학 버클리 대학 (University of California Berkeley)이 이 대학원에 지원하는 여성들의 편견으로 고소를 당한 일이다. 고소 내용은 전체적으로 남성이 여성보다 더 높은 비율로 합격을 하였다 것이었다. 그러나 데이터를 보다 면밀히 조사한 결과 개별 과에서 여성에 대해 편견을 갖지 않았다는 사실이 밝혀졌다. 이 당시 전체적으로 여성이 입학률이 낮

심슨 패러독스

은 학과에 지원하는 경향이 있었고 남성은 입학률이 높은 학과에 지원하는 경향이 있었기 때문에 여성들은 남성들에 대한 약간의 편견을 가지고 있었다.

[표 3]은 이러한 상황이 어떻게 일어날 수 있는지 보여준다. 우리는 두 개의 학과 즉 의학과 및 체육학과를 갖춘 가상의 대학을 가지고 있다라고 하자. 이 대학에서는 여성이 입학률이 낮은 의학과에 지원할 가능성이 높고 남성은 체육학과에 지원할 가능성이 높으며 입학률도 높다. 데이터를 주의 깊게 살펴보면 심슨 패러독스가 어떻게 적용 되었는지 볼 수 있다.

표 3

	체육학과 합격 비율	의학과 합격 비율	전체 합격 비율
남자	$\frac{90}{100} = 90\%$	$\frac{3}{10} = 30\%$	$\frac{93}{110} = 85\%$
여자	$\frac{9}{10} = 90\%$	$\frac{30}{100} = 30\%$	$\frac{39}{110} = 35\%$

체육학과는 지원자의 90%가 합격하고 의대는 지원자의 30%가 합격하였다. 두 부서 모두 남녀를 같은 비율로 합격하였다. 그러나 이 두 과에서 전체 지원 한 39명의 여성 중 대부분 (39명 중 30명)은 의대에 지원했다. 전반적인 합격률은 남성이 85%, 여성이 35%로 남성에게 편향된 것처럼 보이는 것을 받아들이기는 어렵다.

심슨 패러독스를 그림으로 설명 하기

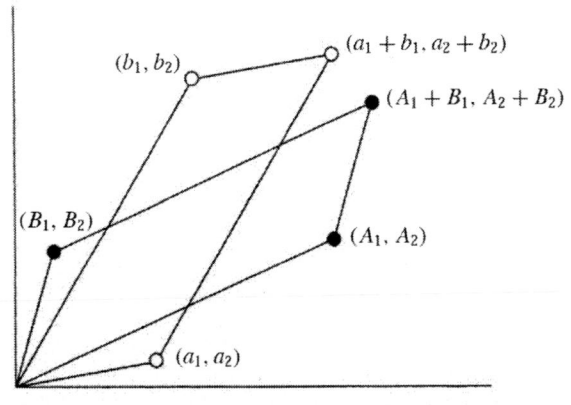

$$\frac{a_2}{a_1} < \frac{A_2}{A_1} \text{ and } \frac{b_2}{b_1} < \frac{B_2}{B_1}, \text{ yet } \frac{a_2+b_2}{a_1+b_1} > \frac{A_2+B_2}{A_1+B_1}$$

그림 1

페리 수열

영국의 지질학자였던 존 페리(John Farey)는 철학 매거진(Philosophical Magazine) 잡지에 이 수열에 관한 글을 실었다. 나중에 '페리 수열'이라고 이름이 붙여졌다. 이 페리 수열이 심슨 패러독스에서 사용된 분수 계산식이 나타난다.

n이 자연수 일 때, n계 페리 수열 $\mathscr{F}_n$은 $[0, 1]$에서 분모가 n이하인 유리수로 증가하는 순서로 정렬한 수열이다. $0 = \dfrac{0}{1}$, $1 = \dfrac{1}{1}$로 표시한다.

$\mathscr{F}_1 : \dfrac{0}{1}, \dfrac{1}{1}$

$\mathscr{F}_2 : \dfrac{0}{1}, \dfrac{1}{2}, \dfrac{1}{1}$

$\mathscr{F}_3 : \dfrac{0}{1}, \dfrac{1}{3}, \dfrac{1}{2}, \dfrac{2}{3}, \dfrac{1}{1}$

$\mathscr{F}_4 : \dfrac{0}{1}, \dfrac{1}{4}, \dfrac{1}{3}, \dfrac{1}{2}, \dfrac{2}{3}, \dfrac{3}{4}, \dfrac{1}{1}$

$\mathscr{F}_5 : \dfrac{0}{1}, \dfrac{1}{5}, \dfrac{1}{4}, \dfrac{1}{3}, \dfrac{2}{5}, \dfrac{1}{2}, \dfrac{3}{5}, \dfrac{2}{3}, \dfrac{3}{4}, \dfrac{4}{5}, \dfrac{1}{1}$

$\mathscr{F}_6 : \dfrac{0}{1}, \dfrac{1}{6}, \dfrac{1}{5}, \dfrac{1}{4}, \dfrac{1}{3}, \dfrac{2}{5}, \dfrac{1}{2}, \dfrac{3}{5}, \dfrac{2}{3}, \dfrac{3}{4}, \dfrac{4}{5}, \dfrac{5}{6}, \dfrac{1}{1}$

$\mathscr{F}_7 : \dfrac{0}{1}, \dfrac{1}{7}, \dfrac{1}{6}, \dfrac{1}{5}, \dfrac{1}{4}, \dfrac{2}{7}, \dfrac{1}{3}, \dfrac{2}{5}, \dfrac{3}{7}, \dfrac{1}{2}, \dfrac{4}{7}, \dfrac{3}{5}, \dfrac{2}{3}, \dfrac{5}{7}, \dfrac{3}{4}, \dfrac{4}{5}, \dfrac{5}{6}, \dfrac{6}{7}, \dfrac{1}{1}$

페리 수열 $\mathscr{F}_n$의 연속된 두 항 $\dfrac{h}{k}$와 $\dfrac{h'}{k'}$은 $kh' - hk' = 1$ (단, $k + k' > n$) 이고, $\dfrac{h}{k} - \dfrac{h'}{k'} = \dfrac{1}{kk'}$ 이다. 또한 페리 수열 $\mathscr{F}_n$의 연속된 세 항 $\dfrac{h}{k} < \dfrac{h'}{k'} < \dfrac{h''}{k''}$은 $\dfrac{h'}{k'} = \dfrac{h + h''}{k + k''}$ 이다.

이 정리가 위에서 하였던 야구 타율 분수 계산과 같은 방식이다.

페리 수열 $\mathscr{F}_7$을 좌표평면에 나타내면 아래와 같다. 모든 기울기가 다 다른 특징을 가지고 있다. [그림 2]

심슨 패러독스

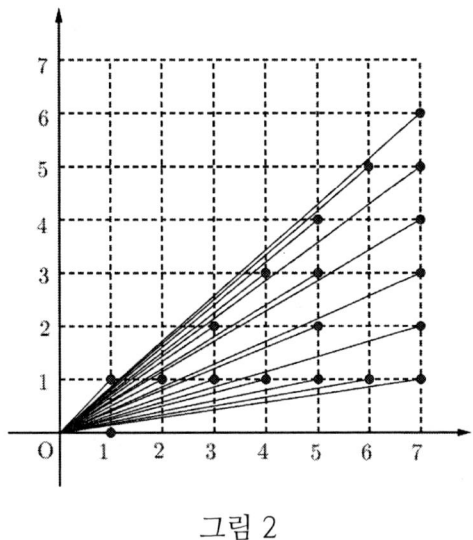

그림 2

닫힌 구간 [0, 1]에서 유리수는 제1사분면의 격자점에 의해서 나타낼 수 있다. 이 점들은 $y = x$ 아래에 존재한다. 맨 왼쪽에 있는 수직선 $x = n$에서 부터 시작을 한다. x 축 양수에서 부터 반시계 반향으로 원점을 중심으로 회전에 의해서 페리 수열 $\mathscr{F}_n$의 이웃하는 두 항을 나타낼 수 있다. 만약 두 점 P, Q가 격자점이고, 삼각형 OPQ가 내부와 꼭지점을 제외한 경계점을 갖지 않으면, 유리수에 대응하는 P, Q는 페리 수열의 이웃하는 항이다.(단, 분자의 순서(<)가 있다.)

페리 다각형 $\mathscr{P}_n$을 그리는 방법은 페링 수열 $\mathscr{F}_n$의 항 $\frac{q}{p}$를 분모 p를 x성분, 분자 q를 y성분으로 하는 순서쌍 (p, q)로 하는 점을 찍는다. 원점(0, 0)에서 부터 시작하여 페리 수열의 모든 항을 순서대로 연결하고 끝 항인 (1, 1)까지 연결하고 다시 원점 (0, 0)까지 마지막으로 연결을 하면 페리 다각형을 평면좌표계에 [그림 3] 처럼 작도할 수 있다.

n이 자연수 일 때, $\phi(n)$이 $1 \leq m \leq n$이고 $\gcd(m, n) = 1$인 자연수 m의 개수라고 정의 하자. 페이 수열 $\mathscr{F}_n$은 $1 + \sum_{k=1}^{n} \phi(k)$의 항을 갖는다. 페리 다각형 $\mathscr{P}_n$은 $2 + \sum_{k=1}^{n} \phi(k)$개의 경계점을 갖는다. 'D. N. Lehmer'는 충분히 큰 자연수 n에 대하여 페리 다항식의 넓이가 페리 다항식을 포함하는 정사각형의 넓이와의 비가 $\frac{3}{2\pi^2}$(최솟값)임을 계산하였다. 즉,

$$\lim_{n\to\infty} \frac{A_n}{n^2} = \frac{3}{2\pi^2}$$

이다.

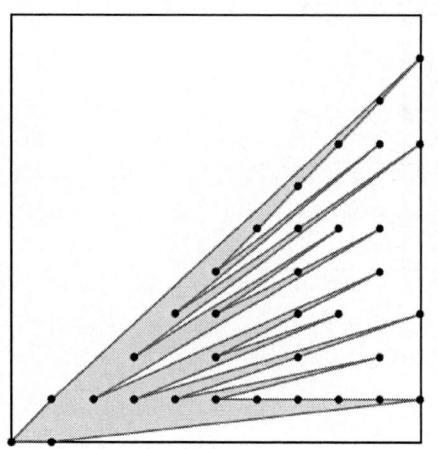 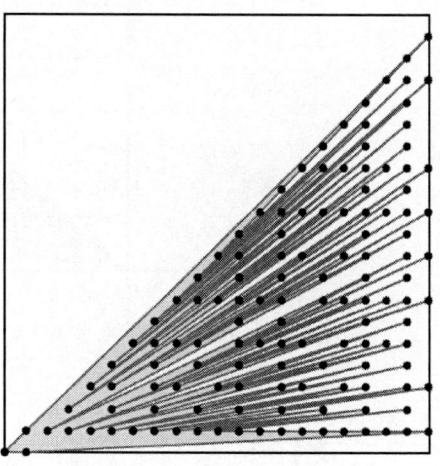

그림 3 페리 다각형 P_{10}과 P_{20}

포드 원은 서로 접하는 원의 특수한 경우이다. 평행선은 무한 반경을 가진 원으로 생각할 수 있다. 서로 접하는 원의 시스템은 페르가 아폴로니우스(Apollonius)에 의해 연구되었고, 그 후에 아폴로니우스(Apollonius)와 아폴로신(Apollonian)을 연결하는 문제로 이름이 붙여졌다. 17 세기에 르네 데카르트 (René Descartes)는 포드 원에 대한 서로 접하는 원의 반지름의 역수 사이의 관계를 발견하였다.

$$\frac{1}{\sqrt{r_{\text{middle}}}} = \frac{1}{\sqrt{r_{\text{left}}}} + \frac{1}{\sqrt{r_{\text{right}}}}$$

포드 원은 일본 수학의 신사에도 기하학적 퍼즐로도 등장한다. 군마현의 1824년 석판에 나타나는 문제는 3개의 원이 서로 접하고 공통 접선의 관계를 다룬 것이다. 두 개의 외부 큰 원의 크기가 주어지면, 그들 사이의 작은 원의 크기는 얼마인가? 답은 포드 원이다. 후에 포드 원은 미국 수학자 레스터 R 포드(Lester R. Ford)가 자신의 이름으로 명명한 것으로 1938년 미국 월간 잡지(American Mathematical Monthly)에 실었다. 페리 원은 페리 수열의 한 원소 (p,q)에 대하여 중심이 $\left(\frac{p}{q}, \frac{1}{2q^2}\right)$이고 반지름이 $\frac{1}{2q^2}$인 원을 말한다. 페리 수열 $\mathcal{F}_n$에 만들어진 모든 포드 원은 x축에 접하고 두 원은 서로 접하고 각 페리 수열의 원소들은 아래 그림과 같이 접한다.

심슨 패러독스

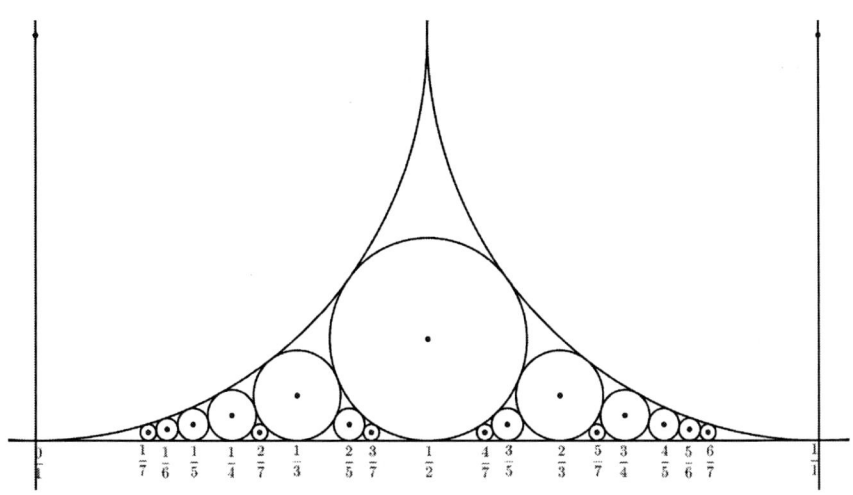

페리 수열 $\mathcal{F}_7$에 대한 포든 원

11
히파수스 패러독스

히파수스 패러독스는 무엇일까? 아이디어는 간단하다. 아래 그림과 같이 길이가 1인 단위 길이의 정사각형을 그리고 두 마주 보고 있는 꼭지점을 연결하여 대각선을 그린다.

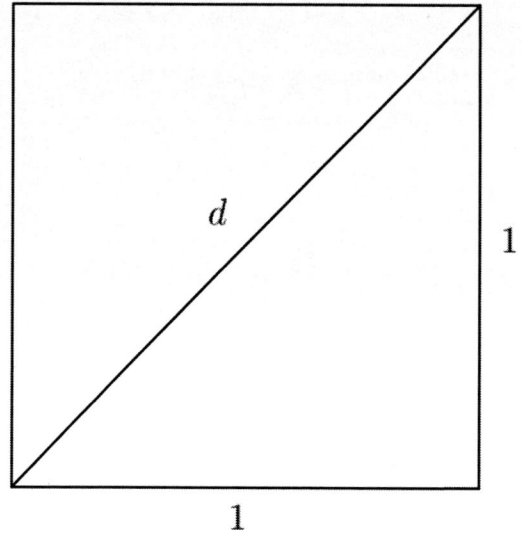

피타고라스 정리에 의해서 $d^2 = 1^2 + 1^2 = 2$이다. 이를 d에 관하여 풀면 $d = \sqrt{2}$이다. 피타고라스 학파 사람들은 $\sqrt{2}$를 분수(유리수)라고 믿었다.

$\sqrt{2} = \dfrac{q}{p}$(단, p, q는 모두 자연수)라고 하자. 이러한 p, q가 존재 하지 않음을 설명하여 보아라.

히파수스 패러독스

그림 1 히파수스(좌)와 피타고라스(우)

기원전 5세기 경 피타고라스와 동시대에 살았던 메타폰툼(Metapontum)의 그리스 수학자 히파수스(Hippasus)가 있었다. 그는 그 시대에 이 패러독스를 만들었지만, 불행히도 이 패러독스는 신성 모독으로 받아 들여져 사형 선고를 받았다. 더 정확히는 수장 되었다고 한다.

피타고라스 학파의 사람들은 기원전 5세기에 그리스에서 번성했던 비밀 종교 단체였으며, 수를 숭배하고 수가 만물의 근원이라고 생각하였고 신으로 섬기었다. 이 학파는 사모스(Samos)의 그리스 철학자 피타고라스(Phthagoras)에 의해 설립되었고, 이들 학파의 회원들은 자연의 모든 양(일정한 단위로 측정할 수 있는 양)은, 정수 또는 정수 비율로 설명 될 수 있다고 믿었다. 즉, $1, 2, 3, \frac{4}{3}, \frac{1}{2}, \frac{7}{3}, \frac{25}{11}, \cdots$ 과 같은 수들이다. 이집트 인이나 메소포타미아 인들은 계산이나 자료를 만드는 집계 표에 숫자를 사용했던 문화와는 달리 피타고라스 학파 사람들은 숫자를 둘러싼 세계를 이해하는데 개방적이었다. 그들은 짝수(even number), 홀수(odd number), 나누어 떨어지는 수, 소수(prime number), 합성수(composite number) 등을 연구하였다. 또한 그들은 삼각수, 사각수(제곱수), 오각수 등 그리고 이들 수들이 적용된 현실 세계의 패턴을 연구하였다.

피타고라스는 합리성, 남성 성, 여성 성, 정의, 도덕성, 모든 것이 숫자를 통해서 논리적으로 해석하고, 수는 인류의 기본을 이루는 것이라고 믿음이 있었다. 피타고라스는 "모든 것이 숫자이다."이다 라고 말하기도 하였다. 짝수나 홀수 처럼 하나와 다수, 정사각형과 직사각형, 직선과 곡선, 남자와 여자, 선과 악 등 대립된 것들을 수로 설명할 수 있다고 생각했다. 예를 들어 2는 여자를 나타내는 수이며 짝수이고 소신을 뜻한다. 3은 남자를 나타내는 수이자 홀수이고 조화를 뜻 한다. 최초의 사각수(제곱수)인 4는 정의와 복수를 나타낸다. 2(여자)와 3(남자)의 합인 5는 결혼을 뜻 한다. 일곱 행성(달, 수성, 금성, 화성, 목성, 토성, 태양)의 숫자 7은 피타고라스 학파 사람들에게 특별한 수이기도 하였다.

수학 속 패러독스

이들 피타고라스 학파는 오늘날에 연구 결과를 학술지에 출판하는 것과는 달리 모든 발견은 극비 사항의 비밀로 붙여졌다. 그들의 주요 발견인 피타고라스 학파의 대표 정리 즉, 피타고라스 정리가 있다. 히파수스의 패러독스는 이 피타고라스 정리를 사용하여 그들의 믿음(이 세계는 정수 또는 정수 비율로 이루어져 있다.)에 금이 가게 끔 하였다.

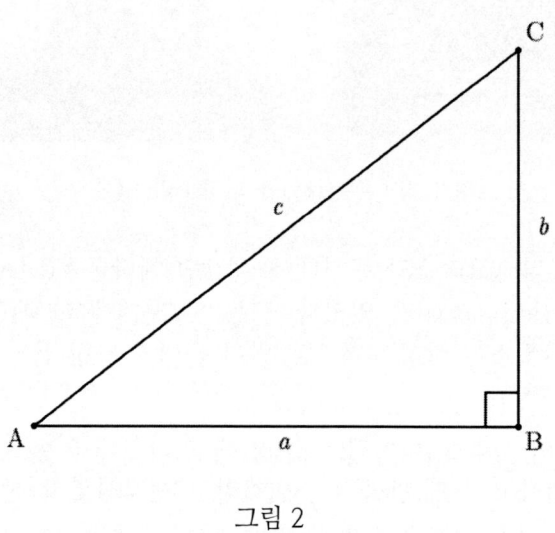

그림 2

피타고라스 정리는 직각삼각형 ABC에서 밑변과 높이 a, b와 빗변 c에 대하여 $a^2 + b^2 = c^2$ 이 성립한다는 정리로 중학교 이상의 졸업을 하였으면 다 알고 있는 정리이기도 하다. 2500년 후, 피타고라스 정리는 기념비적인 발견으로 특히 증명 방법은 오늘날의 수학에 중요하게 다루어지고 있다.

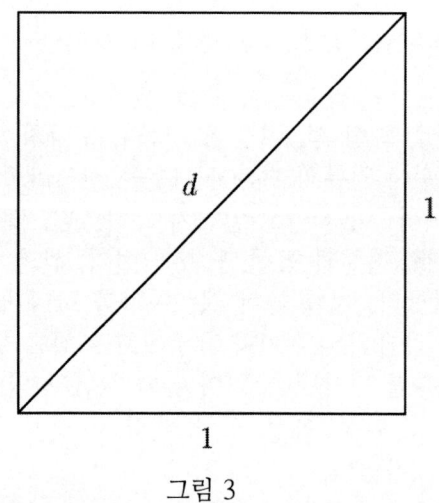

그림 3

히파수스 패러독스

길이가 1인 단위 길이의 정사각형을 그리고 두 마주 보고 있는 꼭지점을 연결하여 대각선을 그리자. 피타고라스 정리에 의해서 $d^2 = 1^2 + 1^2 = 2$이다. 그리고 $d = \sqrt{2}$이다. 피타고라스 학파 사람들은 $\sqrt{2}$를 분수라고 믿었었다. 그러나 히파수스는

$$\sqrt{2} = \frac{q}{p} (단, p, q는 자연수) \tag{1}$$

라고 하였고 이를 만족하는 자연수 p, q를 발견하는 것이 목표였다.

우리는 여기서 합성수에 대해서 알아야 한다. 8, 27, 45, 130, 5010, …와 같은 수들이 합성들의 예이다. 이 수들은 소수들이 아니고 소수들의 곱으로 인수분해 된다. 즉,

$$8 = 2^3$$
$$105 = 3 \times 5 \times 7$$
$$44 = 2^2 \times 11$$
$$169{,}400 = 2^3 \times 5^3 \times 7 \times 11$$

이다. 여기서 2, 3, 4, 5, 7, …의 수들은 소수들이다. 이들 소수들의 인수분해는 오직 1과 자기 자신으로 밖에 분해가 되지 않는 수들이다. 즉 $2 = 1 \times 2$, $3 = 1 \times 3$, $5 = 1 \times 5$, $7 = 1 \times 7$, …이다.

이제 식 (1)의 양변을 제곱하자.

$$2 = \frac{p^2}{q^2}$$
$$p^2 = 2q^2$$

제곱수들 $2^2, 3^2, 4^2, \cdots$은 합성수이다. 이들 제곱수들은 소수들의 제곱수들의 곱으로 나타낼 수 있다. 예를 들어 보자.

$$3^2 = 3 \times 3$$
$$4^2 = 4 \times 4 = (2 \times 2)(2 \times 2)$$
$$21^2 = 21 \times 21 = (3 \times 7)(3 \times 7) = (3 \times 3)(7 \times 7)$$

이제 $p^2 = 2q^2$을 만족하는 자연수 p, q가 없음을 보이자.

자연수 p, q 모두 소수의 곱으로 인수분해 되었다고 하자. 좌변 p^2은 소수들의 제곱수의 곱의 형태로로 인수분해가 된다. 우변을 얻으려면 이들 소수의 제곱수들 중 하나는 $2s$이어야 한다. q^2도 역시 마찬가지이다. 따라서 우변 $2q^2$과 비교를 하면, $2s$가 1, 3, 5, 7, …과 같은 홀수 중 하나이어야 한다. 그러나 이것은 양변이 같아지려

면 각 변에 2s를 포함해야 한다는 것이다. 따라서 $p^2 = 2q^2$를 만족하는 자연수 자연수 p, q는 존재하지 않는다.

히파수스는 매우 놀라운 발견을 하였고, 이 수에 이름을 제곱근 2이라고 하였다. 현재는 $\sqrt{2}$이라고 나타내고 있으며 길이가 1인 정사각형의 대각선 길이이다. $\sqrt{2}$는 분수로 나타낼수 없으며, 유리수가 아닌 무리수라고 정의한다.

히파수스가 처음으로 무리수임을 발견한 사람이다. 히파수스가 그가 기대 한 놀라운 반응을 얻지 못했고, 전설에 따르면, 그는 이 발견으로 피타고라스 학파 사람들에게 바다에서 던져졌으며, 그가 그의 노력으로 얻은 유일한 발견도 바다에 함께 던져졌다.

그런데 역설은 어디에 있는것일까? 이 당시 피타고라스 학파 사람들에게는 그것은 정말로 물리량 (단위 정사각형의 대각선 길이)의 발견은 패러독스였고 수수께끼였다. 그들이 믿었던 진리 밖에서 어떻게 이러한 것이 존재할 수 있을까?라는 물음을 가지고 말이다.

이후에 독일 수학자 게오르그 칸토어 (Georg Cantor)는 1080년대 후에 무리수가 무한히 많다는 것을 증명하였다. 사실 유리수보다 무리수가 더 많다. 유리수는 셀수 있는 무한한 수(countably infinite, 가산 무한)이지만, 무리수는 기수(cardinality)로 계산된다. 오늘날 우리는 더 많은 무리수가 발견되었다.

π, $\sqrt{p}$(p는 소수), e(오일러 상수), ϕ(황금비), $\cdots$

수학의 역사에서 피타고라스 학파 사람들 만 새로운 수 체계에 저항을 하지는 않았다. 숫자 '0'은 1300년대까지 유럽 수학에서 '숫자'로 인정되지 않았다. 0이 없으면 음수는 없다. 1400년대 후반까지는 음수가 숫자가 널리 수용되지 않았다. 규칙이 무엇이든간에, 새로운 아이디어는 종종 현상 유지에 반하기도 한다.

$\sqrt{2}$는 피타고라스 사람들이 처음으로 발견된 무리수로 더 많이 인용되며, 오늘날 거의 모든 교실에서 무리수임을 증명하는 첫번째 숫자이다. 그러나 그리스인들에 의한 $\sqrt{2}$의 무리수의 증명은 오늘날 사용된 단순한 정수론적인 증명이 아니다.

무리수의 존재 사실은 실제로는 정오각형의 한 변과 대각선 길이의 약분 불가능성에 대한 다소 복잡하고 정교한 증명이다. 히파수스는 기원전 450년 경에 정오각형의 한변과 대각선의 비율을 측정하면서 무리수가 존재함을 증명하였다. 즉, 황금비가 첫 무리수였다.

정오각형의 한변과 대각선의 약분 불가능의 사실과 피타고라스의 지적 생활에서의 정오각형의 중요성을 감안할 때, 일부 학자들은 아마도 정오각형의 한변과 대각선의 약분 불가능의 사실이 무리수의 약분 불가능 함의 존재의 첫 번째 증거이며 나중에 $\sqrt{2}$의 무리수에 대한 증거가 나왔다고 제안을 하였다.

히파수스 패러독스

이 히파수스 패러독스에 대한 픽션은 히파수스의 죽음을 현저하게 깎아 내리기 위한 전설에서 파생 된 것이다. 실제로 여기에 제시된 것처럼 일어난 것 같지는 않다. 그러나 우리는 오늘날 이 히파수스 죽음에 대한 픽션은 교육 목적을 위해 채택되었고 학생들에게 교육을 하고 있다.

더 알고 싶으면 아래의 논문을 보아라.

Kurt von Fritz, The Discovery of Incommensurability by Hippasus of Metapontum.[11], Errol Morris, The Ashtray Part 3: Hippasus of Metapontum.[12], Plato, The Phaedo.[13]

아래의 도형은 히파수스가 무리수임을 증명하기 위해 사용한 도형들이다. 왼쪽이 처음 정오각형의 무한 하강 증명(proof of the infinite descent)으로 무리수가 존재함(나누어 떨어지지 않는)을 보였고, [그림 4]가 $\sqrt{2}$가 무리수임을 보일 때 사용한 그림이다.

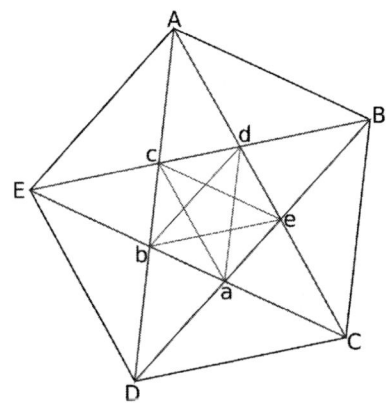 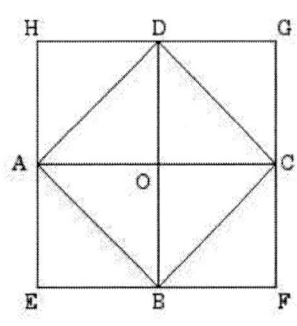

그림 4

이후에 피타고라스 학파 사람 중 키리네의 테오도루스(Theodorus of Cyrene, 465-398 BC)는 $\sqrt{3}, \sqrt{5}, \sqrt{6}, \sqrt{7}, \sqrt{8}, \sqrt{10}, \sqrt{11}, \sqrt{12}, \sqrt{13}, \sqrt{14}, \sqrt{15}, \sqrt{17}$이 무리수임을 보였다. $\sqrt{17}$까지만 하고 멈추었다. 그리고 [그림 5]와 같이 테오도루스 방법에 의한 단위 정사각형으로 부터 일반화로 무한히 많은 무리수가 있음을 보였다.

---

[11] https://hiphination.files.wordpress.com/2017/12/vonfritzhippasus.pdf

[12] https://opinionator.blogs.nytimes.com/2011/03/08/the-ashtray-hippasus-of-metapontum-part-3/

[13] http://classics.mit.edu/Plato/phaedo.html

수학 속 패러독스

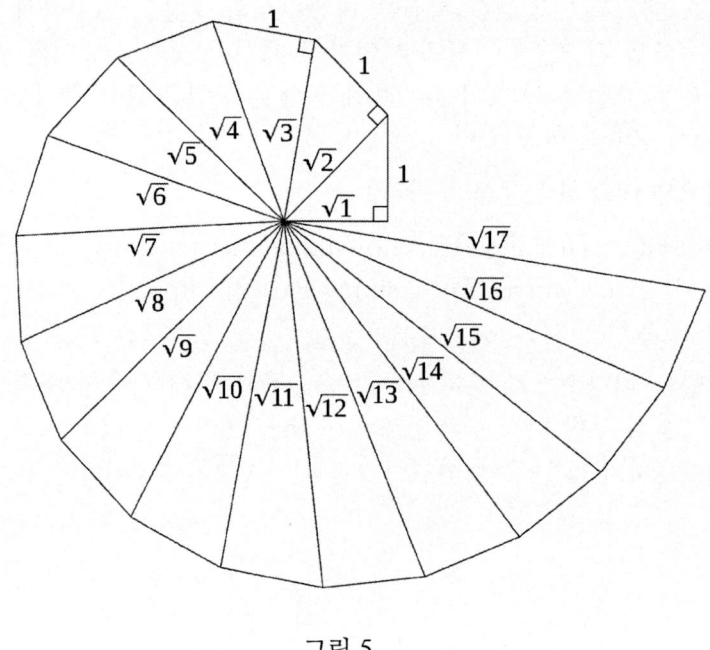

그림 5

12
대각선 패러독스

철수는 집을 지으려고 한다. 1층 지면으로 부터 2층 문까지 계단을 아래 [그림 1]과 같이 만들어야 한다. [그림 1]은 계단을 만들기 전의 그림이다. 조금 이상하기도 하겠지만 그래도 이곳에 계단을 만든다고 하자. A지점에서 B지점까지 직선 거리로 $3(m)$이고 B지점에서 C지점까지 수직으로 방향으로 $3(m)$이다.

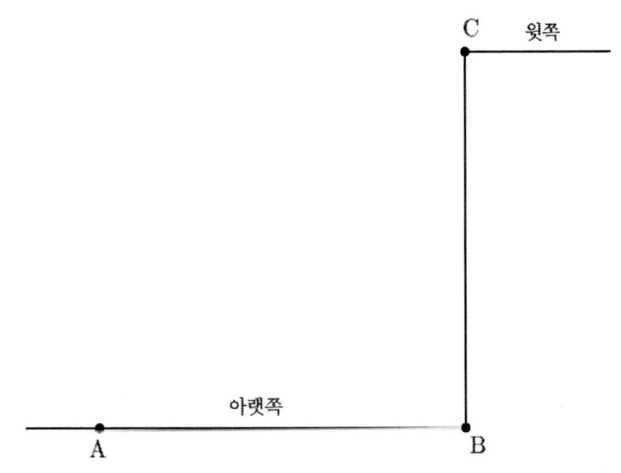

그림 1 아래 쪽 지면으로 부터 윗 쪽 문까지 계단 만들기

철수는 계단과 계단에 연속적으로 이어진 카펫으로 아래쪽에서 위 쪽으로 모두 덮고 싶어한다. 그러나 그는 검소하며 카펫 비용을 최소화하는 방법을 찾으려고 한다. 그러기 위해 철수는 [그림 2]와 같이 1, 2, 4 및 8 단계를 보여주는 [그림 2]를 그렸다. 여기서 연속인 곡선 C_1, C_2, C_4 및 C_8은 카펫이 깔려있을 곳의 계산 모양 곡선을 나타낸다. 1 층과 2 층의 높이는 $3(m)$이고 계단의 기울기는 45°도가 되기를 원한다. 이 사실을 감안할 때 철수는 [그림 2]에서 네 단계에 필요한 카펫 길이를 확인할 수 있었다. 이것이 곡선 C_1, C_2, C_4 및 C_8의 길이이다. 하나의 거대한 계단이 있는 [그림 2]처럼 1단계의 계단의 경우, 카펫 길이인 곡선 C_1의 길이는 A지점에서 B지점까지 수평으로 $3(m)$이고, B지점에서 지점 C지점까지 수직 $3(m)$ 이므로 카펫 전체 길이는 (1단계 카펫 전체 길이) $= 3 + 3 = 6(m)$ 이다.

수학 속 패러독스

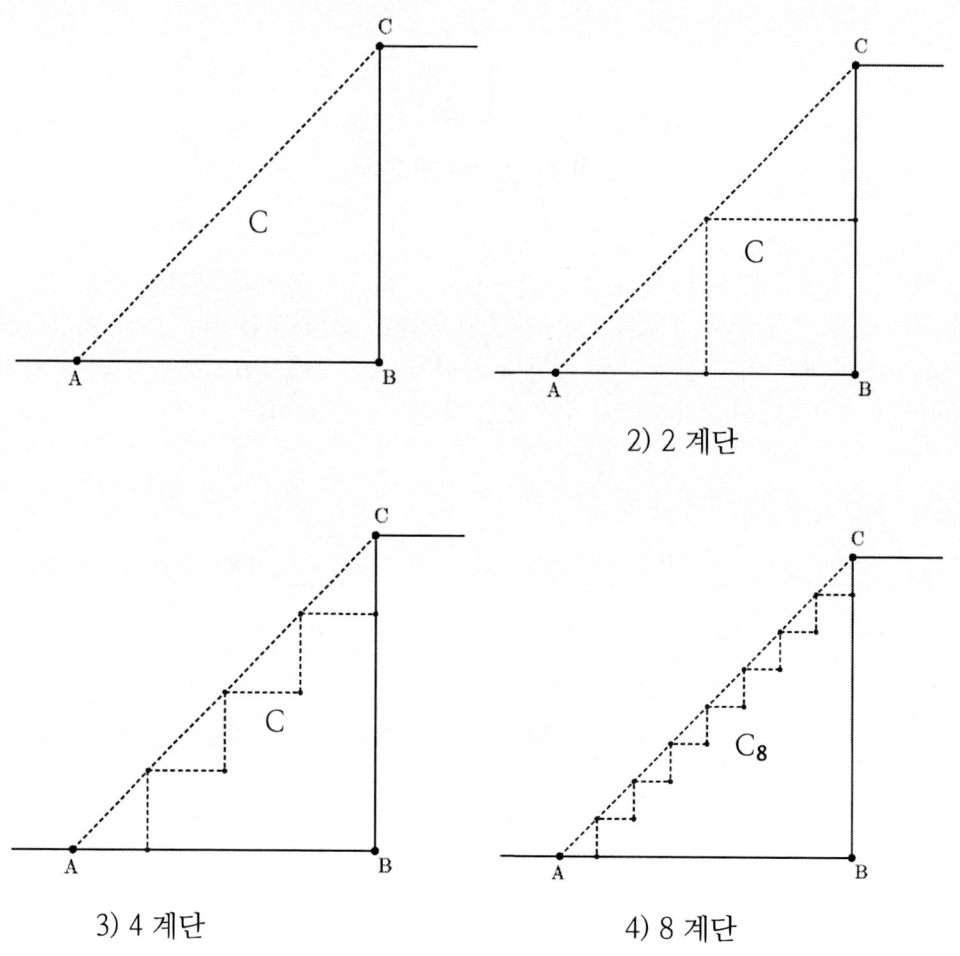

그림 2 각 단계의 곡선

철수는 이제 [그림 2] 2)와 같이 2 단계를 만들어서 얼마나 많은 카펫 길이가 필요한지 계산을 하여보았다. 여기에는 수평 부분이 두 개, 수직 부분이 두 개 있으며, 각각 1.5(m)이다. 따라서 카펫 전체 길이는

(2단계 카펫 전체 길이) = 1.5 + 1.5 + 1.5 + 1.5 = 6(m)

이다. 더 많은 단계를 만들었는데 카펫 길이가 변하지 않았다. 철수는 또 다시 4 단계와 8 단계에 대해서 계산을 하여 보았다.

(4단계 카펫 전체 길이) = $\underbrace{0.75 + 0.75 + \cdots + 0.75}_{8개}$ = 6(m)

(8단계 카펫 전체 길이) = $\underbrace{0.375 + 0.375 + \cdots + 0.375}_{16개}$ = 6(m)

대각선 패러독스

철수는 얼마나 많은 계단이 만들어져 있더라도 카펫 길이가 항상 항상 $6(m)$로 동일하다고 결론 내렸다. 그래서 철수는 [그림 3] 처럼 100만 개의 계단이 있는 계단을 만들었다고 가정하였다.

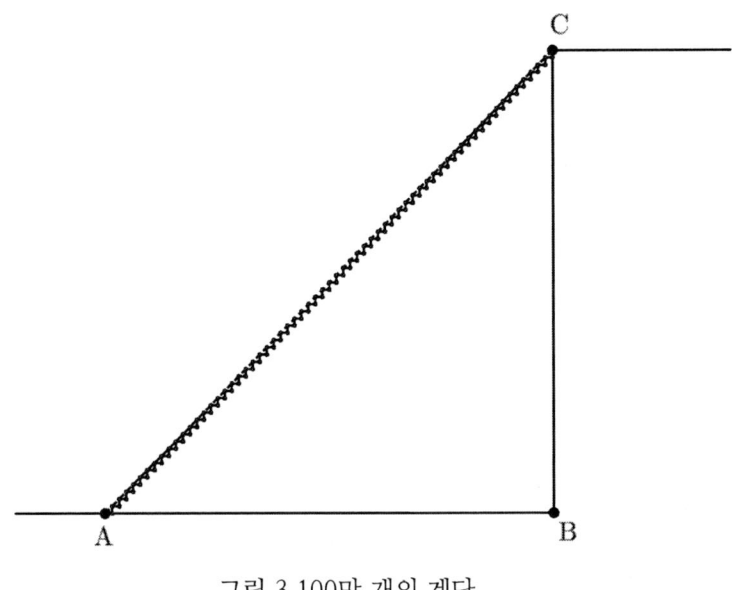

그림 3 100만 개의 계단

계단은 점 A와 점 C를 잇는 직선에 매우 가까운 계산 모양의 선처럼 보인다. 그러면 빗변 AC의 길이는 얼마인지 설명하여 보아라.

프랙탈 패러독스는 매우 단순한 오류에 오는 패러독스이다. 질문에 대한 답을 하여 보자. 피타고라스 정리에 의해서 점 A에서 점 C까지의 거리는

(점 A에서 점 C까지의 거리) $= \overline{AC} = \sqrt{3^2 + 3^2} = 3\sqrt{2} \approx 4.242(m)$

이다. 이것은 연속인 곡선 C_1, C_2, C_4 및 C_8가 모두 $6(m)$인 것과 많은 차이를 보인다.

연속된 곡선 $C_{1,000,000}$의 길이는 철수의 믿음의 계산 결과인 $6(m)$이다. 다시 말하면 곡선은 다른 곡선에 가까울 수는 있지만 곡선의 길이는 더 길 수도 있다. 이것이 가능한가?

실제로 철수는 [그림 4]에서 그려진 것과 같은 계단을 만들 수도 있다. 이 경우 계단은 수평도 아니어도 수직도 아닌 계단이다. 이 유형의 계단은 계산으로서는 기능을 수행하지는 못하지만 수학적으로는 매우 흥미롭다.

필요한 계산을 수행하려면 점 A와 B를 연결하는 직선에 더 가깝게 근접하는 들쭉날쭉 한 연속인 곡선 C_1, C_2, C_3, $\cdots$, C_n, $\cdots$의 수열을 만들 수 있다. 주어진 선분

AC는 유한한 길이이지만, 연속인 곡선 $C_1, C_2, C_3, \cdots, C_n, \cdots$의 길이는 무한대에 접근한다.

이게 가능하단 말인가? 조금 더 수학적인 접근을 하여 보자.

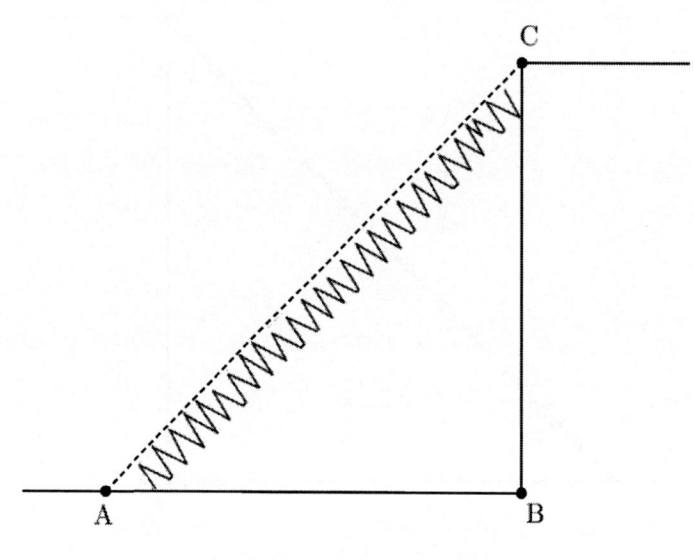

그림 4 지그재그 계단

위의 문제는 프랙탈과 관련이 있다. 이중에서 가장 유명한 프랙탈인 코흐 눈송이 곡선이다.

스위스 수학자 닐스 헬리에 본 코흐(Nils helge von Koch, 1870-1924)는 프랙탈을 하난 만들었고 논문 《Sur une courbe continue sans tangente, obtenue par une construction géométrique élémentaire》에 언급을 하였고, 이에 '코흐 눈송이(Koch Snowflake)'라는 이름이 붙여졌다. [그림 5]

1단계) 한 변의 길이가 1인 정삼각형에서 부터 시작한다.([그림 5] 1) 1단계)

2단계) 1단계 정삼각형의 각 변 가운데 $\frac{1}{3}$인 부분에 한 변의 길이가 $\frac{1}{3}$인 새로운 정삼각형을 1단계 정삼각형 바깥쪽으로 그린다. 그리고 한 변의 길이가 $\frac{1}{3}$인 새로 그린 정삼각형과 1단계 정삼각형의 공통 변을 지운다. ([그림 5] 2) 2단계) 그러면 한 변의 길이가 $\frac{1}{3}$이고 12개의 변을 갖는 도형이 만들어진다.

3단계) 2단계 도형의 각 변 가운데 $\frac{1}{9}$인 부분에 한 변의 길이가 $\frac{1}{9}$인 새로운 정삼각형을 2단계 정삼각형 바깥쪽으로 그린다. 그리고 한 변의 길이가 $\frac{1}{9}$인 새로 그린

대각선 패러독스

정삼각형과 2단계 도형의 공통 변을 지운다. ([그림 5] 3) 3단계) 그러면 한 변의 길이가 $\frac{1}{9}$이고 48개의 변을 갖는 도형이 만들어진다.

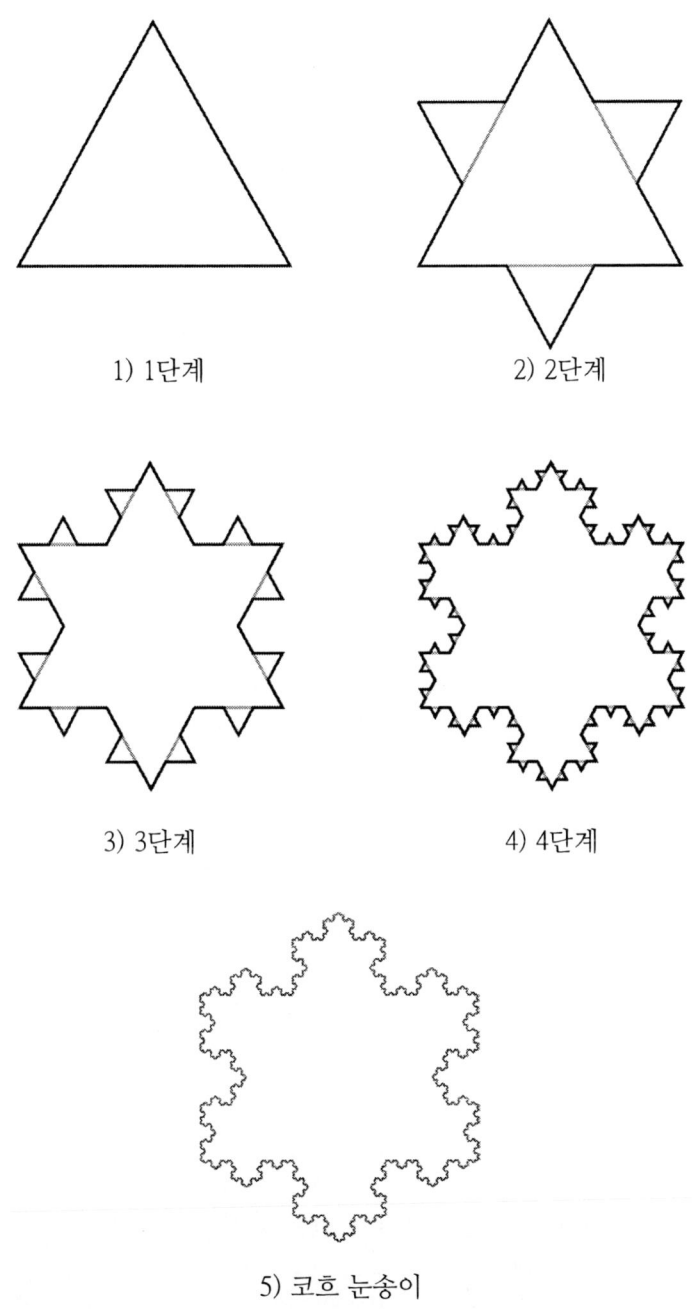

1) 1단계
2) 2단계
3) 3단계
4) 4단계
5) 코흐 눈송이

그림 5 프랙탈 코흐 눈송이 곡선

4단계) 같은 방법으로 만들면, 3단계 도형으로 부터 152개의 변을 갖는 도형이 만들어진다.

이 과정을 계속해서 반복을 하면 코흐 눈송이에 가까워진다. 물론 우리는 코흐 눈송이에는 실제로는 도달하지 못한다. 왜냐하면 이 단계들을 무한한 횟수를 수행해야 하기 때문이다. 그러나 우리는 무한 반복한 코흐 눈송이가 어떠한 모습인지를 알 수 있는 좋은 아이디어가 있다.

우선 단계별 도형의 둘레 길이를 구하여 보자.

단계	1단계	2단계	3단계	...	n단계
단계별 닮음 삼각형 한변 길이	1	$\frac{1}{3}$	$\left(\frac{1}{3}\right)^2$	...	$\left(\frac{1}{3}\right)^{n-1}$
단계별 도형의 변의 개수	3	$3 \cdot 4$	$3 \cdot 4^2$	...	$3 \cdot 4^{n-1}$

위의 표에서 n단계 도형의 둘레 길이는

$$(n\text{단계 도형의 둘레 길이}) = L_n = 3 \cdot \left(\frac{4}{3}\right)^{n-1}$$

이다. 그러므로 무한 번 반복을 하면, 도형의 둘레 길이는

$$\lim_{n \to \infty} L_n = \lim_{n \to \infty} 3 \cdot \left(\frac{4}{3}\right)^{n-1} = \infty$$

로 무한대로 발산하게 된다.

조금 더 직관적으로도 살펴볼 수가 있는데 1단계만 3이고 2단계부터는 길이가 1만큼씩 늘어난다. 따라서 $L = 3 + 1 + 1 + 1 + \cdots = \infty$이다.

이제 넓이를 계산을 하여 보자. 1단계 정삼각형의 넓이를

$$S = \frac{1}{2} \cdot 1 \cdot 1 \sin \frac{\pi}{3} = \frac{\sqrt{3}}{4}$$

이라고 하자.

이제 단계별 닮음 삼각형의 넓이를 계산하고 이들 넓이 합을 계산을 하여 보자.

단계	1단계	2단계	3단계	3단계	...	n단계

대각선 패러독스

단계별 닮음 삼각형 넓이	S	$\frac{1}{9}S$	$\left(\frac{1}{9}\right)^2 S$	$\left(\frac{1}{9}\right)^3 S$	$\cdots$	$\left(\frac{1}{9}\right)^{n-1} S$
단계별 닮음 삼각형 개수	1	3	$3 \cdot 4$	$3 \cdot 4^2$	$\cdots$	$3 \cdot 4^{n-2}$
단계별 닮음 삼각형 넓이	$1 \cdot S$	$\frac{3}{4} \cdot \frac{4}{9} S$	$\frac{3}{4} \cdot \left(\frac{4}{9}\right)^2 S$	$\frac{3}{4} \cdot \left(\frac{4}{9}\right)^3 S$	$\cdots$	$\frac{3}{4} \cdot \left(\frac{4}{9}\right)^{n-1} S$

따라서 위 표에서 계산한 결과에 의하여 n단계 도형의 넓이는 각 단계별 넓이의 합이다. 따라서 아래와 같은 식이 성립한다.

(n 단계 도형의 넓이)

$$= S_n = S + \frac{3}{4} \cdot \frac{4}{9} S + \frac{3}{4} \cdot \left(\frac{4}{9}\right)^2 S + \frac{3}{4} \cdot \left(\frac{4}{9}\right)^3 S + + \cdots + \frac{3}{4} \cdot \left(\frac{4}{9}\right)^{n-1} S$$

$$= S + S \cdot \frac{\frac{3}{4} \cdot \frac{4}{9}\left(1 - \left(\frac{4}{9}\right)^{n-2}\right)}{1 - \frac{4}{9}} = S + S \cdot \frac{3}{5}\left(1 - \left(\frac{4}{9}\right)^{n-2}\right)$$

따라서 무한번 반복한 결과는

$$\lim_{n \to \infty} S_n = \lim_{n \to \infty} \left\{ S + S \cdot \frac{3}{5}\left(1 - \left(\frac{4}{9}\right)^{n-2}\right) \right\} = S + \frac{3}{5}S = \frac{8}{5}S$$

이다. 코흐 눈송이 넓이의 극한값은 $\frac{8}{5}S = \frac{2}{5}\sqrt{3}$이다.

이들을 종합한 결과는 도형의 극한의 둘레 길이는 무한인데 둘러 쌓인 넓이는 유한한 값을 갖는다. 뭐 이런 것이 있겠는가 하는 생각이 들지만 현재 존재하는 것들이다. 그것도 우리의 몸 속에 있다. 우리 몸 내장의 대장은 프랙탈 구조의 돌기를 가지고 있어 최소한의 넓이로 최대한 길이를 갖는 구조로 이루어져 있다. 이 구조에서 대장에서 물을 흡수하고 다른 여러 필요한 물질들을 흡수하고 있다. 이제 조금 더 다른 문제로 접근을 하여 보자.

수학 속 패러독스

우리나라 남한의 해안선 길이는 국립해양 조사원의 2014년 자료에 의하면 육지 길이가 7,753km(전체 길이의 52%)이고 도서벽지의 길이가 7,210km(전체 길이의 48%)이다. 이 길이는 지구 적도 기준의 큰 원주 길이의 약 37.38%에 해당하는 길이이다. 프랙탈의 둘레 길이로 우리나라 남한의 해안선 전체 길이인 14,963km 이상 나오려면 최소 몇 단계의 코흐 눈송이 도형에서 나오겠는가? (단 1단계 정삼각형의 한 변의 길이를 1m라고 하자.) 이를 직관적으로 말하여보고 계산 결과와 비교하여 보아라.

우리는 $3 \cdot \left(\dfrac{4}{3}\right)^{n-1} (m) > 14,963(km)$인 양의 정수 n의 최솟값을 구하면 된다.

$$3 \cdot \left(\dfrac{4}{3}\right)^{n-1} \cdot \dfrac{1}{1000}(km) > 14,963(km)$$

$$\left(\dfrac{4}{3}\right)^{n-1} > \dfrac{14,963,000}{3}$$

양 변에 상용 로그를 취하자.

$$\log\left(\dfrac{4}{3}\right)^{n-1} > \log\dfrac{14,963,000}{3}$$

$$(n-1)(2\log 2 - \log 3) > \log\dfrac{14,963,000}{3}$$

$$(n-1) > \dfrac{\log\dfrac{14,963,000}{3}}{2\log 2 - \log 3}$$

$$(n-1) > 53.60945381$$

$$n > 54.60945381$$

따라서 최소 55번째 코흐 곡선을 그리면 남한의 해안선의 길이를 넘는다. 몇 번 안되는 횟수에 남한 해안선 길이를 넘긴다는 것에 놀라울 뿐이다.

대각선 패러독스

이와 비슷한 패러독스 두 개를 더 소개한다. 아래 [그림 6]과 같이 각 단계에서의 길이의 합은 2인데 밑변이 길이는 1이다.

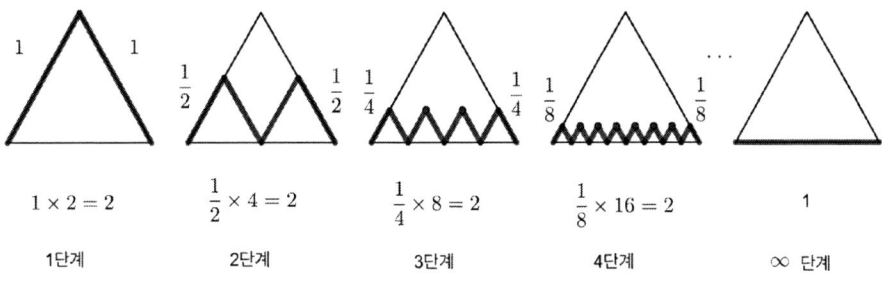

그림 6 삼각형의 밑변의 길이 패러독스

또한 원주율에 대한 패러독스도 같은 원리로 만들 수 있다.

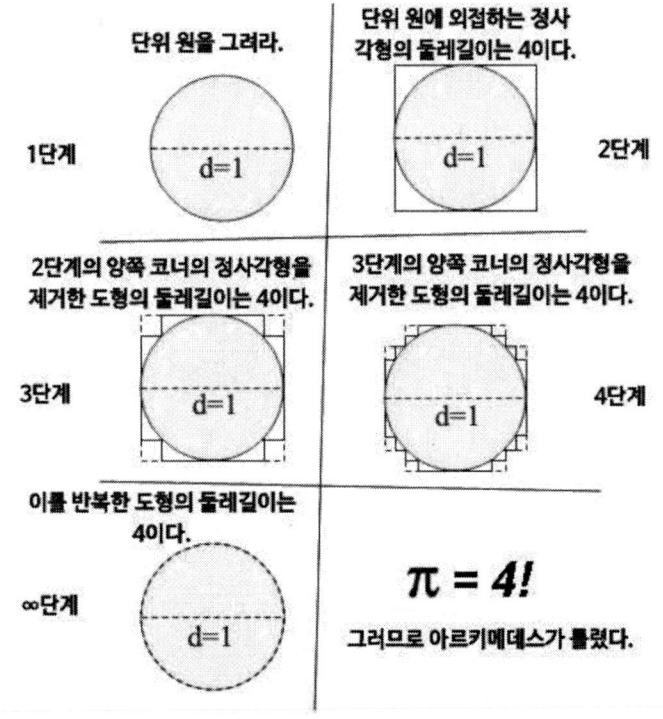

그림 7 원주율 패러독스

코흐 눈송이에 대한 차원 이야기도 할 수는 있으나 패러독스와 관련이 없어 여기서는 다루지는 않겠다. 참고로 코흐 눈송이 차원은 $D = \dfrac{\log n}{\log \dfrac{1}{s}} = \dfrac{\log 4}{\log 3} \approx 1.26$차원 이다.

13
가브리엘 나팔 패러독스

가브리엘[14] 천사는 나팔을 부는데 이 나팔을 가브리엘 나팔이라고 한다. 수학적으로 이 나팔을 디자인 할 수 있는데, 정의역은 $1 < x < \infty$이고 역함수 $y = \dfrac{1}{x}$를 x축을 중심으로 회전시킨 모양을 띠고 있다.

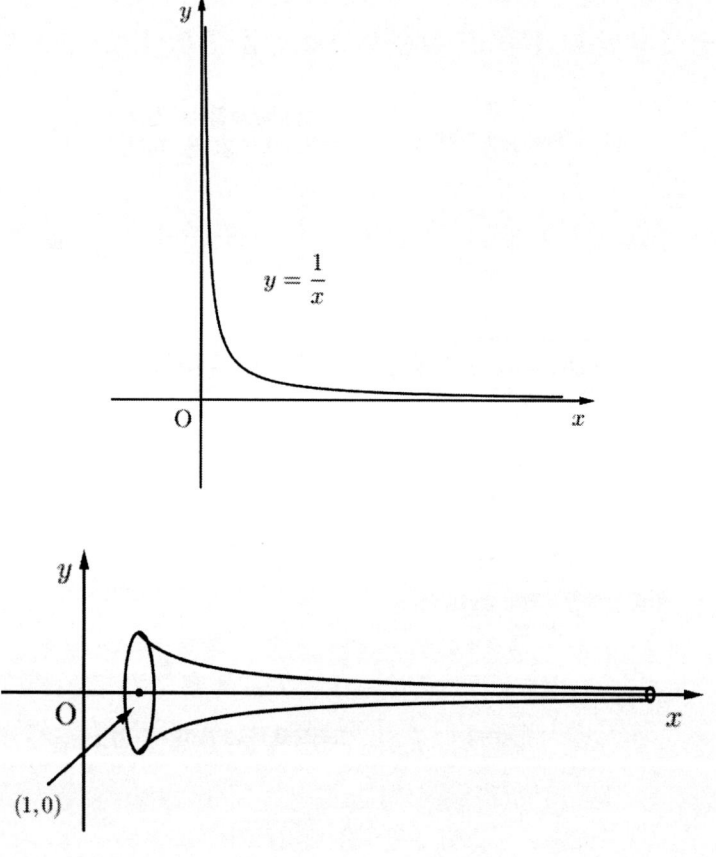

기브리엘 나팔의 정의역 $1 < x < \infty$에 대한 겉넓이와 부피를 구하여 보아라.

---

[14] 영어로 Gabriel 히브리어로는 גַּבְרִיאֵל로 표기하며 '하나님의 힘'이란 뜻이다.

가브리엘 나팔 패러독스

'가브리엘 나팔'은 '토리첼리 나팔'이라고도 불리 운다. 이탈리아 수학자인 에반젤리스타 토리첼리(1608년~1647년, Evangelista Torricelli)는 1647년 39세의 나이로 사망하였다. 만약 그가 오래 살았다면 미적분학을 발견 한 사람이 아이작 뉴턴(Isaac Newton)과 고트프리트 빌헬름 라이프니츠(Gottfried Leibniz)가 아니라 토리첼리였을지도 모른다.

그림 1 토리첼리

토리첼리는 과학과 수학에 많은 기여를 하였다. 그 중에 하나는 기압계를 발명한 것이다. 토리첼리 나팔이 패러독스라고 불리 우는 이유는 넓이와 부피에 대한 것이기 때문이다. 이 패러독스는 1641년에 발견되었으며, 뉴턴과 라이프니츠가 없었던 시기였는데(뉴턴은 1642년에 라이프니츠는 1646년에 태어났다.) 토리첼리는 미적분의 도구를 사용하지 않고 이를 증명하였다. 참 놀라울 뿐이다.

토리첼리는 이 패러독스를 증명하기 위해 적분의 이전 모델인 '불가부량의 원리'인 카발리에리 원리(the Cavalieri method of indivisible)를 사용했다. 그러나 이 패러독스는 지난 350년 이상 미적분학 학생에게 보여지는 방식으로 제시되었으므로 우선 미적분학으로 설명을 하여 보고 뒤에 토리첼리 증명 방법으로 살펴보기로 하자.

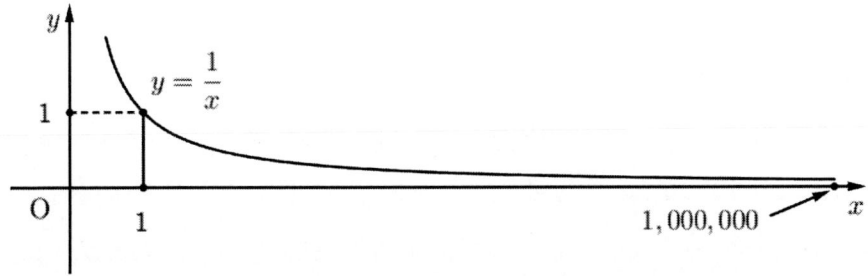

그림 2 반비례 함수의 넓이는 얼마인가?

우선 반비례 함수 $y = \dfrac{1}{x}$ ($1 < x < \infty$)에 대한 논의 부터 하자. 적분을 이용하여 넓이와 도구를 이용하여야 한다. 처음으로 [그림 2]처럼 $y = \dfrac{1}{x}$ ($1 < x < 1,000,000$)의 넓이를 구하여 보자.

$$A = \int_1^{1,000,000} \dfrac{1}{x} dx = \ln x \Big|_1^{1,000,000} \approx 13.8$$

너무나 적은 넓이이다.

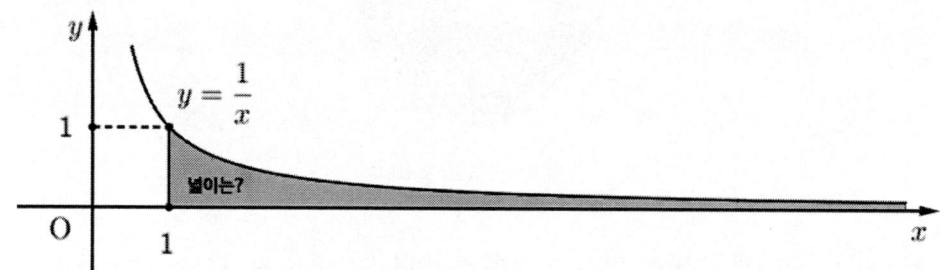

그림 3 반비례 함수의 넓이는 얼마인가?

그럼 이번에는 [그림 3] 처럼 이상적분을 이용하여 역함수 $y = \dfrac{1}{x}$ ($1 < x < \infty$) 아래와 x축 위의 넓이 A를 구하여 보자.

$$A = \int_1^\infty \dfrac{1}{x} dx = \lim_{t \to \infty} \int_1^t \dfrac{1}{x} dx = \lim_{t \to \infty} \ln x \Big|_1^t = \lim_{t \to \infty} \ln t = \infty$$

넓이가 무한대로 발산한다.

토리첼리는 곡선 아래의 영역의 넓이가 무한대임을 발견 한 후 [그림 4]과 같이 $y = \dfrac{1}{x}$ ($1 < x < \infty$) 아래와 x축 위의 영역을 x축을 중심으로 회전 시켜서 얻은 영역의 부피를 확인하기로 하였다.

대체로 미적분학을 공부한 학생들은 알고 있듯이 이 부피는 나팔에 그려진 모든 원의 넓이을 합하여서 구할 수 있다. 반지름이 r인 원의 넓이는 $A = \pi r^2$이고 x위치의 원의 반지름은 $\dfrac{1}{x}$이고, x에서 원의 넓이는 $\dfrac{\pi}{x^2}$ 이다. 그러므로 정의역이 $1 < x < \infty$인 나팔의 부피는

가브리엘 나팔 패러독스

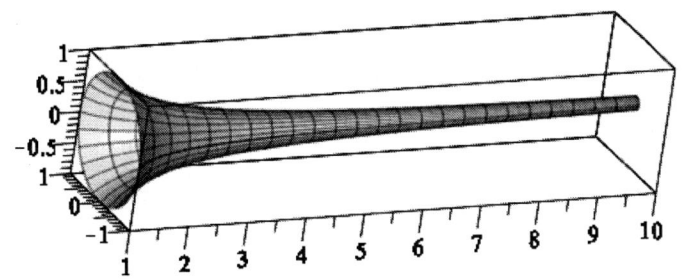

그림 4 가브리엘 나팔

$$V = \int_1^\infty \frac{\pi}{x^2} dx = \lim_{t\to\infty} \int_1^t \frac{\pi}{x^2} dx = \lim_{t\to\infty} \left(-\frac{\pi}{x}\Big|_1^t\right) = = \lim_{t\to\infty} \left(-\frac{\pi}{t} + \pi\right) = \pi$$

이다. 즉, 가브리엘 나팔의 부피는 π 이다.

그럼 이번에는 겉넓이를 구하여 보자.

$$S = 2\pi \int_1^\infty \frac{1}{x} \sqrt{1 + \left(\frac{d}{dx}\left(\frac{1}{x}\right)\right)^2} dx$$

$$= 2\pi \int_1^\infty \frac{1}{x} \sqrt{1 + \left(-\frac{1}{x^2}\right)^2} dx = 2\pi \int_1^\infty \sqrt{\frac{1+x^4}{x^6}} dx$$

$$> 2\pi \int_1^\infty \sqrt{\frac{x^4}{x^6}} dx = 2\pi \int_1^\infty \frac{1}{x} dx = 2\pi \ln x \Big|_1^\infty = \infty$$

그러므로 겉넓이는 무한대로 발산한다.

유한한 값을 갖는 부피와 무한대의 겉넓이의 계산은 옳은 계산이다. 페인트 칠을 할 때 페인트의 층은 균일한 두께를 가지기 때문에 무한대의 겉넓이는 틀림없이 무한한 양의 페인트를 필요로 한다. 이것이 수학자가 가브리엘 나팔의 바깥쪽을 페인트 칠을 하려고 할 때 찾게 될 결과이다. 하지만, 가브리엘 나팔은 점점 좁아지기 때문에, 가브리엘 나팔의 안쪽은 균일한 두께의 페인트 칠을 할 수 없다.

물론 '가브리엘 나팔의 반지름이 페인트 칠 두께보다 작다면 무슨 일이 일어날까?' 라는 의문을 제기할 수도 있다. 그러나 현실적으로 말하자면, 얼마나 얇던지 간에 페인트 칠의 두께는 0이 되지 않는다. 그러므로 가브리엘 나팔의 반지름이 페인트 칠의 두께보다 작다면, 페인트를 가브리엘 나팔을 막아버려서 가브리엘 나팔을 연주할 수 없게 만들 것이다. 이것은 우리가 가브리엘 나팔을 $\pi \approx 3.14 (cm^3)$의 페인트로 채우는 것과 같지만, 나팔의 겉표면을 칠하려면 세계의 모든 페인트로 칠해도 모자란다. 믿거나 말거나!

수학적인 관점에서 보자면, 무한한 겉넓이와 유한한 부피를 가진 입체가 존재한다는 것은 놀랄만한 일이 아니다. 반대의 상황인 문제를 고려해보자. 유한한 겉넓이와 무한한 부피를 가진 입체가 존재할까? 정답은 당연히 '아니다'. 왜냐하면 (유한한) 표면적을 가진 입체들 중에서 구가 최대의 부피를 가지기 때문이다. 이러한 역설은 수학 고유의 창조물인 무한의 개념이라는 화제를 꺼낸다. 무한은 물리적 세계에서는 존재하지 않는다. 무한은 오로지 수학이 발전된 인간의 마음속이나 상상 속에서만 존재한다. 그럼에도 불구하고, 무한은 과학에서 매우 유용한 개념이며, 물리적 세계에 무한을 적용하는 것은 매우 중요하다. 그렇다면 왜 수학적으로 왜곡 되었을까? 그러나 그렇지 않다. 다른 차원의 숫자를 비교하는 것은 유효하지 않다. 넓이는 2차원 속성이고 부피는 3차원 속성이기 때문이다.

회전체 부피는 무한하지만, 곡선 아래와 x축 사이 넓이는 유한한 곡선은 없을까?

이 문제는 $y = \dfrac{1}{x}$ ($1 < x < \infty$)와 x축 사이의 넓이는 무한이고 회전체 부피는 유한이 문제의 역이라고 할 수 있다. 이러한 곡선이 있겠는가?

'있다!' 이 역설은, 존 도슨(John Dawson)[15]에 의해 발견 되었다. 그는 무한한 부피를 가졌으나 유한한 넓이의 영역에 의해 만들어진 회전체를 제시하였다.

다음 함수를 보자.

$$f(x) = \begin{cases} 1 & (0 \leq x < 1) \\ \dfrac{1}{x^2} & (x \geq 1) \end{cases}$$

[그림 5]의 정의역 $1 < x < \infty$이고 곡선 아래와 x축 사이의 넓이는

$$A = 1 + \int_1^\infty \dfrac{1}{x^2} dx = 1 + \left(-\dfrac{1}{x}\right)^2 \Big|_1^\infty = 2$$

이다.

---

[15] John W. Dawson, "Contrasting Examples in Improper Integration," Mathematics Teacher 84 (March 1990): 201–202.

가브리엘 나팔 패러독스

이제 '토르(Thor)16의 모루(anvil)17'라고 불리 우는 부르는 회전체를 얻기 위해서 그래프 아래 영역을 y축에 대하여 회전시키자. [그림 6]을 보아라. 이 회전체의 부피는

$$V = \pi \int_0^1 x^2 dx = \pi \int_0^1 \frac{1}{y} dy = \pi \ln y \Big|_0^1 = \infty$$

이다.

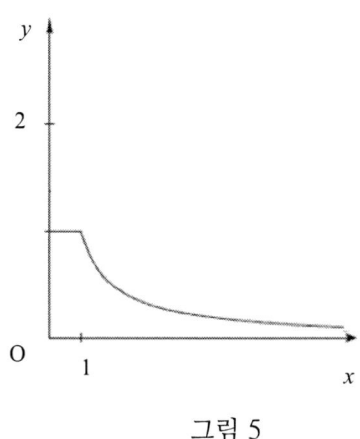

그림 5

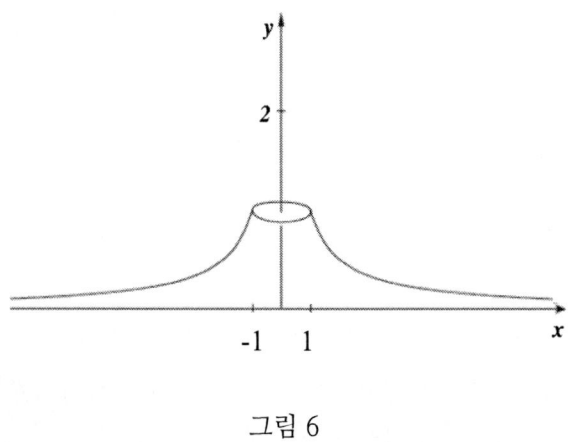

그림 6

---

16 토르(고대 노르드어: ᚦᚢᚱ; Þórr)는 노르드 신화의 에시르 중 망치를 든 이로, 그와 연관되는 개념으로는 천둥, 번개, 폭풍, 참나무, 체력, 인류의 보호, 정화, 치료, 생산성등이 있다. 앵글로색슨어로는 투노르(Þunor), 고대고지독일어로는 도나르(Þonar)라고 하였다.

17 모루(대장간에서 뜨거운 금속을 올려놓고 두드릴 때 쓰는 쇠로 된 대)

'토리첼리 나팔 부피'의 토리첼리 생각

여기에서는 토리첼리 방법의 증명을 그대로 따라가지는 않겠다. 단지 요약 수준으로 증명을 하겠다.

우선 토리첼리는 아르키메데스의 원의 넓이에 대한 아이디어를 활용하였다. 지금의 불가분량의 원리와 같다고 할 수 있다. 아르키메데스는 [그림 7]으로 원의 넓이를 설명을 하였다.

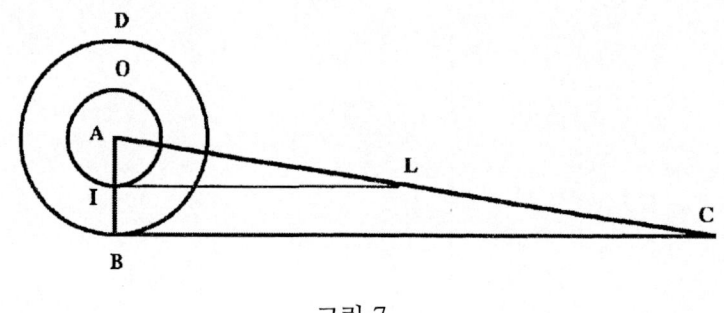

그림 7

우선 호를 직선으로 펼쳐서 호 $BDB = \overline{BC}$, 호 $IOI = \overline{IL}$이라 놓았다. 그러면

호 BDB : 호 $IOI = \overline{AB} : \overline{AI} = \overline{BC} : \overline{IL}$

호 $BDB : \overline{BC} = $ 호 $IOI : \overline{IL}$

이다. 우리는 여기서 아리스토텔레스의 기발하고 창의적인 방법이 발휘된다. 지금은 카발리에리의 원리인 불가분량의 원리이기도한 방법이다. 원을 무한 호라고 생각하고 각 호를 펼쳐서 삼각형을 만들고 이 삼각형의 넓이를 원의 넓이라고 생각하였다. 참 대단히 창의적인 생각이다. 여기에서의 부피는 무한소 개념이 포함된 얇은 띠의 부피를 의미한다. 양파 얇은 껍질 처럼 속이빈 얇은 원기둥의 부피인데 현대의미로는 겉넓이로 해석을 하면 된다.

토리첼리는 "모든 원둘레를 합한 것은 모든 직선을 합한 것과 같다. 즉, 원 BD는 삼각형 ABC와 같다."라고 믿었다. 그는 분할할 수 없는 원처럼, 분할할 수 없는 도형을 회전시키었다. 또한 두 개의 보조정리를 사용하였다.

보조정리 6. 직선과 곡선이 혼합된 도형 $MNCD$를 직선 AB를 중심으로 회전한 도형을 만들자. 이 도형은 부피는 높이가 NC이고 원의 지름이 NL인 원기둥 체적이 동일하다. 이것은 점 A와는 다른 직선 AC 위의 임의로 선택된 점 N에 대하여 참이다.

보조정리 7. 직사각형 $ANMA'$을 직선 AB를 중심으로 회전시켜 원기둥을 만들자. 이 원기둥의 부피는 높이가 AN이고 원의 지름이 AH인 원기둥 부피의 절반이다. 이것은 점 A와는 다른 직선 AC 위의 임의로 선택된 점 N에 대하여 참이다.

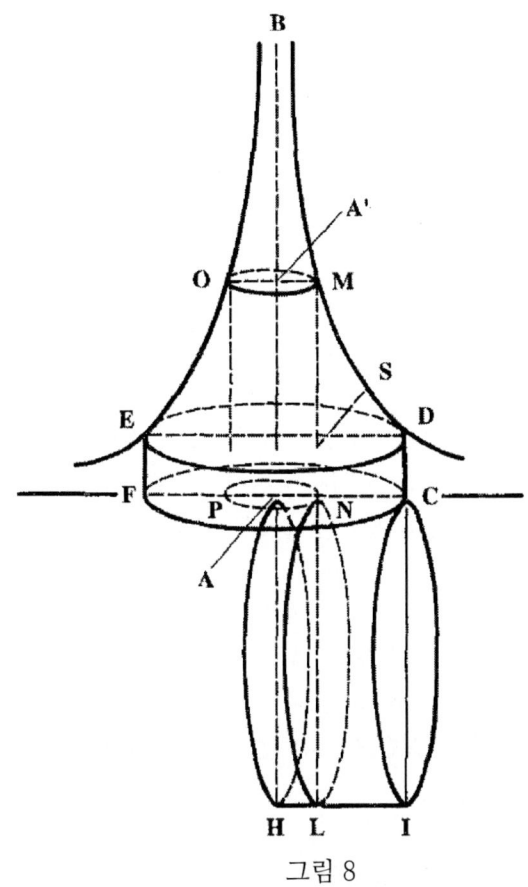

그림 8

무한하게 뻗은 '회전 쌍곡선 입체'[18]은 회전축에 수직인 평면에 높인 무한개의 원기둥의 겉넓이로 예각 쌍곡선 입체를 만들 수 있다. [그림 8]에서 보면 회전 쌍곡선 입체도형은 쌍곡선을 선분 AB를 중심으로 회전시킨 입체 도형이다. 그리고 점 E, D를 포함하는 직선 AB에 수직인 평면에 의해서 자른다. 그리고 같은 길이를 같는 원기둥 $FEDC$를 만든다. 그리고 원기둥 $HAIC$를 만든다.(단, $\overline{AH} = 2\overline{AS}$, $\overline{AS}$는 쌍곡선 추축 길이의 절반이다.)

토리첼리는 원기둥 $FEDC$ 부피와 원기둥 $HAIC$ 부피가 같다는 사실을 보였다.

토리첼리 당시 미적분학을 몰랐던 시기라서 기하학적인 방법과 '불가분량의 원리'를 이용하여 증명하였다. 또한 증명방법도 직접적인 증명이 아닌 모순 증명법으로 증명을 하였다. 즉, (원기둥 $FEDC$ 부피) > (원기둥 $HAIC$ 부피)과 (원기둥

---

[18] 예각 쌍곡선 : 두 점근선 중 기울기가 양수인 직선의 기울기가 예각인 쌍곡선

$FEDC$ 부피) < (원기둥 $HAIC$ 부피)이 모두 거짓임을 보여서 (원기둥 $FEDC$ 부피) = (원기둥 $HAIC$ 부피)인것을 증명하였다. 이러한 방법은 유클리드 원론에서도 많이 사용된 증명 기법이다.

$V(H)$ = (원기둥 $FEDC$ 부피) , $V(C)$ = (원기둥 $HAIC$ 부피)으로 정의하자.

1) $V(H) < V(C)$이라고 하자.

그러면 원기둥 $FEDC$가 원기둥 $HAIC$의 일부로 원기둥 $LNCI$이다. 직선 NL과 쌍곡선과의 교점을 점 M이라고 하자. 축 AB를 중심으로 곡선과 직선으로 둘러쌓인 도형 $MNCD$를 회전시켜 만든 입체의 부피는 보조정리 6에 의해서 원기둥 $LNCI$의 부피와 같다. 따라서, 이렇게 만든 입체는 원기둥 $FEDC$에 포함되기 때문에 $V(H) < V(C)$은 모순이다.

2) $V(H) > V(C)$이라고 하자.

원기둥 $HAIC$은 원기둥 $FEDC$의 일부이다. 입체 W는 $V(W) < V(C)$이라고 하자. 입체 W는 곡선과 직선의 조합을 이루어진 $MNCD$를 회전시킨 입체 T와 직사각형 $ANMO$를 회전시켜 만든 입체 Z의 합이라고 정의하자. 그러면

$$V(W) = V(Z) + V(T)$$
$$= \frac{1}{2}V(원기둥 \ ANLH) + V(T)$$
$$= \frac{1}{2}V(원기둥 \ ANLH) + V(원기둥 \ LNCI)$$
$$< V(원기둥 \ ANLH) + V(원기둥 \ LNCI) = V(C)$$

이것은 $V(H) > V(C)$인 것에 모순이다.

따라서 위 두 경우에 의해서 $V(H) = V(C)$이다.

토리첼리의 주장은 해석학적인 입장에서 설명을 하여 보자. 이것이 더 쉽게 와 닿을 것이다. 쌍곡선은 역함수 $y = \frac{1}{x}$로 놓자. 이는 쌍곡선 $\frac{x^2}{2} - \frac{y^2}{2} = 1$을 45°회전시킨 것으로 주축길이가 $2\sqrt{2}$이므로 $\overline{AH} = 2\sqrt{2}$이다. 점 $D\left(x, \frac{1}{x}\right)$라고 하면, $C(x,0)$이다.

따라서 (원기둥 $FEDC$의 옆면 넓이) $= 2\pi \cdot x \cdot \frac{1}{x} = 2\pi$ (단, $x > 0$)이다. 그리고 (원 IC의 넓이) $= \pi \cdot \left(\sqrt{2}\right)^2 = 2\pi$이다. 이 두 도형의 넓이가 같다.

가브리엘 나팔 패러독스

즉 이것은 원기둥 $HAIC$를 점 N이 점 C에서 점 A까지 쓸고 지나가면 (원 NL)에 의해서 생기는 원기둥 부피와 점 N을 중심으로 원기둥 $NMOP$의 옆면의 넓이가 쓸고 지나간 넓이와 같다. 점 N을 원점인 점 A로 무한히 접근 시키면 원기둥 옆면에 의해서 휩쓸고 간 도형에 원기둥 $FEDC$를 제고하면 가브리엘 나팔이 생긴다. 따라서 원기둥 $FEDC$의 부피가 π이므로 가브리엘 나팔의 부피는 $2\pi - \pi = \pi$이다.

이것이 토리첼리가 가브리엘 나팔의 부피가 유한하다는 것을 주장하였다.

가브리엘 케이크 패러독스

가브리엘 나팔 패러독스와 비슷한 가브리엘 웨딩케익 패러독스도 있다.

우리는 $y = \dfrac{1}{x}$의 함수를 바탕으로 하여서 아래와 같이 계단 함수를 정의하자.

$$f(x) = \begin{cases} 1 & (1 \le x < 2) \\ \frac{1}{2} & (2 \le x < 3) \\ \frac{1}{3} & (3 \le x < 4) \\ \cdots \\ \frac{1}{n} & (n \le x < n+1) \\ \cdots \end{cases}$$

그리고 $y = 0$(x 축)으로 회전시켜 얻은 도형은 [그림 9]과 같다. 끝에 서있을 때 무수히 많은 층이 겹쳐진 케이크처럼 보인다.

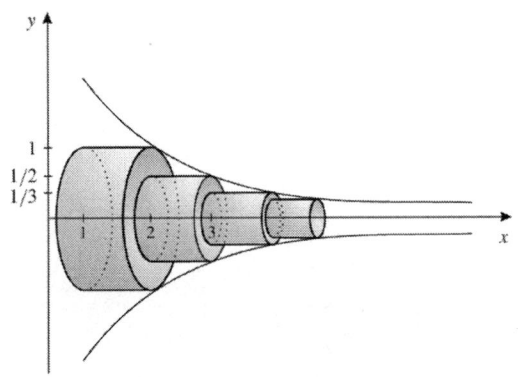

그림 9 가브리엘 케이크

각각의 층은 간단한 원기둥이므로 이들의 겉넓이와 부피를 구하여 보아라.

케이크의 부피는

$$V = \sum_{n=1}^{\infty} \pi \left(\frac{1}{n}\right)^2 = \pi \sum_{n=1}^{\infty} \frac{1}{n^2}$$

이다. 이 급수는 수렴한다. 수렴값을 구하기 위해서는 $p-$급수의 이론을 알아야 한다. 우선 수렴성을 논의하여 보자.

$$\sum_{n=1}^{\infty} \frac{1}{n^2} = 1 + \frac{1}{2^2} + \frac{1}{3^2} + \frac{1}{4^2} + \cdots + \frac{1}{n^2} + \cdots$$

$$\leq 1 + \frac{1}{2}\left(\frac{1}{2} + \frac{1}{2}\right) + \frac{1}{4}\left(\frac{1}{4} + \frac{1}{4} + \frac{1}{4} + \frac{1}{4}\right) + \cdots$$

$$= 1 + \frac{1}{2} + \frac{1}{4} + \cdots = \frac{1}{1 - \frac{1}{2}} = 2$$

따라서 급수 $\sum_{n=1}^{\infty} \frac{1}{n^2}$은 발산하고 상한이 2이므로 수렴하게 된다. 이 급수의 합을 오일러가 $\sum_{n=1}^{\infty} \frac{1}{n^2} = \frac{\pi^2}{6}$임을 보였다.[19] 따라서 가브리엘 케이크의 전체 부피는 $\frac{\pi^3}{6}$이다.

이번에는 가브리엘 케이크의 겉넓이를 구하여 보자.

겉넓이는 세 개로 구분되어진다. 우선 밑면의 겉넓이는

$$A_B = \pi \cdot 1^2 = \pi$$

이다. 그리고 윗 면 넓이는 각 단계의 케이크에 의해서 상쇄 되는 부분을 계산을 하여야 한다. 따라서 케이크 상단의 겉넓이는

$$A_T = \sum_{n=1}^{\infty} \left[\pi \left(\frac{1}{n}\right)^2 - \pi \left(\frac{1}{n+1}\right)^2\right] = \pi$$

이다. 또한 케이크의 옆면의 넓이는

$$A_L = \sum_{n=1}^{\infty} 2\pi \left(\frac{1}{n}(1)\right) = 2\pi \sum_{n=1}^{\infty} \frac{1}{n}$$

이다. 그런데 이 급수는 조화급수로 발산을 한다.

---

[19] 증명은 《William Dunham, Journey Through Genius, John Wiley & Sons, 1990.》의 논문을 보시오.

가브리엘 나팔 패러독스

그림 10 카발리에리

이탈리아 수학자 보나벤투라 카발리에리(1598년 ~ 1647년)는 1621년에서 1635년 사이에 저술한 《Geometria indivisibilibus continuorum nova quadam ratione promota, 불가분량을 사용한 새로운 방법으로 연속체를 설명한 기하학》은 수학사에 큰 획을 그었다. 이 책에서 '불가분량의 방법'을 서술하였고 이 방법이 바로 우리가 잘 알고 있는 '카발리에리의 원리'이다. 근대 미적분이 정립되기 이전에 이 원리는 매우 혁명적이었으며, 근·현대 미적분학이 발전되는데 큰 기여를 하였다.

수학 속 패러독스

14
페인트 통 패러독스

곰표 페인트 회사는 페인트를 만들어 판매하는 회사이다. 그런데 이 회사는 평범한 페인트 회사가 아니다. 이 회사는 혁신적인 회사로 보통 원기둥 모양의 통이 아닌 정육면체 통으로 판매를 하고, 또한 페인트 통의 길이가 다른 무한한 크기의 정육면체 페인트 통을 만들어 판매를 한다.

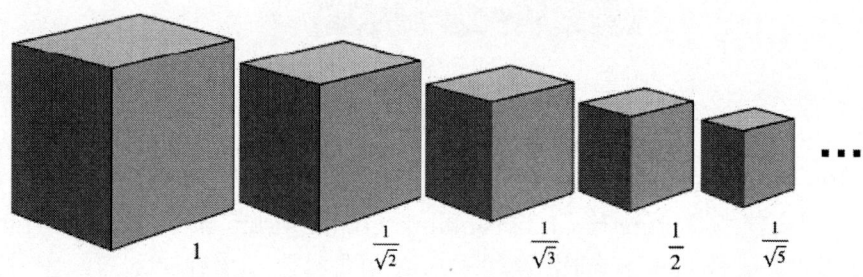

이 무한 개의 정육면체 페인트 통의 한 변의 길이는 $1(m), \frac{1}{\sqrt{2}}(m), \frac{1}{\sqrt{3}}(m), \frac{1}{2}(m), \frac{1}{\sqrt{5}}(m), \cdots$ 이다. 철수는 이 회사의 직원인데 판매용 정육면체 페인트 통 겉면에 페인트를 칠하는 부서에서 일을 하고 있다. 철수는 흥미로운 발견을 하였다. 페인트 통에 담는 페인트 양보다 페인트 통 겉면을 칠하는 페인트가 더 든다고 생각을 하였다. 왜 이러한 결론을 내렸을까?

위의 그림 처럼 길이가 줄어드는 무한 개의 정육면체 페인트 통 겉면에 칠하는 페인트 양을 구하여 보아라. 그리고 무한 개의 정육면체 페인트 통에 담는 페인트 양도 구하여 보아라. (단, 겉면에 칠하는 페인트 두께는 일정하게 칠하고 그 두께는 무시한다.)

페인트 통 나팔 패러독스

페인트 통 패러독스는 13장의 가브리엘 나팔 패러독스와 같은 논리의 패러독스이다. 페이트 통 페러독스는 겉넓이와 부피의 무한급수의 개념으로 가브리엘 나팔 패러독스는 넓이와 부피의 개념으로 연속 함수 적분의 개념으로 접근을 한 차이 밖에 없다. 즉, 연속과 이산의 차이이다. 넓이는 어떤 사물의 외부에 있으며 부피는 내부에 있다. 넓이는 2차원이며 부피는 3차원이다. 즉, 각각의 차원에서 무언가의 크기를 측정한다. 이 패러독스는 어떤 입체도형의 넓이와 부피에 관련한 패러독스에 관한 것이다. 입체도형은 원기둥, 구, 직육면체 등 다양한 도형에서 관찰할 수 있지만 정육면체에서 보다 쉽게 이 패러독스를 볼 수 있다.

이 무한 개의 정육면체 페인트 통 겉면에 칠하는 페인트 양을 구하여 보자.

정육면체의 페인트 통의 한 변의 길이가 l이면 이 정육면체 페인트 통의 겉넓이는 $6 \cdot l^2$이다. 따라서 무한 개의 정육면체의 겉넓이의 총 합은

$$A = 6\left(1 + \left(\frac{1}{\sqrt{2}}\right)^2 + \left(\frac{1}{\sqrt{3}}\right)^2 + \left(\frac{1}{\sqrt{4}}\right)^2 + \left(\frac{1}{\sqrt{5}}\right)^2 + \cdots \right)$$

$$= 6\left(1 + \frac{1}{2} + \frac{1}{3} + \frac{1}{4} + \frac{1}{5} + \cdots \right) = \infty$$

이다. 조화수열의 합이 무한으로 발산한다는 사실은 13장에서 다루었다. 무한 개의 페인트 통 겉넓이를 칠하는 것은 불가능하다.

이제 무한 개의 정육면체 페인트 통에 담기는 페인트 양을 구하여 보자.

정육면체의 페인트 통의 한 변의 길이가 l이면 이 정육면체 페인트 통의 부피는 l^3이다. 따라서 무한 개의 정육면체의 부피의 총 합은

$$V = 1 + \left(\frac{1}{\sqrt{2}}\right)^3 + \left(\frac{1}{\sqrt{3}}\right)^3 + \left(\frac{1}{\sqrt{4}}\right)^3 + \left(\frac{1}{\sqrt{5}}\right)^3 + \cdots$$

$$= 1 + \left(\frac{1}{2}\right)^{\frac{3}{2}} + \left(\frac{1}{3}\right)^{\frac{3}{2}} + \left(\frac{1}{4}\right)^{\frac{3}{2}} + \left(\frac{1}{5}\right)^{\frac{3}{2}} + \cdots$$

$$\approx 2.612 < \infty$$

이다. 그래서 이 무한급수는 수렴을 한다. 조화급수와는 조금 다르다. 항의 밑이 조화수열이고 지수가 $\frac{3}{2}$이다. 이것은 이 무한급수의 각 항들은 조화급수의 각 항보다 작고 결과적으로 무한 항을 더하고 있지만 그 합계는 유한한 수인 약 2.612에 수렴한다. 이것은 무한 개의 정육면체 페인트 통에 담은 페인트 양은 첫번째 페인트 통 3개이면 무한 개의 정육면체 페인트 통을 다 채우고도 남는 양이다. 무한의 넓이와 유한의 부피를 갖는 것에 대한 논의는 13장에서 다루었다. 이를 참고하여라.

스파이크 함수

함수의 길이가 무한인 함수를 만들 수 있다. 이 함수의 이름은 스파이크 함수이다. 끝이 뾰족 하여서 붙여진 이름이다.

정의역이 $0 \leq x \leq 1$인 스파이크 함수 $f(x)$는 $f(0) = f(1) = 1$이고, 모든 자연수 n에 대하여 $f\left(\dfrac{1}{n}\right) = 1$이다. 그리고 구간 $\left(\dfrac{1}{n+1}, \dfrac{1}{n}\right)$에서는 $f(x)$는 길이가 $\dfrac{1}{n}$인 뾰족한 모양을 갖는다. 아래 그림처럼 그려진다. 이 스파이크 함수의 구간 $\left(\dfrac{1}{n+1}, \dfrac{1}{n}\right)$에 대한 길이는 $l_n = \dfrac{2}{n}$이므로 스파이크 함수 전체 길이 L은 아래와 같다.

$$L = \sum_{n=1}^{\infty} l_n = \sum_{n=1}^{\infty} \dfrac{2}{n} = 2\sum_{n=1}^{\infty} \dfrac{1}{n} = \infty$$

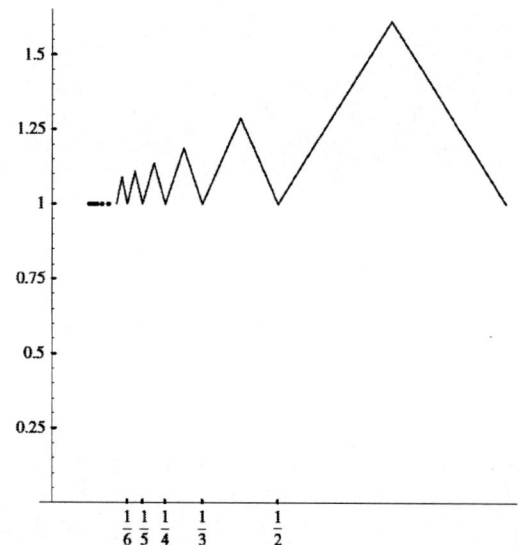

이 스파이크 함수를 표현하여 보아라.

이 스파이크 함수의 구간 $\left(\dfrac{1}{n+1}, \dfrac{1}{n}\right)$의 함수를 $f_n(x)$라고 정의 하자.

구간 $\left(\dfrac{1}{n+1}, \dfrac{1}{n}\right)$의 꼭지점의 x좌표 값은 $\left(\dfrac{1}{n+1}, \dfrac{1}{n}\right)$의 중점이므로

$$\dfrac{\dfrac{1}{n+1} + \dfrac{1}{n}}{2} = \dfrac{1}{2n(n+1)}$$

페인트 통 나팔 패러독스

이다. 또한 꼭짓점의 y좌표 값을 구하여 보자.

이등변삼각형의 반쪽인 직각삼각형을 보자. 이 직각삼각형의 밑변의 길이는

$$\frac{1}{2n(n+1)} = \frac{1}{n+1} = \frac{2n+1}{2n(n+1)}$$

이고, 빗변의 길이는 $\frac{1}{n}$이므로 높이는 피타고라스 정리에 의해서

$$\sqrt{\left(\frac{1}{n}\right)^2 - \left(\frac{1}{2n(n+1)}\right)^2} = \frac{\sqrt{4n^2+8n+3}}{2n(n+1)}$$

이다. 따라서 y좌표 값 $1 + \frac{\sqrt{4n^2+8n+3}}{2n(n+1)}$이다.

이 꼭지점을 $P_n\left(\frac{2n+1}{2n(n+1)}, 1 + \frac{\sqrt{4n^2+8n+3}}{2n(n+1)}\right)$으로 정의하자. 그러면 양 끝 점과 꼭지점을 연결한 두 직선은

$$\text{함수 } f_n(x) = \begin{cases} 1 + \left(x - \frac{1}{n+1}\right)\sqrt{4n^2+8n+3}, & \left(\frac{1}{n+1} \leq x < \frac{1}{2n(n+1)}\right) \\ 1 - \left(x - \frac{1}{n}\right)\sqrt{4n^2+8n+3}, & \left(\frac{1}{2n(n+1)} \leq x \leq \frac{1}{n}\right) \end{cases}$$

와 같다. 그러므로 스파이크 함수는

$$f(x) = \begin{cases} f_1(x), & \left(\frac{1}{2} \leq x \leq 1\right) \\ f_2(x) & \left(\frac{1}{3} \leq x < \frac{1}{2}\right) \\ f_3(x) & \left(\frac{1}{4} \leq x < \frac{1}{3}\right) \\ \cdots \\ f_n(x) & \left(\frac{1}{n+1} \leq x < \frac{1}{n}\right) \\ \cdots \end{cases}$$

으로 정의하면 된다.

$$\left(\text{단, } f_n(x) = \begin{cases} 1 + \left(x - \frac{1}{n+1}\right)\sqrt{4n^2+8n+3}, & \left(\frac{1}{n+1} \leq x < \frac{1}{2n(n+1)}\right) \\ 1 - \left(x - \frac{1}{n}\right)\sqrt{4n^2+8n+3}, & \left(\frac{1}{2n(n+1)} \leq x \leq \frac{1}{n}\right) \end{cases}\right) \text{이다.}$$

15
두 장의 편지 봉투 패러독스

여러분의 삼촌 여러분 앞에 두 장의 봉투를 놓고 한 장의 봉투에는 다른 봉투보다 두 배나 많은 세뱃돈이 들어 있다고 말하였다. 하지만 삼촌은 괴팍해서 많은 돈이 들어 있는 것이 어느 것인지 말하지는 않을 뿐더러 봉투도 똑같게 만들었다. 그런 다음 여러분에게 봉투를 선택하고 편지 봉투 속 세뱃돈을 가질 수 있다고 말하였다.

예를 들어 여러분은 봉투 1을 골랐다고 하고 그 속에 500만원이 들어 있다고 가정하자. 당신의 삼촌이 봉투 2로 바꾸어도 좋다고 제안을 하였다. 여러분은 어떻게 할 것인가?

또한 다른 상황으로 봉투 1에 1억 원이 들어 있다고 가정하면, 여러분은 봉투를 바꿀 것인가? 아니면 그대로 선택한 봉투 1 속의 돈 만을 가질 것인가?

봉투를 바꿀 때 가질 수 있는 액수는 얼마이며 이 액수가 정확히 무엇을 의미하는가?

편지 봉투 1   편지 봉투 2

두 장의 편지 봉투 패러독스

어떤 패러독스는 쉽게 이야기가 되어지지만 봉투 패러독스 처럼 해결하기기 어렵다. 봉투 패러독스는 '교환 문제(the exchange problem)'로 불리기도 한다.

무작위 사건에서 '기댓값(Expected Value)'은 확률에서 쉬운 개념이기도 하지만 매우 중요하다. 가능한 모든 이익(또는 손실)에 해당하는 확률을 곱한 금액을 단순히 더하면 된다. 예를 들어, 한 카지노에서 '스핀 휠' 게임에 참가하려면 40만원을 내야 한다. 게임에 참여한 자가 우승하면 1,000만원을 얻고, 지면 10만원을 얻게 된다. 이길 확률이 0.02라고 가정하자(따라서 질 확률은 0.98이다). 이 '스핀 휠' 게임의 무작위 사건에 대해 예상되는 상금은 $1,000 \times 0.02 + 10 \times 0.98 = 29.80$(만원)이다. 게임에 참여를 하기 위해서 40만원의 요금이므로 $29.80 - 40 = -10.20$(만원)이다. 즉, 게임에 참여할 때마다 평균 10.20만원을 잃을 것으로 예상된다.

다시 문제로 돌아와서 생각을 하여보자. 삼촌은 한 봉투에 다른 봉투보다 두 배나 많은 봉투가 들어 있다고 말하였다. 따라서 봉투 1에는 500만원이 들어 있으므로 봉투 2에는 250만원 또는 1,000만원 중 하나가 있어야 한다. 그리고 각 편지 봉투를 선택할 확률은 $\frac{1}{2}$이다. 그러면 편지 봉투 2로 바꾸었을 때 기댓값을 구하여 보자.

$$(편지 봉투 2로 바꾸었을 때 기댓값) = 250 \times \frac{1}{2} + 1,000 \times \frac{1}{2} = 625(만원)$$

그러므로 125만원의 이득이 있다. 이를 일반화 시켜보면 N(만원)의 돈이 편지 봉투 1에 들어 있다고 하면 편지 봉투 2로 바꾸었을 때 기댓값을 구하여보자.

$$(편지 봉투 2로 바꾸었을 때 기댓값) = \frac{N}{2} \times \frac{1}{2} + 2N \times \frac{1}{2} = \frac{5}{4}N(만원)$$

그러므로 편지 봉투 1의 금액을 빼면 $\frac{N}{4}$(만원) 만큼의 이득이 있다.

그렇다면 패러독스는 어디에 있을까? 문제를 해결했다고 생각하기 전에 잠시 생각해 보아라. 바꾸는 결정은 편지 봉투 1의 금액에 의존하지 않으므로 내부를 보기 전에 결정을 내렸다. 게다가 두 개의 봉투는 완전히 같다. 따라서 편지 봉투 2를 선택했다면 편지 봉투 1로 바꾸어도 같은 패러독스가 생긴다.

당신은 두 개의 편지 봉투 사이를 무수히 바꾸기를 하거나 두 편지 사이의 애매모호하게 선택을 하는 것이 좋은 전략일 것이다. 그렇다면 이 패러독스를 어떻게 해결할까? 당신의 해답은 무엇인가? 조카는 아직 까지 선택 만을 반복하고 있을 수도 있다.

16
상트페테르부르크 패러독스

 동전 한 개로 동전을 던지는 동전 던지기 게임을 한다고 하자. 첫번째 동전 던지기에서 앞면이 나오면 2천원을 받고 게임을 멈춘다. 그러나 첫번째 던지기에서 뒷면이 나오면 두 번째 던지기를 하여서 앞면이 나오면 4천원을 바고 게임을 멈춘다. 첫번째와 두 번째 모두 뒷면이 나오고 세 번째에서 앞면이 나오면 8천원을 받고 게임을 멈춘다. 이렇게 ($n-1$)번째 까지 모두 뒷면이 나오고 n번째 앞면이 나오면 2^n천원을 받고 게임을 멈춘다.(단, $n \geq 2$)

 당신은 얼마나 많은 돈을 받고 싶은가? 2만5천원, 5만원, 10만원? 옆에 있는 친구는 얼마나 받고 싶어하는가? 그러면 이 게임에 참가하려면 얼마의 돈을 내야 하는지를 설명하여 보아라.

 수학적 관점에서 결론을 이해할 수 있는 패러독스이지만 현실 세계에서의 해석은 완전히 바보이다. 그와 같은 패러독스 중 하나는 '세인트 피터스 버그 (Saint Petersburg Paradox)'로, 1713년에 상트페테르부르크에 살던 스위스 수학자 니콜라우스 베르누이(Nicolaus Bernoulli)가 300년 전에 패러독스를 만들었고, 그의 사촌인 다니엘 베르누이 (Daniel Bernoulli)가 1738년에 해결을 하였다.

 동전 던지기 게임의 기댓값을 계산하기 위해, 우리는 사건 일어날 확률과 같은 사건의 결과에 대한 기댓값을 나열하여 보자.

 각 사건에 대한 확률은 $\frac{1}{2}, \frac{1}{4}, \frac{1}{8}, \frac{1}{16}, \frac{1}{32}, \cdots$ 이고 각 사건에 대한 상금은 2, 4, 8, 16, 32, $\cdots$ (천원)이다.

 그러므로 동전 던지기 게임의 기댓값은

$$(\text{동전 던지기 게임의 기댓값}) = 2 \times \frac{1}{2} + 4 \times \frac{1}{4} + 8 \times \frac{1}{8} + 16 \times \frac{1}{16} + \cdots (\text{천원})$$

$$= 1 + 1 + 1 + 1 + \cdots (\text{천원})$$

$$= \infty (\text{무한대로 발산})(\text{천원})$$

이다.

상트페테르부르크 패러독스

횟수(n)	상금(천원)	확률	동전던지기로 얻을 수 있는 금액(천원)
1	2	$\frac{1}{2}$	$2 \times \frac{1}{2} = 1$
2	4	$\frac{1}{4}$	$4 \times \frac{1}{4} = 1$
3	8	$\frac{1}{8}$	$8 \times \frac{1}{8} = 1$
4	16	$\frac{1}{16}$	$16 \times \frac{1}{16} = 1$
5	32	$\frac{1}{32}$	$32 \times \frac{1}{32} = 1$
6	64	$\frac{1}{64}$	$64 \times \frac{1}{64} = 1$
7	128	$\frac{1}{128}$	$128 \times \frac{1}{128} = 1$
8	256	$\frac{1}{256}$	$256 \times \frac{1}{256} = 1$
9	512	$\frac{1}{512}$	$512 \times \frac{1}{512} = 1$
…	…	…	…

상트페테르부르그 패러독스 즉, 동전 던지기 게임을 즐기기 위한 필요한 상금의 액수는 무한대의 금액이 필요하다. 100만원, 100억, 100조가 아닌 그 이상의 돈이 필요하다. 누가 이 액수의 상금을 지불하겠는가? 누가 100만원을 상금으로 내놓겠는가? 일반적으로 사람들은 기꺼이 2~3만원을 얻는다. 누군가 이것을 패러독스라고 하였지만 수학 패러독스가 아니라 경제학 패러독스이다.

이 패러독스를 더 잘 이해하기 위해서, 우연의 게임에 대한 기댓값의 다른 예를 들자.

우연의 게임의 기댓값 또는 게임을 하기 위해 돈을 지불할 금액은 일어난 각 사건에 대한 금액에 그 사건이 일어날 확률을 곱하여 전체 사건에 대하여 전체를 더하여 구한다. 예를 들어보자. 이 패러독스를 담기 위해서 여러분이 논문을 쓰기 위해서 아래와 같은 룰렛 바퀴를 돌려서 엄청남 비용을 얻을 기회를 주고자 한다.

화살표를 돌려서 세 영역에서 멈추는 영역에 해당하는 금액을 가질 수 있다. 각 영역에 해당하는 금액은 100만원, 160만원, 400만원이고 각각 해당하는 영역은 확률은 $\frac{1}{2}, \frac{3}{8}, \frac{1}{8}$이다. 그러므로 이 룰렛 바퀴를 돌려서 받을 기대값을 구하여 보아라.

수학 속 패러독스

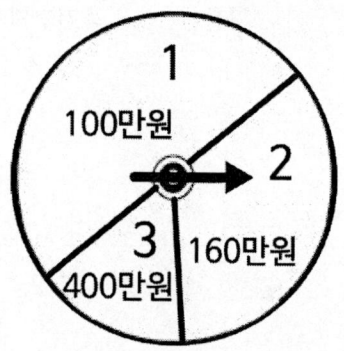

우리가 구하고자 하는 룰렛 바퀴를 돌려서 받을 기댓값은

(룰렛 바퀴를 돌려서 받을 기댓값) $= 100 \times \dfrac{1}{2} + 160 \times \dfrac{3}{8} + 400 \times \dfrac{1}{8} = 160$(만원)

이다. 게임을 하는 사람과 게임을 준비하는 사람의 공정한 액수는 160만원이 될 것이다. 게임을 하기 위해 200만원을 내는 사람은 평균 40만원의 손해를 볼것이다.

다니엘 베루누이의 해

다니엘 베루누이의 이 패러독스에 대한 고전적인 해답은 고전 확률 이론에서 벗어나 경제 수학과 사회학의 맥락에서 문제를 제기하였다. 이 이론은 순수 수학적 문제이기 때문에 부정 행위라고 주장 할 수도 있다. 논문 《Daniel Bernoulli. Exposition of a new theory on the measurement of risk. *Econometrica: Journal of the Econometric Society*, pages 23–36, 1954.》의 서론에서 언급 한대로 1738 년에 출판되었다. 크라머(Cramer)가 해결하기 3년 전 1731년에 논문을 작성하여 제출하였다. 사실, 다니엘은 출판될 때 까지 크라머를 알지도 못하였다.

다니엘은 효용(utility)의 개념에 대해 자세히 썻다. 부의 가치는 금액에 의존해서는 안되며, 효용에 의존해야 한다. 예를 들어, 같은 금액인 천만원은 거지보다는 부자에게 더 적은 가치가 갖는다. 따라서, 효용(y)는 부(x)의 함수로 간주할 될 수 있다. 그녀는 오늘날의 대학 미적분학 용어를 사용한 하나의 식을 만들었다. 부의 부분에 대한 효용의 변화율은 초기 재산에 반비례 한다고 가정을 하였다. 즉 효용 함수는 직선이 아닌 곡선(로그 함수)이라고 가정을 하였다.

$\dfrac{dy}{dx} = \dfrac{k}{x}$ (단, k는 양의 상수)

$y = k \ln x + C$ (C는 적분상수)

우리는 계산을 편하게 하기 위해서 상수 k를 1, 초기값을 $y(1) = 0$이라고 가정하자. 그러면 효용 함수 y는 $y = \ln x$이다. 그리고 게임에 참가할 비용 c을 아래와 같이 구하여 보자.

$$\ln c = \sum_{n=0}^{\infty} \frac{1}{2^n} \cdot \ln 2^n \geq \sum_{n=0}^{\infty} \frac{1}{2^n} \cdot \ln 2 = 2\ln 2 = \ln 4$$

$$c = 4$$

즉, 최소 4천원을 내고 게임에 참가를 하여야 한다고 하였다.

이에 대해 더 알고 싶으면 아래 논문을 보아라.

《Huang, Keguo, "*THREE HUNDRED YEARS OF THE ST. PETERSBURG PARADOX*", Master's report, Michigan Technological University, 2013.》

《Robert William Vivian(2003), "*Solving Daniel Bernoulli's St Petersburg Paradox: The Paradox which is not and never was*", SAJEMS NS Vol 6 No 2.》

17
칸토어 패러독스

우리는 집합 (0,1)은 셀 수 없음을 보이려고 한다. 0에서 1사이의 모든 숫자를 생각하자. 이 수들은 소수점 이하 자릿수로 끝나는 수가 있다. 예를 들어 0.25이다. 또한 소수점 이하 자릿수가 무한 반복된 수가 있다. 예를 들어 0.123123123… (순환 소수)이다. 무한한 표현을 사용하는 것이 편리하다. 예를 들어 소수점 이하 자릿수로 끝나는 수가 있으면 그 뒤에 0을 추가하여 소수의 모든 자릿수를 무한 반복한 수로 나타낸다. 이제 위의 모든 표현 방법으로 정수 부분이 0인 모든 무한 반복 소수점을 나열한다고 가정하자. 아래와 같이 표현되었다고 하자.

$$0.\mathbf{0}000000000000…$$
$$0.9\mathbf{9}99999999999…$$
$$0.50\mathbf{0}0000000000…$$
$$0.333\mathbf{3}333333333…$$
$$0.6666\mathbf{6}66666666…$$
$$0.25000\mathbf{0}0000000…$$
$$0.750000\mathbf{0}000000…$$
$$0.2000000\mathbf{0}00000…$$
$$0.40000000\mathbf{0}0000…$$
$$0.600000000\mathbf{0}000…$$
$$0.8000000000\mathbf{0}00…$$
$$0.16666666666\mathbf{6}6…$$
$$0.833333333333\mathbf{3}…$$
$$\vdots$$

우리는 이제 칸토어 대각선 방법을 사용하여 목록에 없는 소수를 구성하여 보자. n번째 소수의 소수점 n번째 수가 3이면 새로이 만들 소수의 소수점 n번째 자리의 수를 7로, n번째 소수의 소수점 n번째 수가 3이 아니면 새로이 만들 소수의 소수점 n번째 자리의 수를 3으로 하는 새로운 소수를 만들자. (대각선의 수는 굵게 표시를 하였다.)

위의 예에서 만든 새로운 수는 0.3337333333337…이다. 위의 예의 모든 분수를 소수로 나타낸 것이다. 새롭게 만든 수는 모든 자연수 n에 대하여 n번째 소수와 다른 소수임을 설명하여 보아라.

칸토어 패러독스

수학에서 많은 패러독스가 무한한 것을 포함하고 있다는 것은 놀라운 일은 아니다. 비록 1800년대 후반에 칸토어(Cantor)의 집합에 대한 정교한 연구 이후에 많은 오래된 수수께끼는 현대의 집합 이론의 일부로 여겨져 오랫동안 패러독스에서 벗어나 있었다. 그러나 무한을 다룬 패러독스는 여전히 많다. 칸토어 집합의 기본 이론에 숙달 되어 있지 않은 사람들에게는 무한 집합을 다루는 것이 생소하게 느껴진다. 그래서 오래된 패러독스이지만 수학사에 중요한 획을 그은 칸토어 패러독스를 제시하였다.

수학의 많은 역사에서 무한의 주제는 금기시되었었고 종교의 영역에 더 많이 속해있었다. 무한에 대해 생각을 한 최초의 수학자 중 한 명인 그리스 철학자 아리스토텔레스(B.C. 360-280)는 무한을 잠재적이고 실제적인 것으로 인식하였다. 그는 자연수 1, 2, 3, …은 영원히 계속되고 무수히 많기 때문에 잠재적 무한(potenially infinite)이라고 말하였다. 이것은 실체가 없기 때문에 크기가 실제적 무한(actually infinite)임을 느끼지는 못하였다.

1600년대 이탈리아의 과학자이고 수학자이며 천문학자인 갈릴레오는 자연수 1, 2, 3에 대해 흥미로운 관찰을 했다. 그는 두개 형태로 수를 나열하였다. 하나는 자연수이고 다른 하나는 완전 제곱수(사각수)이다. 완전제곱수는 자연수 1, 2, 3, …의 부분집합 또는 일부분이므로 [표 1]에서 보이는 것처럼 그 수가 적을 것으로 생각된다.

표 1 완전 제곱수 보다 자연수가 더 많아 보인다.

자연수	1	2	3	4	5	6	7	8	9	10	11	12	13	14	15	16	17	…
완전 제곱수	1			4					9							16		…

그리고 완접 제곱수 1, 4, 9, 16, 25, … 를 다른 수의 제곱수의 형태로 나타내었다. 이를 다시 [표 2]와 같이 다시 정리하였다. 완전제곱수가 자연수보다 적어 보이는가? 아니면 같은가?

표 2 완전 제곱수와 자연수의 개수는 같다.

자연수	1	2	3	4	5	…	n	…
완전 제곱수	1	4	9	16	25	…	n^2	…

갈릴레오가 관찰 한 것처럼 [표 2]에서와 같이 완전 제곱수를 일렬로 나열하면 자연수와 완전 제곱수와 일대일대응 시킬 수 있다. 그리고 완전 제곱수의 개수와 자연

수의 개수가 완벽하게 같다는 것을 알 수 있다. 갈릴레오는 무한 집합은 유한 집합과 같지 않다는 결론을 내렸다.

게오르크 칸토어

오늘날 무한의 주제는 무한의 대부라고 할 수 있는 독일 수학자 게오르크 칸토어(1845~1918)에 의해서 제기되었다. 그의 획기적인 통찰력은 아주 간단한 아이디어를 기반으로 하고 있다. 그 아이디어는 오늘날 고등학교에서 함수에서 배우는 일대일 대응이다.

그림 1 칸토어

일대일 대응은 쉽게 설명하자면 두 손에 손가락이 있다. 우리는 손가락 수는 몇 개인지 모르지만 유한 개라고 하자. 그럼 왼손의 손가락 수와 오른손의 손가락 수는 비교할 수 있는데 왼손의 엄지를 오른손의 엄지에 왼손의 검지를 오른손의 검지에 이렇게 새끼손가락까지 대응시키면 정확히 일치시킬 수 있다. 그러면 이것이 의미하는 것은 무엇인가? 한 손에 손가락 수가 몇 개인지는 모르지만 일대일 대응의 성질을 이용하여 왼손의 손가락 개수와 오른손 손가락 개수가 같다는 것을 알 수 있다.

그러면 손가락 개수가 무한 개라면 어떻겠는가? 이 경우 원소 개수가 무한 개가 있어 끝없이 세어야 해서 셀 수도 없고 무언가를 할 수가 없다. 즉, 아무도 무한을 셀 수가 없다는 것이다. 칸토의 영감은 비록 우리가 무한한 집합을 셀 수 없더라도, 왼손의 손가락 개수와 오른손의 손가락 개수가 같다는 손가락 규칙인 '일대일 대응의 규칙성'을 적용함으로써 두 무한 개를 가진 원소의 개수가 같다는 것을 판단할 수 있다.

칸토어는 집합의 크기를 집합의 크기인 '기수(cardinality)'라고 부르며 집합이 자연수 1, 2, 3과 일대일 대응으로 배치 될 수 있다면 집합의 크기는 셀 수 없이 무한하다고 하였다. 또한 이러한 유형의 집합의 크기인 기수는 $\aleph_0$(알프레-눌, aleph-null)이라고 하였다.

칸토어는 모든 무한 집합이 같은 기수를 가지는지 의심하였다. 즉, 더 큰 무한 집합이 있는가 살펴보았다. 칸토어가 연구한 집합은 유리수(자연수 비율) 집합이었다.

칸토어 패러독스

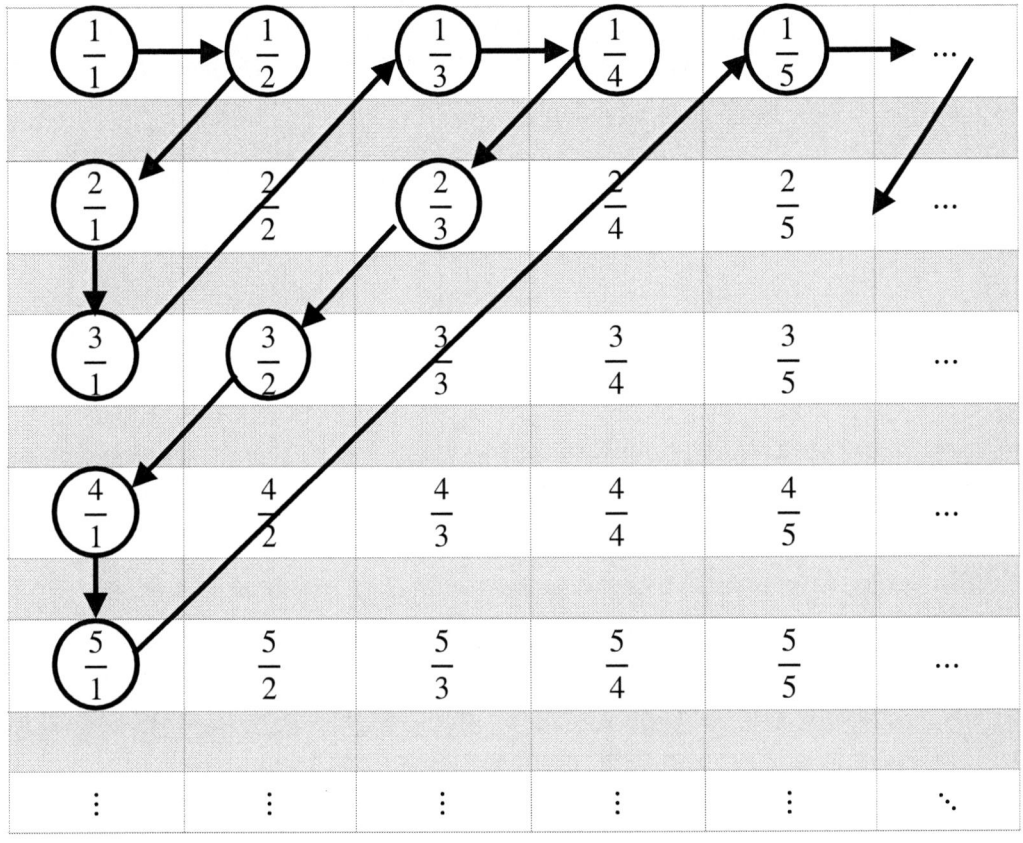

그림 2 유리수 세기

1	2	3	4	5	6	7	8	9	10	11	...
↓	↓	↓	↓	↓	↓	↓	↓	↓	↓	↓	
1	$\frac{1}{2}$	2	3	$\frac{1}{3}$	$\frac{1}{4}$	$\frac{2}{3}$	$\frac{3}{2}$	4	5	$\frac{1}{5}$	...

그림 3 자연수와 유리수 대응

얼핏보면 '자연수 집합이 유리수 집합의 부분집합이므로 자연수 집합이 유리수 집합보다 더 작은 기수를 가질 것이다.'라고 추측할 수 있다.

그러나 [그림 2]와 같이 칸토어는 자연수 1, 2, 3, …과 양의 유리수 사이에 대응을 시키는 놀라운 발견을 하였다. 그리고 [그림 3]과 같이 자연수와 유리수 사이에 일대일 대응을 시킬 수 있었다.

[그림 2]의 표가 무한히 아래쪽과 오른쪽으로 계속된다면 [그림 3]과 같이 모든 자연수와 모든 유리수를 일대일 대응 시킬 수 있어 동일한 수를 가졌다고 생각하였다. 그 수를 기수는 $\aleph_0$(알프레-눌, aleph-null)이다.

그리고 칸토어의 무한 세계에는 이상한 것이 있다. 그것은 무한도 같은 무한이 아니라 무한에서도 크기가 있다는 것이다.

비가산집합

칸토어는 자연수 집합의 개수 보다 더 많이 가질 수 있는 집합을 찾았다. 그의 해답은 놀라웠다. 자연수 보다 더 많은 개수를 가지는 즉 자연수의 무한 개 보다 더 많은 수를 가지는 수가 실수라는 것을 증명하였다. 즉, 자연수 1, 2, 3, …과 실수와 일대일 대응 시키는 것은 불가능하며 자연수는 실수의 부분 집합이므로 실수의 기수는 자연수의 기수 보다 커야 한다. 칸토어는 이것을 어떻게 증명하였을까?

수학에서는 어떤 명제를 증명하는데 주어진 명제를 부정한 명제가 모순이 있다는 것을 증명(부정법, proof by contradiction)하여 원래 주어진 명제가 참이라고 주장하기도 한다. 칸토어는 실수 집합인 열린 구간 (0,1)이 자연수와 일대일 대응을 시킬 수 없다는 모순을 이끌어 내어서 증명을 하였다. 칸토어는 대각선 과정(diagonalization process)이라는 획기적인 방법을 고안해내었다.

1	↔	0	.	1	9	7	2	0	4	8	1	7	…
2	↔	0	.	5	3	6	6	1	3	8	0	9	…
3	↔	0	.	4	9	7	3	1	0	1	2	3	…
4	↔	0	.	2	7	5	8	1	8	8	3	1	…
5	↔	0	.	0	0	2	2	0	0	0	2	5	…
6	↔	0	.	9	9	9	9	0	2	6	8	1	…
⋮		⋮											

그림 4 칸토어의 자연수와 실수의 일대일 대응 예

우선 열린 구간 (0,1)이 자연수와 일대일 대응한다고 가정하자. 예를 들어 [그림 4] 와 같이 일대일 대응하였다고 하자.

칸토어는 [그림 4]의 소수의 숫자들의 대각선에 주목을 하였다. 방법을 아주 간단하다. 그러나 매우 창의적이다. 우선 첫번째 소수인 0.197204817…의 소수점 첫 번째 수인 1이 아닌 수를 d_1이라고 하자. 여기서 $d_1 \neq 1$이고 0, 2, 3, 4, 5, 6, 7, 8, 9들 중 하나의 수이다. 또한 두 번째 소수인 0.536613809…의 소수점 두 번째 수인 3과

칸토어 패러독스

1	↔	0	.	**1**	9	7	2	0	4	8	1	7	⋯
2	↔	0	.	5	**3**	6	6	1	3	8	0	9	⋯
3	↔	0	.	4	9	**7**	3	1	0	1	2	3	⋯
4	↔	0	.	2	7	5	**8**	1	8	8	3	1	⋯
5	↔	0	.	0	0	2	2	**0**	0	0	2	5	⋯
6	↔	0	.	9	9	9	9	0	**2**	6	8	1	⋯
⋮		⋮											⋱
		0	.	3	5	3	1	3	9			⋯	

그림 5 칸토어의 대각선 과정에서 나온 새로운 소수

전혀 다른 수를 d_2라고 하자. 여기서 $d_2 \neq 5$이고 0, 1, 2, 3, 4, 6, 7, 8, 9 중에서 하나의 수이다. 같은 방법으로 계속해서 n번째 소수의 소수점 n번째 수가 아닌 수를 d_n이라고 하자.

칸토어는 실제의 예를 아래와 같이 제시하였다. 0.353139⋯의 소수는 n번째 소수의 소수점 n번째 수가 다르므로 n번째 소수와는 다른 소수이다. 그러므로 자연수와 일대일 대응시킨 소수와 전혀 다른 소수 하나를 만들 수 있다.

이를 일반화 하여 대각선 과정을 거쳐 새로운 소수 $0.d_1d_2d_3\cdots d_n\cdots$을 만들 수 있다. 이 소수는 모든 자연수 n에 대하여 n번째 소수와는 전혀 다른 소수이다. 따라서 자연수와 일대일 대응을 할 수 없고 실수 부분 집합인 열린 구간 (0,1)은 자연수 보다 더 많은 수가 존재한다.

칸토어는 "자연수가 모든 실수와 일대일 대응을 할 수 없다는 것을 증명 했으므로 실수는 자연수 보다 크기가 큰 기수를 가진다."라고 하였다. 칸토어는 이제 자연수의 셀 수 있는 무한의 기수($\aleph_0$)와 실수의 셀 수 없는 기수의 두 개의 무한대가 있는데 열린 집합 (0,1)의 '연속체 기수(cardinality of the continuum)'를 c로 표시하였다.

아직 실수 집합 전체에 대해서 자연수와 논의를 하지는 않았다.

칸토어는 열린 집합 (0,1)과 같은 기수를 갖는 또 다른 집합이 있는지 점검하였다. [그림 6]에서 길이가 다른 두 개의 선분 AB와 $A'B'$을 생각해 보자.

분명히 선분 $A'B'$은 선분 AB보다 길다는 것이 더 많은 점을 포함한다는 의미일까? 일반적인 예이지만, 선분 AB의 점 x와 선분 $A'B'$의 점 x'사이의 일대일 대응 $x \leftrightarrow x'$을 시킬 수 있다. 그러므로 칸토어는 선분 AB와 $A'B'$는 동일한 기수 c를 가지며 이는 매우 큰 열린 구간 $(-10^{100}, 10^{100})$도 매우 작은 열린 구간 $(-10^{-100}, 10^{-100})$도 같은 기수 c를 갖는다.

수학 속 패러독스

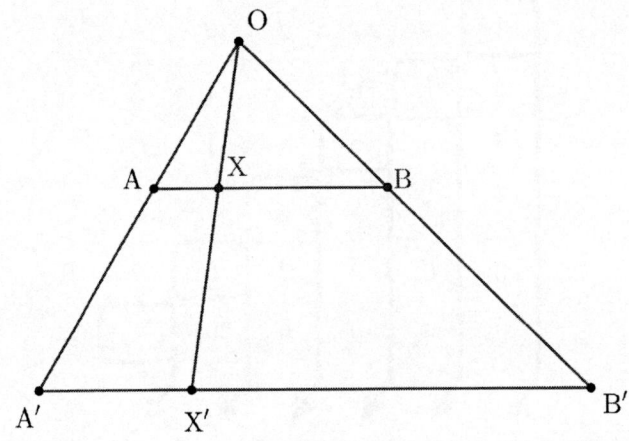

그림 6 열린 집합(0,1)과 실수 전체 집합 사이의 일대일 대응

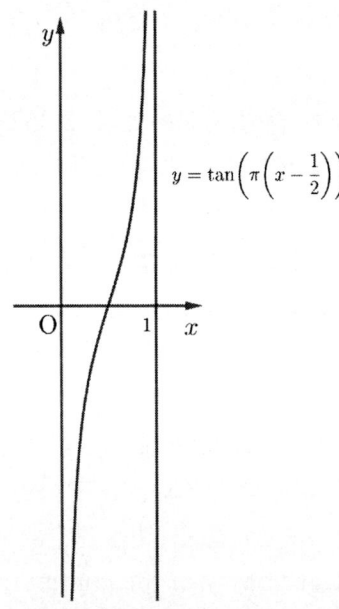

그림 7 열린 구간(0,1)과 실수 전체 일대일 대응 함수

그럼 전체 실수 구간인 평행선을 어떨까? $y = \tan\left[\pi\left(x - \dfrac{1}{2}\right)\right]$, $(0 < x < 1)$으로 놓으면 열린 구간 (0,1)과 실수 전체는 일대일 대응시킬 수 있다.

그러므로 열린 구간 (0,1)이 기수가 c이므로 실수전체 집합의 기수도 c이다.

칸토어 패러독스

칸토르가 보여준 가장 놀라운 것들 중 하나는 실수인 수직선과 평면이 동일한 기수를 갖는 것을 보인 것이다. 평행선과 평면이 동일한 수의 점의 개수를 갖는 다는 의미이기도 하다. 이것을 보이기 위해서는 평면 위의 점 $(x,y) = (0.2573\cdots, 0.3395\cdots)$ 은 수직선 상 소수의 소수점 첫 번째 수를 x성분의 소수점 첫번째 수로, 소수점 두번째 수를 y성분의 소수점 첫번째 수 로, 소수점 세번째 수는 x 성분의 소수점 세번째 수, 소수점 네번째 수를 y성분의 소수점 두번째 수로 해서 이후로 같은 방법으로 새로운 수 $z = 0.23537935\cdots$ 를 만들 수 있다. 역으로 수직선 상의 소수 $z = 0.34648391\cdots$의 수는 소수점의 홀수번째 수는 x 성분의 수로, 소수점 짝수번째 수는 y성분의 수로 나누어서 평면상의 점 $(x,y) = (0.3689\cdots, 0.4431\cdots)$으로 나타낼 수 있다. 이러한 방법의 함수 대응은 잘 정의된 것이다. 평면상의 (x,y)는 수직선 상의 z로 대응된다. 다시말해서 $(x_1, y_1) = (x_2, y_2) \Rightarrow z_1 = z_2$이다. 그러므로 열린구간 $(0,1)$과 $(0,1) \times (0,1)$은 서로 기수가 같다. 또한 $x \in (0,1)$에 대하여 $y = \tan\left[\pi\left(x - \frac{1}{2}\right)\right]$으로 정의하고, $F : S \to \mathbb{R}^2$은 $F(x,y) = (f(x), f(y))$로 정의하면 이 함수는 일대일 대응함수이어서 $(0,1) \times (0,1)$과 평면 $\mathbb{R}^2$의 기수는 서로 같다.

종합하여 보면 수직선 $\mathbb{R}$과 열린구간 $(0,1)$의 기수가 같고, 열린구간 $(0,1)$과 $(0,1) \times (0,1)$이 기수가 같으며 또한 $(0,1) \times (0,1)$과 평면 $\mathbb{R}^2$의 기수는 서로 같으므로, 수직선 $\mathbb{R}$과 평면 $\mathbb{R}^2$의 기수도 서로 같다.

칸토어 패러독스

칸토어는 가장 작은 무한으로 $\aleph_0$으로 보았고, c가 더 큰 무한을 증명하였다. 이것은 또 다른 질문을 낳았다. 첫번째 질문으로 $\aleph_0$과 c사이의 무한이 있는가? 두 번째 질문으로 c보다 더 큰 무한이 있는가? 두 번째 질문이 칸토가 해답을 제시하였으며 그이 해답을 '칸토어 패러독스'라고도 한다. 패러독스는 가장 큰 무한대가 없다는 것인데, 당신은 항상 더 크고 더 큰 무한대를 찾을 수 있기 때문에 '무한 크기'의 모음 자체는 무한하다.

어떻게 더 큰 무한대를 발견 할 수 있을까?

비록 증명은 자명하지는 않지만 아이디어는 간단하다. 3개의 원소를 갖는 집합 $\{a,b,c\}$가 있다고 하자. 이 집합의 부분집합의 개수는 $2^3 = 8$개로 다음과 같다.

$\phi, \{a\}, \{b\}, \{c\}, \{a,b\}, \{a,c\}, \{b,c\}, \{a,b,c\}$

칸토어가 활동하던 시대에도 유한 집합 원소 개수 보다 유한 집합의 집합의 부분집합의 개수가 더 많다는 것은 알고 있었다. 그럼 셀 수 있는 무한 집합에서도 같은 논리로 설명을 할 수 있다. 칸토어는 단순히 무한 집합의 부분 집합을 형성함으로써 매우 큰 무한 집합을 발견 할 수 있음을 증명했다. 이 집합은 끔찍하게 복잡하지만 걱정할 필요는 없다. 하여튼 존재한다. 그래서 칸토어는 무한한 수의 무한 $\aleph_0$, $\aleph_1$, $\aleph_2$, $\aleph_3$, $\aleph_4$, …을 발견하였다. 이를 '초한수(transfinite number)'라고 한다.

칸토어를 미치게하는 또 다른 질문은 $\aleph_0$과 c사이에 무한대가 있는가?, 아니면 $\aleph_0$보다 큰 다음 무한 수는 c인가? 아니면 실제로 다음의 더 큰 무한은 무엇인가? 사실 $\aleph_1 = c$이다. 칸토어는 c가 다음 무한대라고 믿었지만 그것을 증명할 수는 없었다. 연속체 기수 c가 다음으로 큰 무한 수라고 가정하는 것은 연속체 가설(continuum hypothesis)이라고 부르며, 어떤 의미에서는 오늘날까지도 패러독스로 생각할 수 있다. 문제가 아직 해결되지 않았기 때문일 것이다.

1930년에 오스트리아의 논리학자인 커트 괴델(Kurt Gödel)은 연속체 가설은 집합 이론의 공리로부터 틀린 것이 아니라는 것을 증명했으며, 1960년대 미국의 수학자 폴 코헨(Paul Cohen)은 증명할 수 없다는 것을 입증했다. 그 결과, 연속체 가설은 논리적으로 증명할 수 없다. 그것은 우리가 연속체 가설이 사실이라고 가정 할 수 있다는 것을 의미한다.(이것은 칸토어 집합(Cantorian set) 이론이라고 불리운다). 그렇지 않다면 당신은 그것이 사실이 아니라고 가정 할 수도 있다. 비 칸토어 집합(non-Cantorian set) 이론이라고 한다.). 두 경우 모두 유효한 공리 집합을 가지고 있다. 참으로 이상하다.!

마지막으로 칸토어의 대각선 기법을 이미지화 한 그림이 있다. 수학도 이렇게 아름다운 그림으로 나타낼 수도 있다. 이 그림이 아름답게 보이는가? 아름답게 보이면 당신도 수학의 범주에 들어와 있다. 물론 흑백이라 잘 보이는 않겠지만 그래도 인터넷으로 찾아서 보아라.

18
아리스토텔레스 바퀴 패러독스

[그림 1]에서 볼 수 있듯이 큰 바퀴에 단단히 부착된 안쪽 작은 바퀴를 가지고 있다. 바퀴는 A지점에서 B지점으로 미끄러짐 없이 완전한 한 바퀴 회전운동을 한다. 큰 바퀴와 작은 바퀴는 지면을 따라 가며 큰 바퀴는 A지점에서 B지점까지 작은 바퀴는 C지점에서 D지점 까지의 직선 경로이다. [그림 2]는 두 바퀴의 애니메이션이다. 쉽게 알아 보기 위해서 바퀴의 수를 더 늘렸고 각 바퀴에 굵은 색으로 나타내었다. 한 바퀴 회전하는 동안 자세히 보면 굵은 색이 같은 길이로 펼쳐지는 것처럼 결론 내릴 수 있다. 작은 바퀴와 큰 바퀴는 정확히 한 바퀴 돌았다.

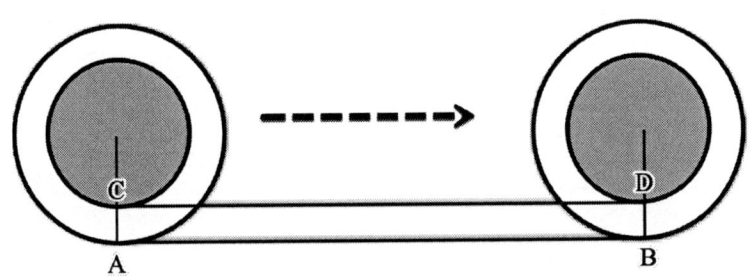

그림 1 아리스토텔레스 바퀴

쉽게 알아 보기 위해서 바퀴의 수를 더 늘렸고 각 바퀴에 굵은 색으로 나타내었다. 한 바퀴 회전하는 동안 자세히 보면 굵은 색이 같은 길이로 펼쳐지는 것처럼 보인다.

조금 더 수학적으로 나타내어 보면, $R > r$이라 할 때 큰 바퀴의 반지름이 R 작은 바퀴의 반지름이 r이라고 하면 각각의 원둘레 길이는 $2\pi R$과 $2\pi r$이다. 그리고 각각의 바퀴가 미끄러지지 않고 굴러가서 생기는 길이와 각각의 바퀴의 원주길이는 같다. 즉, $\overline{AB} = 2\pi R$, $\overline{CD} = 2\pi r$이어서 $\overline{AB} = \overline{CD}$이다. 그러므로, 우리는 큰 바퀴와 작은 바퀴가 모두 같은 둘레를 가지고 있다는 것을 증명 한 것으로 보인다. 이것이 아리스토텔레스의 주장이다.

그러나 $R > r$이므로 $2\pi R = \overline{AB} > \overline{CD} = 2\pi r$이어야 하는데 $\overline{AB} = \overline{CD}$이다.

무엇이 잘못되었을까?

아리스토텔레스(Aristotle, B.C. 384~322)는 수학사에서 자주 언급된다. 오늘날 사람들은 연역적 논리의 체계적인 영향으로 인해 일반적으로 아리스토텔레스를 수

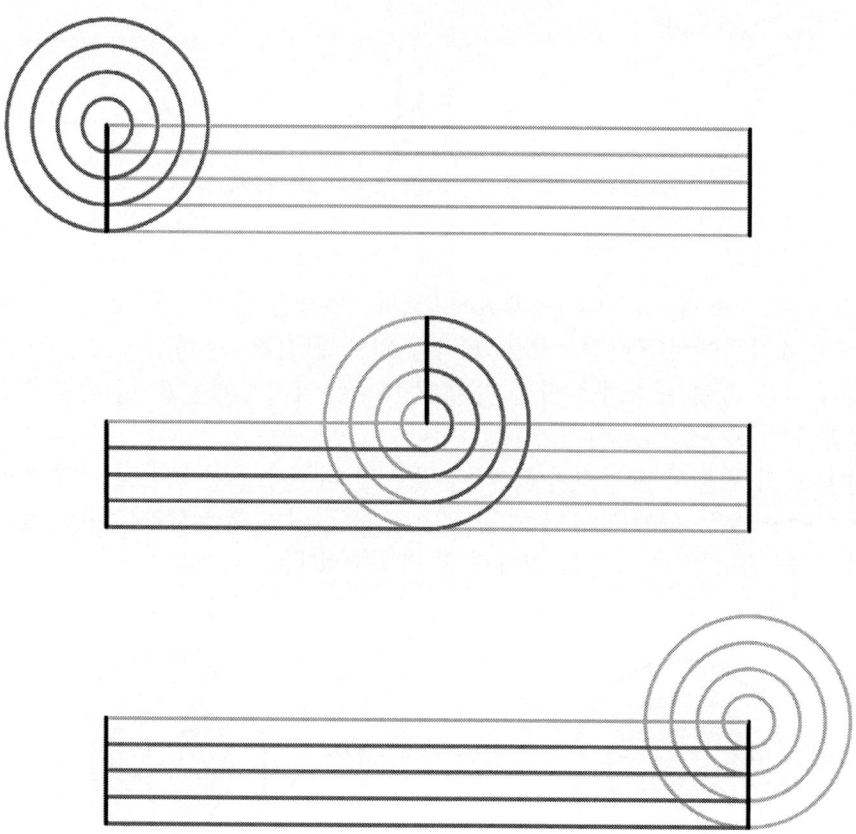

그림 2 아리스토텔레스 바퀴의 애니메이션

학자로 생각하지만, 그는 서양 철학적 사고에 지속적인 영향을 준 물리학에 큰 공헌을 한 인물이다.

아리스토텔레스

아리스토텔레스 바퀴 패러독스

'아리스토텔레스 바퀴 패러독스'로 알려진 이 패러독스는 아리스토텔레스의 정식 논문이 학술지 '기계학(Mechanica)'에 실려있다.

아리스토텔레스 바퀴에 대한 아리스토텔레스의 주장을 믿겠는가? 이 패러독스의 흥미로운 점은 수학 뿐 만 아니라 물리적 개념의 풀이가 모두 있다는 것이다. 패러독스의 풀이를 읽기 전에 한 번더 생각을 하여 보아라.

패러독스의 오류는 수학적 요소를 포함하고 있지만 두 가지이다.

첫번째 오류는 물리적 역설에 가깝다. 물리적 인 관점에서 볼 때 커다란 바퀴 A지점에서 B지점으로 부드럽게 굴러가는 동안 더 작은 바퀴 C지점에서 D지점까지 미끄러지지 않고 부드럽게 굴러 갈 것이라고 생각하는가? 그렇지 않다! 톱니 바퀴 시스템으로 이를 실험하면 이 바퀴는 전혀 움직이지 않는다. 두 바퀴가 미끄러지지 않고 움직이는 것은 물리적으로 불가능하다. 실제로 실험을 한다면 미끄러지는 것을 관찰 할 수 있다. 이것을 직관적으로 받아들이기 못한다면, 반지름이 지구 만한 크기의 큰 바퀴와 반지름이 $1(m)$ 정도 되는 작은 바퀴로 사고 실험을 하여 보아라. 이러한 크기 정도가 되어야 우리의 직관이 발동된다. 회전하는 큰 바퀴보다 작은 바퀴의 도로에서 미끄러지면서 큰 바퀴보다 훨씬 큰 마찰이 생긴다. 그래서 안쪽 작은 원이 동일한 선의 길이를 갖는다.

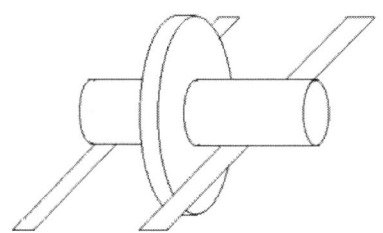

그림 3 작은 바퀴와 큰 바퀴로 굴리기 실험 모형

한 번 더 정리를 하면, 바깥쪽 큰 바퀴는 안쪽 작은 바퀴가 동시에 한번 회전을 하는데 동일한 길이를 갖는 것으로 보인다. 그 이유는 안쪽 작은 바퀴는 바퀴가 접하는 도로에 작용하는 마찰력이 큰 바퀴가 도로에 작용되는 마찰력 보다 더 크기 때문에 안쪽 작은 바퀴는 바깥쪽 큰 바퀴보다 같은 회수로 회전하지만, 전체적으로 동일한 길이가 된다. 작은 바퀴가 마찰이 크다는 것은 작은 바퀴가 미끄러진다는 것이다.

$\overline{AB} = \overline{CD}$의 이러한 일이 발생을 하려면 어떠한 물리적 현상이 일어나야 할까?

안쪽 작은 원이 바깥쪽 큰 원과 함께 중심축이 평행선(선분 CD)을 미끄러지는 경우($\overline{CD} > 2\pi r$) 또는 움직이는 바깥쪽 큰 원이 바퀴 중심 축과 함께 평행선(선분 AB)

에 미끄러지는 경우에만 발생할 수 있다.(즉, $\overline{AB} < 2\pi R$) 또한 아마도 둘 모두 발생하는 경우에도 발생한다. 하여튼 이러한 경우는 물리학적으로 발생할 수가 없다.

두 번째 오류는 수학적인 것이다. 아리스토텔레스 바퀴를 수학적으로 접근을 한다면, 중심을 공유하는 작은 원과 큰 원의 점들이 서로 일대일 대응이 되면 두 선분 AB와 CD의 두 선분 길이를 같다고 말하여야 한다. 그러나 이것은 자연스럽게 받아들이기가 더 어렵다. 그래도 아리스토텔레스 바퀴의 작은 원과 큰 원 사이에는 일대일 대응이 존재한다.

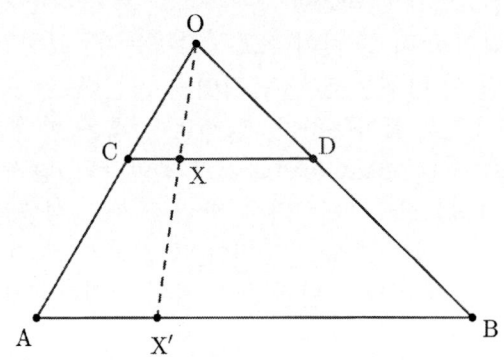

그림 4 두 선분의 일대일 대응

이 두 가지 오류에 대하여 수학적인 접근을 하여 보자.

작은 바퀴와 큰 바퀴의 같은 중심에 고정되어 있고 정확히 동일한 회전 수를 지나야 하므로 $\overline{AB} = \overline{CD}$이어야 한다. 수학적으로 보면 $2\pi R > 2\pi r$이지만 두 바퀴의 점들 사이에 일대일 대응이기 때문에 $2\pi R = 2\pi r$이라고 주장하지는 않는다. 이것은 말이 안된다.

그럼 이러한 논리가 어디에서 잘못 된 것일까?

아리스토텔레스 바퀴 역설의 해결하려는 갈릴레오와 이스라엘 드라브킨의 역설의 해결 노력에 대한 역사를 한번 살펴 보자.

갈릴레오 갈릴레이의 생각

갈릴레오는 [그림 5] 처럼 생각을 하였다. 이를 《 Two New Sciences》 잡지에서 논문을 실었다. 갈릴레오는 중심이 같은 작은 것과 큰 두 개의 정육각형으로 시작하였다. 바깥 쪽 정육각형이 한 번에 한 변씩 수평선 $ABQX \cdots S$를 따라 갈아 가며, 그 변 중 하나가 다시 정육각형이 평행선 위에 있는 꼭지점을 중심으로 회전을 하여 변

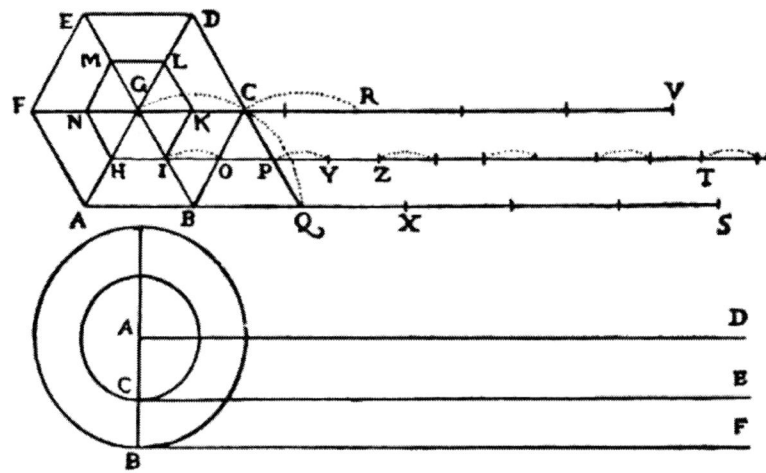

그림 5 정육각형 바퀴의 회전

을 평행선 위에 놓이게 한다. 그러나 바깥쪽 정육각형이 $\frac{1}{6}$을 회전 할 때 중심 축 점 G의 중심은 호(원의 일부, 중심이 B이고 반지름이 선분 BG인 호)를 따라 점 C로 이동하고 안쪽 정육각형의 점 I도 호(원의 일부, 중심이 B이고 반지름이 선분 BI인 호)를 따라서 점 O로 이동한다. 이때 안쪽 정육각형은 평행선 $HIO\cdots T$ 위로 들어 올려졌다가 선분 IK가 선분 OP로 이동한다. 따라서 바깥 쪽 정육각형의 선분 AB는 $ABQX\cdots S$의 평행선을 위를 따라서 회전을 한다. 안쪽 작은 원의 호를 따라 이동하는 점 I는 그 다음 선분 IK가 직선 상에 원호를 그리며 선분 IK가 선분 OP와 일치하게 된다. 따라서 안쪽 정육각형 둘레는 회전을 하면서 홈 IO가 있는 도로 $HIOPYZ\cdots T$를 굴러가게 된다. 이것은 물론 회전을 할 때마다. 6 번 반복된다. 따라서 바깥쪽 정육각형의 여섯개의 변 $ABQX\cdots S$의 평행선과 같을 때 안쪽 정육각형에 의해 만들어진 선은 여섯개의 변과 여섯개의 홈 그리고 다섯 개의 호로 구성되어 있다. 홈의 길이는 호로 만들어진 현의 길이와 같다.[20]

결론적으로 원을 무한히 많은 변을 가진 정다각형으로 간주 할 때 동일하게 나타날 수 있다. 즉, '작은 원은 선의 일부를 무한 번 건너 뛴다.'라고 생각할 수 있다. 바깥 쪽 큰 원이 수평선과 지속적으로 접촉하는 반면 안쪽 작은 원은 무한 개의 틈에 닿지 않고 이 길이와 원이 선과 접촉한 길이와 더하여 큰 원의 원주 길이와 같은 길이가 된다. 두 원의 점의 개수는 같지만 작은 원의 점은 선분과 연속적으로 접촉하지는 않는다.

---

[20] Galilei, Galileo. Dialogues Concerning Two New Sciences. Translation of *Discorsi e dimostrazioni matematiche, intorno à due nuove scienze* (1638), by Henry Crew and Alfonso de Salvio. New York: Macmillan, 1914; available online at http://www.questia.com/PM.qst?a=o&d=88951396.

수학 속 패러독스

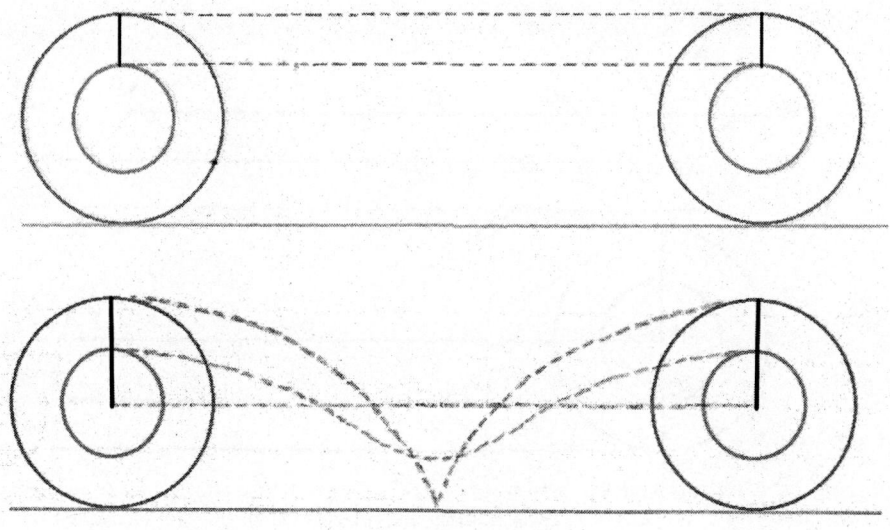

그림 6 드라브킨의 접근

이것이 갈릴레이의 생각이었다. 이것은 일방적인 주장일 수도 있다. 점들이 부분이 없는 경우, 길이의 차이는 그 합이 유한 길이인 무한히 작은 틈의 서로 다른 무한 집합의 결과 일 수 있다.

따라서 갈릴레오가 이 추론을 일반적으로 입체도형에 외산법으로 다음과 같이 추정하였다. "이제, 단순한 선들에 관해서 말한 이것은 평면과 입체도형의 경우에도 유지 되어야 한다는 것을 이해해야 하며, 그것들은 유한한 원자의 수가 아니라 무한한 것으로 구성되어 있다고 추정할 수 있다.".

아리스토텔레스 바퀴 패러독스는 갈릴레오에 의해 무한히 작은 불가분의 공간에 의해 분리된 점 원자들도 무한의 물질을 구성한다는 논증으로 사용되었다. 프랑스 수학자 메르센(Mersenne)은 1634년에 갈릴레오 역학(*Galileo 's Mechanics*)을 번역한 서문에서 문제를 다루었다. 그는 실제로 실험을 수행하여 볼 수 있듯이 작은 원이 단순히 미끄러져 움직이는 것이라는 해결책이라고 제안했다. 메르센은 1639년 해설에서 미끄러짐에 관한 설명을 반복하였다.[21] 페르마는 메르센의 견해에 공감했으며 갈릴레오가 이 문제를 오해하고 있다고 주장했다.

이스라엘 드라브킨의 견해

"사고 실험으로 해결하려고 시도하는 것은 논리적이지 않다. 예를 들어 미끄러지는 것은 경험적 요인에 의해서 만 가능하다. 두 선이 동일하다면, 어떻게 이것이 미끄러지는 일 없이 일어날 수 있겠는가?" 이 질문은 이스라엘 드라브킨의 생각이었다. 이스라엘 드라브킨(Israel Drabkin)이 바퀴에 대한 학술으로 철저한 논증을 통해서

---

[21] Drabkin, Israel E. "*Aristotle's Wheel: Notes on the History of a Paradox.*" Osiris 9 (1950): 162-198.

이러한 견해를 밝혔다. 그는 "우리의 문제는 미끄러짐 없이 어떻게 같을 수 있는지에 대한 것이다."라고 하였다.[22]

원 위에 있는 점의 궤적이 '사이클로이드'라는 로베로발의 증명이 역설적 처리에 상당한 발전을 주었다. 원 위의 모든 점들의 궤적(사이클로이드)의 곡선의 길이가 모두 같다는 것이다. 바깥 쪽 바퀴가 수평선을 미끄러짐 없이 굴러가면 그 경로는 '사이클로이드(cycloid)'가 된다. 작은 원의 가장자리에 있는 점의 경로는 '수축된 사이클로이드(curtate cycloid)'로 알려진 곡선이다.[그림 6]

역학의 관점에 볼때, 안쪽 작은 원의 바퀴의 임의의 점이 단순 회전운동을 하여서 궤적이 만들어 지며, 안쪽 작은 바퀴의 운동은 왼쪽에서 오른쪽으로의 병진 운동[23]으로 바깥쪽 큰 원의 바퀴의 병진 운동의 크기와 같다고 말할 수 있다. 이것이 맞는다면 문제를 잘 정의 할 수 있고, 조건은 미끄러짐이 아니다. 드라브킨은 갈릴레오와 마찬가지로 바퀴 위의 어떤 점도 도로의 유한 부분과 접촉 할 수 없다는 의미로 해석된다.

불행하게도 이러한 해석은 문제의 끝이 아니라 문제의 시작이 되었다. 작은 바퀴가 큰 바퀴가 지나가는 거리와 같은 거리를 지나간다. 미끄러짐을 원 둘레에 위의 한 점이 언제나 접선의 유한한 부분과 접촉하고 있다는 것을 의미한다면 작은 바퀴가 접하고 있는 접선 위로 미끄러지는 큰 바퀴를 따라 가지 못한다. 작은 바퀴의 회전 운동은 큰 바퀴의 회전 운동과 마찬가지로 연속적이기 때문에 결과적으로 접촉한 점은 계속 변화한다. 경로가 보상적 미끄러짐 없이 평등하게 될 수 있다는 것이 이 문제의 핵심이다.

드라브킨의 견해로 본다면 아리스토텔레스 바퀴 패러독스는 연속과 무한 번 나누는 것이 가능하지와 관련이 있다. 그는 수학적으로 칸토어 집합의 이론은 오류가 없다고 받아들였다. 칸토어 분석에 기초하여 역설을 풀려고 하는 사람들은 "작은 바퀴의 원(큰 바퀴의 원수와 같음)의 경로를 한 점에 넣을 수 있는 무한한 집합의 섬을 포함하는 것으로 간주한다. 큰 원의 원주 위에 있는 점들은 작은 원의 둘레에 있는 점들과 일대일 대응이다."

비록 큰 바퀴의 원의 위의 한 점의 경로 길이와 같게 작은 바퀴의 원 위의 한 점의 경로의 길이를 그릴 수 있다. 이 길이는 작은 바퀴의 원의 원주 길이보다 크다. 그러나 두 집합은 무한 개의 점을 갖는 집합으로 집합의 농도가 같다. 따라서 역설은 두 개의 불평등한 주위의 점의 수를 그것을 측정하는 것과 혼동함으로써 발생한다. 그러나 드라브킨은 자신의 의견에 모두가 동의하지는 않을 것이라 생각하였다.

---

22 Drabkin, Israel E. "*Aristotle's Wheel: Notes on the History of a Paradox.*" Osiris 9 (1950): 162-198.

23 입자계 또는 강체의 운동 가운데 각 입자의 동일한 평행 이동만으로 성립되는 운동.

곡선 경로로 직관적으로 미끄러짐 이해하기

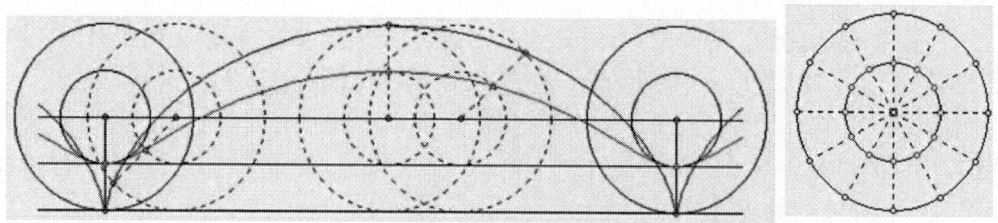

작은 바퀴가 미끄러짐을 느끼려면 작은 바퀴의 원주 위의 한 점에 대한 경로와 큰 바퀴의 원주 위의 한 점에 대한 경로를 되면 조금 더 쉽게 이해할 수 있다.

사이클로이드 곡선의 길이는 반지름의 R의 여덟 배인 $8R$이다. 중심점 이동 거리는 $2\pi R$이다. 축소된 사이클로이드 곡선 길이는 아마 $2\pi R$과 $8R$ 사이일 것이다.

이 길이를 구하려면 고등 수학의 적분이 필요하다. 축소된 사이클로이드이 곡선의 길이는 일반화 하여 곡선의 길이를 구할 수는 없다. 매우 어려운 타원 적분을 하여야 한다. 우선 축소된 사이클로이드를 매개변수 방정식으로 나나타태어 보자.

$$\begin{cases} x = R\theta - r\sin\theta \\ y = R - r\cos\theta \end{cases}, \ (단, 0 < r < R)$$

위에서 보았던 곡선의 길이 공식에 대입하여 나타내고 정리를 하면 아래와 같이 나타낼 수 있다. $0 \leq \phi \leq \pi$ 이고, $0 \leq \theta \leq \phi$ 의 곡선 길이 s는

$$s = 2(R+r)E(u) \ (단, \text{sn}u = \sin\left(\frac{1}{2}\theta\right), k^2 = \frac{4Rr}{(R+r)^2})$$

이다. 그리고 $E(u)$는 타원 적분 2형(Elliptic Integral of the Second Kind)이며, sn$u$는 야코비안 타원 함수(Jacobi Elliptic Function)이다.

타원 적분 2형은 $0 < k^2 < 1$이고, $E(\phi, k) = \int_0^\phi \sqrt{1 - k^2\sin^2\theta}\, d\theta$이다.

특별한 경우로 $E(k) = E\left(\frac{\pi}{2}, k\right) = \frac{\pi}{2}\left\{1 - \sum_{n=1}^\infty \left[\frac{(2n-1)!!}{(2n)!!}\right]^2 \frac{k^{2n}}{2n-1}\right\}$

$$= \frac{\pi}{2}{}_2F_1\left(-\frac{1}{2}, \frac{1}{2}, 1; k^2\right)$$

단, ${}_2F_1(a, b, c; x)$는 쌍곡 기하 함수이다.

곡선 길이를 구하려면 $0 \leq \theta \leq \pi$의 곡선 길이에 2배를 하면 된다.

19
가계도 패러독스

여러분의 족보를 말하여 달라고 하면 여러분은 어떻게 하겠는가? 족보에서 유명한 사람을 이야기하려고 한다면 나는 당장 말리고 싶다. 수학에서는 이러한 것들이 중요하지 않다. 단지 우리는 과거의 우리의 조상들이 몇 명이었는지 알고 싶다.

과거에 조상이 몇 명 있었는지 단순하게 산술적 계산을 하기 위해서 평균 25년이 한 세대에 있다고 가정하자. 즉, 매 25년마다 조상은 두 배가 된다는 것이다. 우리는 단일 민족으로 단군 이래로 그 해수를 알고 있다. 현재 이 글을 작성하고 있는 시점이 2019년으로 단기 4352년이다.

단군 이래로 4325년 동안 나의 조상이 얼마나 있었는지 계산을 하여 보아라.

우리는 과거에 조상이 몇 명 있었는지 단순하게 산술적 계산을 하기 위해서 한 세대가 평균 25년이라고 가정 하였다. 즉, 매 25년마다 조상은 두 배가 되므로 우리가 태어나기 25년 전에, 우리의 어머니와 아버지 2명이 태어났다. 그리고 우리가 태어나기 50년 전에는 4명의 조부모(할아버지, 할머니, 외할아버지, 외할머니)가 태어났으며, 75년 전에는 8명의 고조부모(고조할아버지, 고조할머니, 외고조할아버지, 외고조할머니 등)가 태어났으며, 100년 전에는 $2^4 = 16$명의 조상들이 태어났다.

16이란 숫자가 의미하는 바는 100년 전에 조상의 수를 나타낸다. 여러분의 조부모, 부모, 나와 아내, 그리고 그 만큼 태어난 아기가 살아 있다면 그 숫자가 될 것이다. 이들이 모두 한 세대에 살고 있다고 가정한다면 말이다.

그러므로 우리가 태어나기 100년 전에 우리의 살아 계신 조상의 수는

$2^4 + 2^5 + 2^6 = = 16 + 32 + 64 = 112$(명)

이다. 그럼 200년 전에 살아 계신 조상의 수는 200년의 숫자는 25년이 4번이 지나야 하므로 첫 200년의 조상의 숫자는 $2^8 = 256$명이므로

$2^8 + 2^9 + 2^{10} = 256 + 512 + 1024 = 1792$(명)

이다. 200년 전이면 1829년 순조 19년 쯤 된다. 200년 전의 이때 쯤 나의 살아 계신 조상의 숫자는 1,792명이 된다.

현재 예수님이 태어나신 이후 2019년이 지났으므로 25년이 80번 지났고 81번째를 지나고 있다. 80번째로 계산을 하여 보자. 그러면 예수님이 태어나신 당시의 우리의 살아 계셨던 조상의 수는

$$2^{80} + 2^{81} + 2^{82} = 8,462,480,737,302,404,222,943,232(명)$$

이다. 단군 이래로 4325년이 지났으므로 25년이 173번이 지난해 수이다. 이 당시의 조상의 수는 단순 계산으로

$$2^{173} = 119,72,621,413,014,756,705,924,586,149,611,790,497,021,399,392,059,392$$

(명)이다. 이것을 어떻게 해석을 할 것인가? 지금 현 지구 전체의 인구보다 수 천배 아니 수 만 배의 인구 그 이상이다.

옛날 우리 조상들도 근친 결혼도 있었을 것이다. 삼국시대 뿐 아니라 고려 시대에도 있었다. 근친결혼이 금지를 하였던 때는 고려 문종 12년 때에 법으로 금지를 시켰다. 조선시대 초에도 근친혼이 남아있었다고 한다. 다시 말하면, 몇 세대 뒤로 돌아가면 조상의 수는 지나가는 세대마다 단순히 두 배인 것은 아니다. 일반적으로 한 사람에게는 8명의 증조부모가 있지만, 누군가 처음 사촌과 결혼하면 증조부의 숫자는 계통학적으로 말하면 2명이 중복되어 6명으로 줄어 든다. [그림 1]은 자녀의 부모가 장자이며 장자인 아이가 있는 경우에는 3명의 조부모로, 2명의 할머니, 1명의 할아버지가 있을 수 있다.

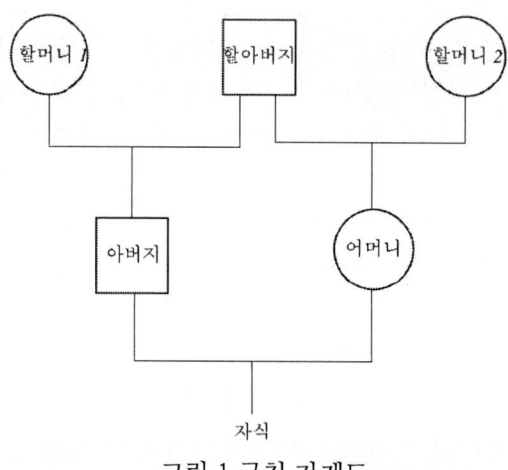

그림 1 근친 가계도

유전 학자들은 각 세대마다 조상의 수는 두 배로 늘어나지 않는다고 한다. 근친결혼이 갖는 혈통 붕괴는 사람들이 깨닫는 것보다 엄청 심각하다. 다시 말하면, 근친 결혼의 경우, 거기에서 낳은 자식은 장애아나 저능아 또는 몸이 허약한 자식일 확률이 높아진다. 예를 들어, A 유전자를 가진 사람과 B 유전자를 가진 사람이 있다면, 그 유전자들의 장단점을 받아 자손이 번창해 나가지만, A 유전자를 가진 두 사람이 결혼을 하게 된다면 장단점이 같아 기형아가 나올 가능성이 크다. 실제로 유럽 왕실에서 왕실의 핏줄을 지키기 위해 남매 끼리 근친결혼까지 하였다. 그래서 유럽의 왕족들 중에는 바보거나 머리가 둔한 왕족들이 많았다고 한다.

가계도 패러독스

실제로, 유전 학자들은 지구 상에서 모두 다를 사람의 수가 15번째 조상의 수보다 많지 않다고 추정한다. 그러나 가계도의 패러독스의 계산 결과는 우리가 믿는 것보다 더 명백한 사실이다. 4백 만년 전에 인간이 침팬지로부터 진화 되었다고 가정한다면 이것은 인간이 16000세대 밖에 되지 않는다.

2의 거듭 제곱에 대한 놀라운 현상들 중에서 이와 비슷한 현상이 연쇄 편지이다. 이러한 메일을 한 번쯤 받아본 적이 있을 수도 있다.

연쇄 편지

연쇄 편지는 몇 년 마다 다른 형태로 나타내는 오래된 유해 한 것중 하나이다. 간단한 사례를 생각하여 보자. 한 사람이 두 명의 친구에게 특정 편지를 보내고 각 친구는 편지를 복사하여 두 친구에게 보낸다. 이후로 동일하게 각각의 친구들도 편지를 복사하여 두 명의 친구들에게 보낸다. 그런 다음 각 단계 별 편지의 개수를 살펴보면, 1단계는 2개(= 2^1 개), 2단계는 4개(2^2 개), 3단계는 8개(2^3 개)이다. 글을 읽든 못 읽든 간에 세계의 20억 명의 여성, 남성, 어린이 모두에게 편지가 배달되려면 몇 단계를 거쳐야 하는가?

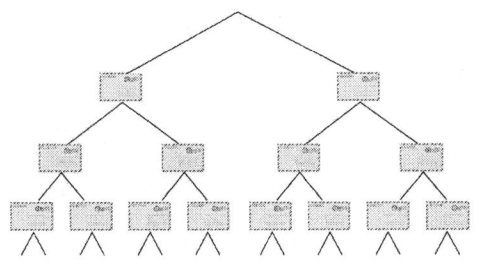

그림 2 연쇄 편지

그것은 30단계를 넘지 않는다는 것을 보여주는 것은 어렵지 않다! 30단계에 이르면 2^{30} = 1,073,741,824통의 편지가 배달된다.

2^{30}의 숫자를 검소하게 저축을 하는 예로 들어 보자. 첫째 날에는 1센트, 둘째 날에는 2센트(= 2^1센트), 셋째 날에는 4센트(= 2^2센트), 넷째 날에는 8센트(= 2^3센트)을 저축하고, 매일 전날에 저축한 돈의 2배를 저축을 하며, 한 달 31일 동안 저축을 하자. 여기서 각각 날은 2의 거듭 제곱의 수의 지수는 하루 수보다 1이 적다는 것을 알기 때문에, 그 달 31 일에 2^{30}센트으로 약 10억 센트 이상 저축을 하여야 한다. 즉, 천만 달러 이상이다. 저축한 총 금액은 약 2^{30}센트의 2배이다.

20
파론도 패러독스

당신은 지금 100만원을 가지고 있다. 그리고 이제 2가지 게임 중 하나를 골라서 진행한다. 첫번째 게임은 실행할 때마다 1만원을 잃는다. 두 번째 게임은 내가 가진 돈이 짝수일 경우 3만원을 얻고, 홀수일 경우 5만원을 잃는다. 만약 당신이 첫번째 게임만 하거나 두 번째 게임만 한다면 필연적으로 모든 돈을 잃게 된다. 따라서 각각의 게임은 반드시 패하는 전략(Losing game)에 해당한다. 하지만 두 번째 게임과 첫번째 게임을 번갈아가면서 진행한다면 2게임마다 2달러를 얻을 수 있다. 패하는 전략 2개를 결합했더니 승리하는 결과가 나왔다.

이러한 두 개의 패하는 전략을 번갈아가면서 하니 승리하는 결과를 얻을 수 있었다. 그 이유를 설명하여 보아라.

 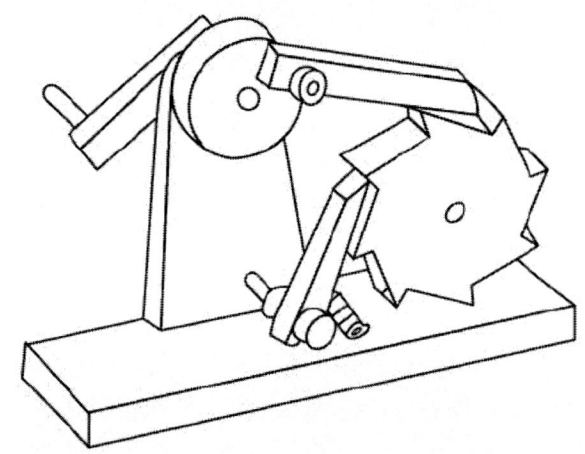

그림 1 리처드 암스트롱 책과 그 책 속에 있는 랫치 그림

리처드 암스트롱(Richard Armstrong)의 저서 《하나님은 주사위 놀이를 하지 않는다.》에 있는 랫치(Ratchet) 그림과 같은 시스템은 현재의 고급 수학과 물리학에 돌파구를 열은 파론도 패러독스를 기반으로 하고 있다.

1996년 한 학회에서 스페인의 물리학자 파론도(Juan M. R. Parrondo)는 두 개의 지는(losing) 게임을 결합하여 이기는(winning) 게임으로 만드는 문제를 소개하였다. 각각의 기대 상금이 음수인 두 개의 게임을 일정하게 주기적으로 반복하거나

파론도 패러독스

또는 임의적 (random)으로 게임을 선택하여 진행하면 그 기대 상금이 양수가 되는 역설적인 문제로서 이 후에 파론도 역설 (Parrondo's paradox)이라고 부르게 되었다. 이것은 물리학의 브라운 랫치(Brownian ratchet)운동을 설명하기 위해 도입된 것으로서 주로 물리학자들에 의해 연구가 진행되어 왔으나 현재는 물리학 뿐 아니라 게임이론, 금융학, 유전학 등에서도 연구되며 그 적용 사례가 점차 늘어나고 있다.

[그림 1]의 오른쪽을 보자. 이 장치는 한 방향으로 움직일 수는 있지만 다른 장치에서는 움직이지 못하게 하는 친숙한 톱니 모양 장치이다. 일반적인 목공 작업부터 자동 태엽 손목 시계에 이르기까지 많은 곳에서 사용된다. 파론도는 래칫의 기계적 움직임을 게임의 수학 이론으로 해석을 한 것이 이 파론도 패러독스이다.

파론도는 파론도 패러독스의 시나리오를 [그림 2]과 같은 전략을 세웠다. 이 게임은 두 개의 게임이 있으며 두 게임의 순서를 바꾸어도 된다. 게임 A와 게임 B 모두 게임을 하면 할 수록 꾸준히 손해를 보게 된다. 그러나 두 게임을 측정한 방식으로 교대(순서를 정해 놓고 하든 무작위 순서로 하든지 간에)로 하였을 때에는 매우 놀랍게도 승리하게 된다. 참으로 기이한 현상이 아닐 수 없다.

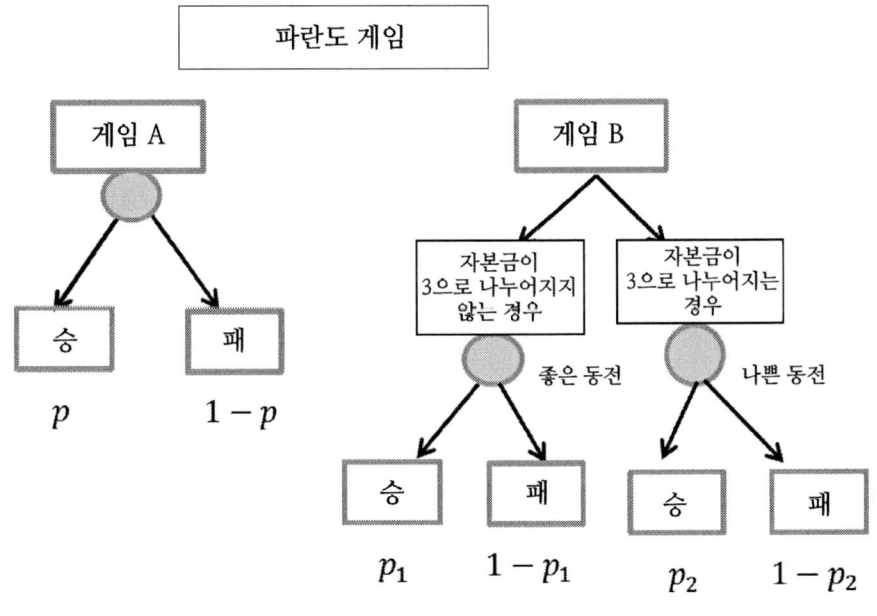

그림 2 파론도 게임 전략

게임 A

게임 A는 매우 간단하다. $\varepsilon = 0.005$이라고 하자. 이 게임은 한 개의 동전을 던질 때 마다 $p = \dfrac{1}{2} - \varepsilon = 0.0495$의 확률로 앞면이 나오는 동전 던지기 게임이다. 이러한 경우 동전 한 개를 던질 때 마다 뒷면이 나올 확률은 $1 - p = \dfrac{1}{2} + \varepsilon = 0.505$이다. 동전이 앞면이 나오면 1만원을 얻고 동전이 뒷면이 나오면 1만원을 잃는 게임 방식이다. 분명히 모든 플레이어는 많은 수의 게임 A를 하면 플레이어가 가지고 있는 자본을 모두 잃을 것이다.

게임 B

게임 B은 매우 복잡하다. 두 개의 동전, 즉 '좋은' 동전과 '나쁜' 동전을 사용한다. $\varepsilon = 0.005$이라고 하자. 이때, '좋은 동전'은 동전을 던질 때마다 앞면이 나올 확률이 $p_1 = \frac{3}{4} - \varepsilon = 0.745$, 뒷면이 나올확률은 $1 - p_1 = \frac{1}{4} + \varepsilon = 0.255$의 확률로 나오는 동전으로 앞면이 나올확률이 높게 나오게끔 되어 있어 플레이어에게 유리하게 설계되어 있는 동전이다. 두 번째 동전은 '나쁜 동전'이며 앞면이 나올 확률은 $p_2 = \frac{1}{10} - \varepsilon = 0.095$이고 뒷면이 나올 확률은 $1 - p_2 = \frac{9}{10} + \varepsilon = 0.905$이로 뒷면이 나올 확률이 커서 플레이어에게 불리한 동전이다. 두 동전의 선택은 플레이어의 자본금에 달려 있다. 현재 자본이 3의 배수이면 플레이어는 '나쁜 동전'을 던지고, 3의 배수가 아니면 플레이어는 '좋은 동전'을 던진다. 즉, 플레이어의 자금이 …, -9만원, -6만원, -3만원, 0원, 3만원, 6만원, 9만원, … 일 때 나쁜 동전을 사용하고 그 이외에는 좋은 동전을 사용한다. 자본이 음수라는 의미는 플레이어의 돈이 홀(게임을 하는 판)에 있음을 의미한다.

게임 B도 게임 A에서 처럼 플레이어는 동전이 앞면이 나오면 1만원을 얻고 뒷면이 나오면 1만원을 잃는 게임이다.

게임 B에 대해 직관적으로는 잘 와 닫지 않는다. 그래서 몇 번의 시뮬레이션을 하여 보도록 하자. 자금 0원으로 시작하자. 지금이 3으로 나누어 떨어지므로 플레이어는 나쁜 동전 던진다. 그 결과는 뒷면이 나올 가능성이 크다. 따라서 플레이어 자본은 -1만원으로 감소 할 가능성이 매우 크다. 플레이어가 이길 수는 있다. 그러면 자본이 +1만원으로 증가한다. 이제 플레이어 자금이 1만원 또는 -1만원이므로 좋은 동전을 던져야 한다. 그 결과 자본이 2만원 또는 0원이 될 가능성이 높다. 자본이 3의 배수 일 때를 살펴보자. 그러면 플레이어는 나쁜 동전을 던져서 손실을 입을 수 있다. 따라서 자본은 1만원씩 감소한다. 자본이 9만원이라고 가정하면 나쁜 동전을 뒤집을 때 자본이 8만원이 될 확률이 높다. 이 후 플레이어는 좋은 동전을 던져서 자본이 9만원이 될 가능성이 높다. 이 후에는 다시 8만원이 될 가능성이 크다. 결과적으로 9만원, 8만원, 9만원, 8만원, … 으로 진동을 하는 경향을 보이며, 또한 자금이 3의 배수인 다른 자금도 이와 비슷한 진동이 발생하는 경향을 갖는다.

그러나 게임 B를 분석하기 위해서는 동전이 좋은 동전인지 나쁜 동전인지 관계없이 동전의 던지는 횟수를 많이 하여야 한다. 게임 B를 1,000번의 동전 던지기 (좋은 동전 또는 나쁜 동전)를 위해 컴퓨터에서 시뮬레이션 된 경우, 동전의 앞면이 나오는

확률은 49.4 %이다. 이것이 말하는 것은 평균적으로 1만원을 얻을 수 있는 것 보다

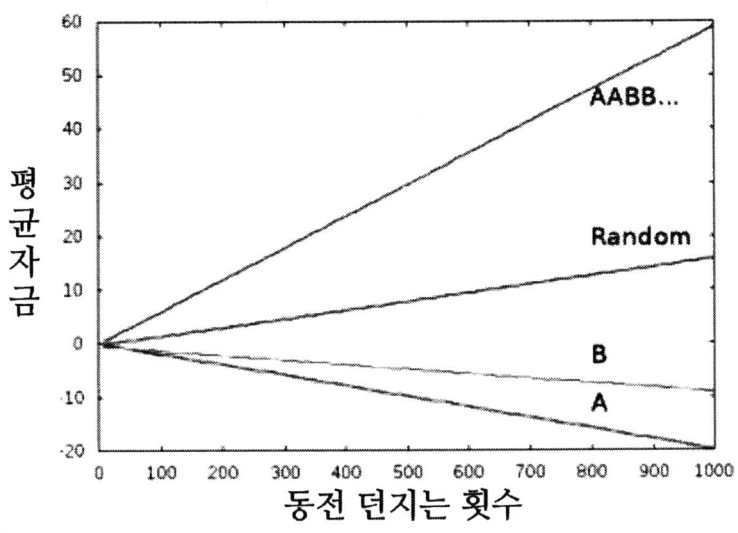

그림3. 파론도 패러독스 시뮬레이션

는 평균적으로 1만원을 잃을 확률이 높기 때문에 게임 B 또한 지는 게임이다.

우리는 게임 A와 게임 B가 모두 돈을 잃는 게임임을 알았다. 게임 B는 지는 게임으로 1회의 게임을 하면 플레이어는 1회 당 승리할 확률은 평균적으로 9.5 %이다. 그러나 이제는 어떤 순서로 주어지든 간에 게임 A와 게임 B를 원하는 대로 교차를 하여서(반복을 해도 된다.) 게임을 교대로 반복함으로써 플레이어가 게임 횟수가 충분히 크면 승리를 하게 된다. 예를 들어, 게임 A를 두 번하고 게임 B를 두 번하고 AABBAABB…의 순서로 게임을 번갈아 실행한다고 가정해 보자. [그림 3]은 이를 시뮬레이션을 한 것이다. [그림 3]에는 게임 A 만을 하였을 때와 게임 B 만을 하였을 때 또한 게임 A와 게임 B를 무작위로 뽑은 경우의 시뮬레이션를 나타낸 것이다.

우리는 게임 A를 두 번하여 자금이 3만원이 되었다고 하자. 그럼 다음은 게임 B를 하여야 한다. 3만원은 3의 배수이므로 나쁜 동전을 던져야 하므로 거의 지게 되어 2만원이 된다. 다시 게임 B를 해야 하는데 자금이 2만원이므로 좋은 동전을 던져야 한다. 좋은 동전은 이길 확률이 높으므로 다시 3만원이 된다. 이제는 다시 게임 A를 해야 한다. 물론 게임 A는 거의 50:50의 확률로 이길 수도 있고 질 수도 있지만 이기게 된다면 자금이 4만원이 된다. 이렇듯 게임을 하면 할 수록 게임 A를 하여서 자금이 늘어나는 기회를 얻게 되는 것이다. 이것이 게임을 번갈아 가면서 하면 승리하는 전략의 결과이다. 자금이 3의 배수 중 하나 일 때 게임 B에 의해서 자금이 감소하는 심각한 위기에 놓이지만 게임 A가 이를 회복시키는 기회를 갖게 된다. 게임 A는 이기는 게임이 아니지만 게임 B에서 자금이 3의 배수가 되어 자금이 감소할 확률보다는 높은 확률을 갖는 시행이다.

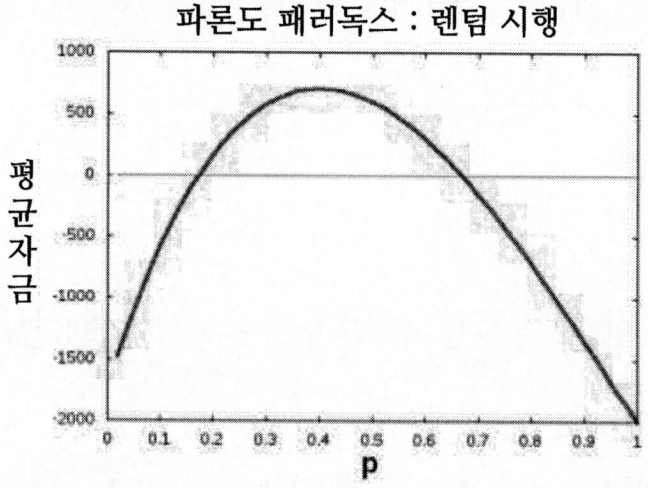

그림 4 무작위 시행 게임 A의 확률 변화에 따른 평균 자금

게임 A가 너무 많거나 적으면 게임 B에서 좋은 동전을 발동하는 횟수가 점점 줄어들게 된다. 게임 A는 게임 B가 단독으로 할 수 없는 3의 배수로 또는 배수로 자본의 가치를 변경한다. 게임 B의 메커니즘은 자본을 3의 배수로 변경한다. 게임 B가 플레이 될 때 나쁜 코인이 더 자주 플레이 된다. [그림 4]에서 처럼 수치적 계산에 의해서 나타난다.

파론도 패러독스로 보면 질병을 퇴치하는데 별로 효과가 없는 두 가지 약물이 교대로 처방할 때 효과가 있는 것과 같은 현상이 의학에서 나타날 수도 있다. 싸우는 질병에 때때로 처방 되는 약 중에서 소위 '마약의 칵테일'은 파란도 패러독스의 게임처럼 어느 정도 범주 안에서 좋은 효과를 볼 수 있다.

21
제노 패러독스

엘리아의 그리스 철학자 제노가 아래와 같이 주장하였다.

"아킬레스와 거북이는 100m 이상의 거리를 달리는 경주를 하려고 한다. 아킬레스는 거북이보다 10배 빨리 달리고, 거북이는 아킬레스 보다 10m 앞에서 출발한다."

아킬레스가 10m를 달려가면 거북이는 1m를 가고, 거북이를 따라잡기 위해 아킬레스가 1m를 가면 그동안 거북이는 0.1m를 나아간다. 아킬레스가 거북이를 따라잡기 위해 달린다 하여도 그 시간 동안 거북이는 움직이므로 아킬레스는 영원히 거북이를 따라잡을 수 없다.

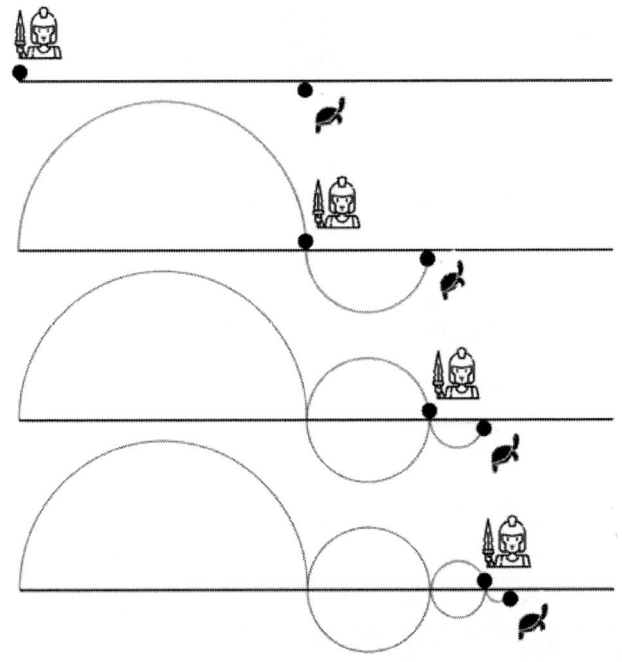

위의 주장의 타당한 논리로 설명하여 보아라. 또한 위 주장에 대한 여러분의 생각을 설명하여 보아라.

수학 속 패러독스

엘리아(Elea)의 그리스 철학자 제노(B.C. 450년 경)가 제기한 시간과 관련된 역설은 가장 오래된 역설중 하나일 것이다. 이 역설이 바로 '아킬레스(Achilles)[24]와 거북이 역설'이다. 이 역설은 또한 '제노의 역설'이라고도 불리운다.

제노는 "움직이는 모든 것은 느리게 움직이는 어떤 것도 결코 따라 잡을 수 없다."고 주장하였다.

제노

역설은 아킬레스와 매우 똑똑한 거북이 사이의 대화 형식이다. 이 때는 교재 자체가 대화 형식으로 되어 있었다. 거북이가 아킬레스에게 도전장을 내밀었다. 거북이는 "달리기 경주에서 자신이 아킬레스 보다 약간 앞서서 출발을 하게 하여 준다면 이 경기를 이길수 있다."라고 주장하였다.

아킬레스는 물론 그리스의 위대한 장수였기 때문에 이러한 거북이의 생각에 크게 웃었고, 거북이와의 경주는 의미가 없다고 하였다. 아킬레스는 거북이가 "단 10미터 앞에서 경주를 하면 됩니다."라고 한 말에 더욱 놀랐다. 거북이는 아킬레스에게 다시 충격적인 말을 하였다. 경주에서 이길 수 있는 것을 증명할 수 있기 때문에 경주할 필요가 없다는 거북이의 말에 아킬레스는 더욱더 놀라워 했다. 아킬레스는 거북이의 허풍에서 즐거워 하였고 거북이에게 이길 수 있는 주장을 증명하여 보라고 하였다. 거북이는 아래와 같이 주장을 펼쳤다.

"제가 당신(아킬레스)보다 10m 앞에서 출발을 한다면 당신이 처음으로 10m를 달릴 때까지 저(거북이)는 1m를 나아갈 것이고, 아직 까지는 당신이 제 뒤에 있습니다. 또 당신이 1m를 달리면 저는 0.1m를 나아갈 것이고, 당신은 아직도 제 뒤에 있습니다. 다시 당신이 0.1m를 달려가면 저는 0.01m를 나아갈 것이다. 여전히 당신은 제 뒤에 있습니다."

---

[24] 아킬레스는 호머의 일리야드의 그리스 영웅이다.

제노 패러독스

"그리고 얼마의 시간이 나와 아킬레스 당신과의 거리를 만들게 될까요?"라고 거북이가 아킬레스에게 물었다. 아킬레스는 매우 짧은 시간이라고 자랑스러워 하면서 대답을 하였다. 그러나 거북이는 "아킬레스 당신이 그 작은 거리를 달렸을 때, 나는 조금 더 멀어 졌을 것이므로, 아킬레스 당신은 여전히 뒤에 있을 것이고 또 다시 제가 간 거리 만큼 달려야 한다."고 하였다.

"어, 머라고!" 아킬레스는 어리둥절 하였다. 거북이는 아킬레스가 자신이 간 거리만큼 달렸지만 자신은 다시 약간 멀어 졌다고 말했다. 따라서 아킬레스가 거북이가 간 거리 만큼 달릴 때 마다 거북이가 조금 더 멀리 앞으로 움직일 것이다. 그로 인해 아킬레스는 거북이를 따라 잡지 못할 것이다.

아킬레스는 이러한 거북이의 경주에 대한 논리에 동의를 하였다.

해석학적 설명

머 여기까지는 책 속에서 내려오는 이야기일 뿐이다. 실제로 이러한 일은 일어나지 않는다. 구체적으로 예를 들어보자.

경주가 $100m$ 이상 거리를 다려야 하고, 계산을 단순하게 하기 위해 각 아킬레스와 거북이는 일정한 속도(등속도)로 달린다고 가정하자. 거북이는 초 당 $1m$ 움직인다고 하자. 엄청나게 빠른 거북이이다. 이러한 거북이는 없지만 말이다. 아킬레스는 거북이보다 10배 빠르므로 초 당 $10m$ 씩 나아간다. 그리고 거북이는 아킬레스보다 $10m$ 앞에서 출발한다고 하자.

거북이가 $10m$ 앞서서 달린다고 하였다. 이 거리는 아킬레스는 단 1초 만에 달리는 거리이다. 아킬레스가 $10m$를 지점까지 오면 거북이는 $0.1m$ 더 멀리 달릴 것이다. 그러면 아킬레스는 $0.1m$를 달리는데 0.1초가 걸린다. 두 번째 지점 $1.1m$까지 아킬레스가 오면 다시 거북이는 $0.01m$ 앞서 있다. 다시 $1.11m$ 지점까지 아킬레스가 오면 $0.01m$를 달리는데 0.01초가 걸리고 거북이는 $0.001m$만큼 앞서 있다.

따라서, 아킬레스는 거북이가 이동한 거리만큼 어딘가에 도착할 때마다, 거북이는 여전히 더 멀리 나아가 있다. 아킬레스는 거북이를 따라 잡기 전에 무한히 많은 지점에 도달해야 한다. 그래서 아리스토텔레스가 말하였듯 그는 결코 거북이를 따라 잡을 수 없다!라고 할 수는 있으나 그렇지 않다.

아킬레스가 거북이를 따라 잡을 수 있는 총 거리는

$$10 + 1 + 0.1 + 0.01 + 0.001 + \cdots (m)$$

이고, 시간은

$$1 + 0.1 + 0.01 + 0.001 + \cdots (초)$$

수학 속 패러독스

이다. 산술적으로 이 두 무한급수는 모두 무한히 많은 숫자의 합으로 되어 있다. 그러나 무한 개를 더한다고 전체가 무한하다는 것을 의미할까? 사실은 그럴 수도 있고 아닐 수도 있다. 그러나 이 경우의 무한급수의 합은 유한한 값이다. 거리는

$$10 + 1 + 0.1 + 0.01 + 0.001 + \cdots = 11.1111\cdots (m)$$

로 나타낼 수 있고 $\frac{1}{9} = 0.111\cdots$ 이므로

$$11.111\cdots = 11 + \frac{1}{9} = \frac{100}{9}(m)$$

이고, 시간은

$$1 + 0.1 + 0.01 + 0.001 + \cdots = 1.1111\cdots = 1 + \frac{1}{9} = \frac{10}{9}(\bar{x})$$

이다.

제노의 역설의 결함은 무한 급수의 합이 '유한 할 수 없다.'는 무언의 가정을 하지 않은 것이다. 이러한 것은 뉴턴과 라이프니츠가 17세기 후반에 미적분학을 발명하기 전까지는 상황이 분명하지 않았다.

그러나 우리는 현대 수학으로 이것을 다시 표현을 하고 고등학교 무한급수의 공식을 사용하여 계산을 하여 보자.

거리의 무한급수 $10 + 1 + 0.1 + 0.01 + 0.001 + \cdots$ 은 첫째 항이 10이고 공비가 $\frac{1}{10}$ 인 무한등비급수이다. 따라서

$$10 + 1 + 0.1 + 0.01 + 0.001 + \cdots = 10 + 1 + \frac{1}{10} + \frac{1}{10^2} + \cdots$$

$$= \sum_{n=1}^{\infty} 10\left(\frac{1}{10}\right)^{n-1} = \frac{10}{1 - \frac{1}{10}} = \frac{100}{9}\ (m)$$

이다.

시간의 무한급수는 $1 + 0.1 + 0.01 + 0.001 + \cdots$ 은 첫째 항이 1이고 $\frac{1}{10}$ 인 무한등비급수이다. 따라서

$$1 + 0.1 + 0.01 + 0.001 + \cdots = 1 + \frac{1}{10} + \frac{1}{10^2} + \cdots$$

$$= \sum_{n=1}^{\infty} 1\left(\frac{1}{10}\right)^{n-1} = \frac{1}{1 - \frac{1}{10}} = \frac{10}{9}(\bar{x})$$

이다.

무한급수의 합이 유한인 것을 시각적으로 확인을 할 수도 있다. 아래의 식을 그림처럼 나낼 수 있다. 즉 유한한 값으로 수렴한다.

$$\sum_{n=1}^{\infty} \left(\frac{1}{2}\right)^n = 1$$

이것이 의미하는 것을 시각화 하려면 보통의 눈금자를 가져 와서 $1m$ 길이의 선을 그린 다음 절반을 움직여 $0.5m$ 지점을 표시하여라. 그 거리의 절반을 움직여서 다시 표시하여라. 얼마나 많이 할찌라도 - 영원히 그것을 할 수 있다고하더라도! - 결코 $1m$를 지나칠 수 없을 것이다. 수학 용어에서 1는 이 무한급수의 합에 대한 상한이며 각 수열이 양수이고 0으로 가까이 감소하고 있어서 이 무한급수의 합은 유한한 값을 갖는다.

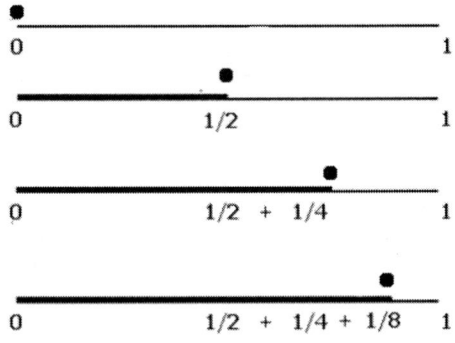

물론 아래 처럼 넓이의 형태로도 나타낼 수도 있다.

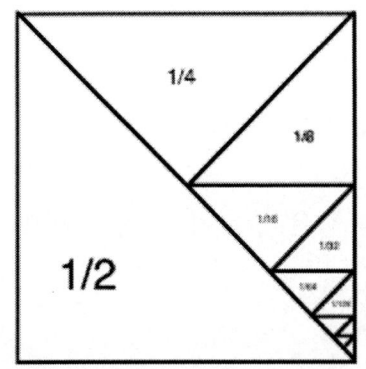
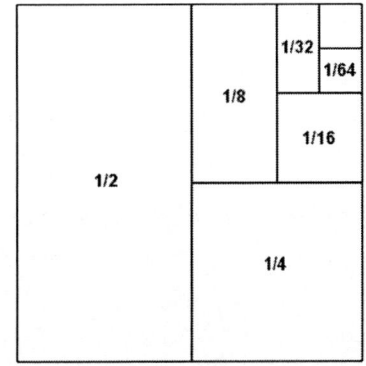

물리적인 현상으로도 나타낼 수 있다. 아래 그림과 같이 무한 개의 거울 사이에서 반사되는 빛의 광선을 생각해 보아라.

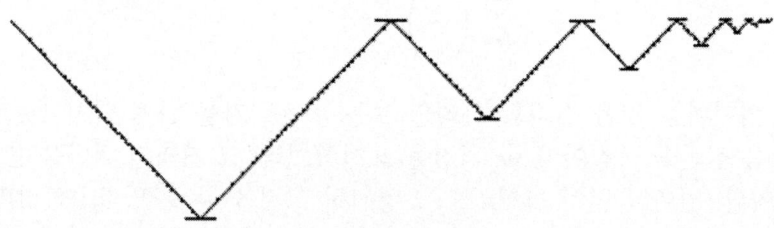

마찬가지로 아래 그림과 같이 나선형으로 빛의 광선을 향하게 하여 "제노의 미로(Zeno 's maze)"를 만들 수 있다.

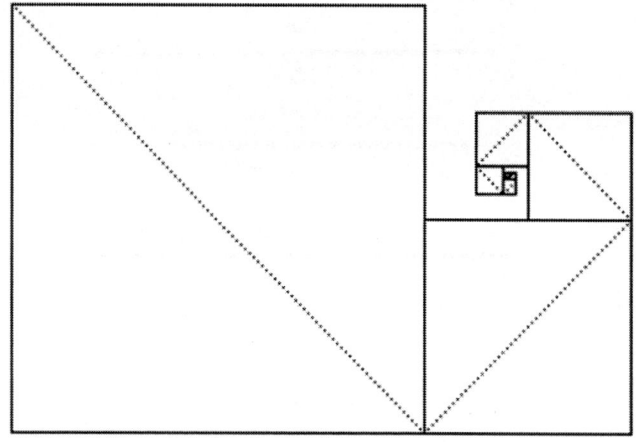

좌표평면의 식으로 나타내어 이를 다시 계산을 하여보도록 하자.

아킬레스의 속도를 v라고 하고 거북이의 속도를 $\lambda v (0 < \lambda < 1)$이라고 하고 거북이가 아킬레스는 원점에서 출발을 하고 아킬레스 보다 a 만큼 더 앞서서 달린다고 하자.

그러면 아킬레스가 시간 t에 대한 거리의 식은 $f(t)$, 거북이의 거리의 식은 $g(t)$라고 하면 아래와 같이 나타낼 수 있다.

$$\begin{cases} f(t) = vt \\ g(t) = a + \lambda v \end{cases} \tag{1}$$

아킬레스와 거북이가 만나는 시간을 t_C라고 하면 $f(t_C) = g(t_C)$이다. 이를 식 (1)에 적용하여 풀자.

$$vt_C = a + \lambda v t_C$$
$$t_C = \frac{a}{(1-\lambda)v}$$

아킬레스가 거북이가 나아간 거리 만큼 달린 시간을 t_k 이라고 하자. (단, $k = 0, 1, 2, 3, \cdots$) 그러면

$$\begin{cases} t_0 = 0 \\ vt_{k+1} = a + \lambda v t_k \end{cases}$$

를 만족한다. 점화식 $vt_{k+1} = a + \lambda v t_k$ 를 풀어보자.

$$vt_{k+1} = a + \lambda v t_k$$
$$t_{k+1} = \lambda t_k + \frac{a}{v}$$

이다. $t_{k+1} + A = (\lambda + A)t_k$ 인 A 를 구하면 $A = -\dfrac{a}{v(1-\lambda)}$ 이다. 이를 식에 대입하자.

$$t_{k+1} - \frac{a}{v(1-\lambda)} = \lambda \left(t_k - \frac{a}{v(1-\lambda)} \right)$$

$$t_k - \frac{a}{v(1-\lambda)} = \left(t_1 - \frac{a}{v(1-\lambda)} \right) \lambda^{k-1}$$

$t_1 = \dfrac{a}{v}$ 이므로 이를 다시 정리하자.

$$t_k = \frac{a(1-\lambda^k)}{v(1-\lambda)}$$

이다. 따라서 k 를 무한으로 보내자.

$$t_k = \frac{a(1-\lambda^k)}{v(1-\lambda)} \xrightarrow{\infty} \frac{a}{v(1-\lambda)}$$

따라서 위에서 구한 아킬레스와 거북이가 만나는 시간과 같다.

여기에 $v = 10$, $\lambda = \dfrac{1}{10}$, $a = 10$ 이라고 놓으면 처음 제시하였던 제노 패러독스의 초기값과 같다. 이를 그래프로 나타내면 아래와 같다.

수학 속 패러독스

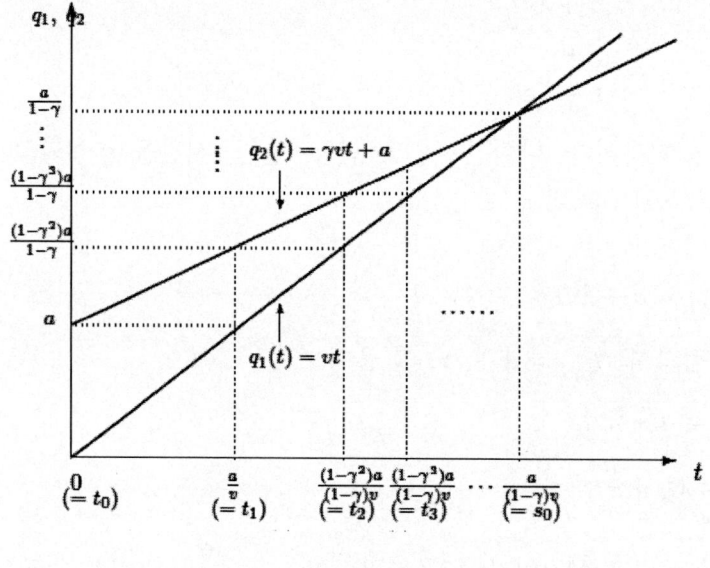

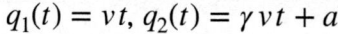

$$q_1(t) = vt,\ q_2(t) = \gamma vt + a$$

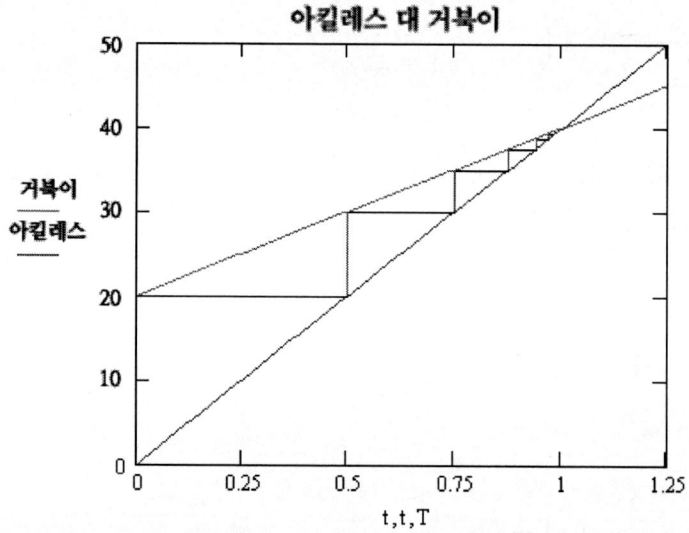

제노 패러독스

화살 패러독스

시간은 최소의 단위인 '순간'으로 구성되어 있다. 쏘아진 화살은 움직이던가 아니면 멈추어 있던가 둘 중 하나이다. 화살이 날아가고 있다고 가정할 때 시간이 지남에 따라 화살은 어느 점을 지날 것이다. 한 순간 동안이라면 화살은 어떤 한 점에 머물러 있을 것이고, 그 다음 순간에도 화살은 어느 점에 머물러 있을 것이다.(화살은 어느 순간의 시작 점인 동시에 어느 순간의 끝 점의 위치에 놓여져야 한다.) 화살은 항상 머물러 있으므로('순간'을 분할할 수 있다는 얘기가 돼 모순이 되므로) 사실은 움직이지 않는다.

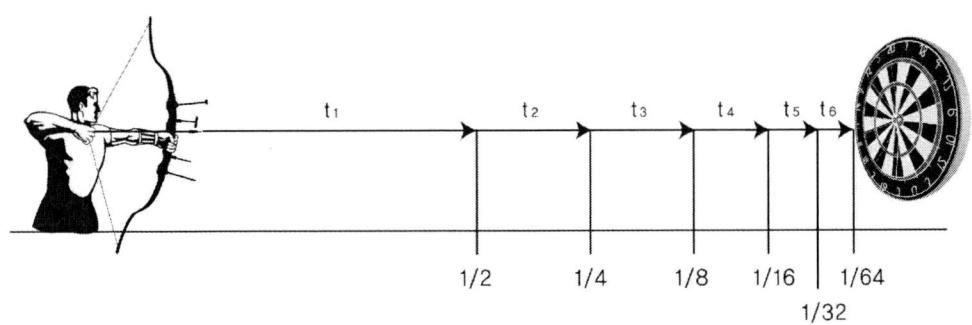

경기장 패러독스

린들러(Rindler)는 아인슈타인 상대성 이론(Einsteinian relativity)에 따라 각 관찰자가 다른 시계가 느리게 움직이는 것으로 간주하는 역설적인 결과를 설명하기 위해 각 시계에 표시해야 하는 값으로 설명하였다.

경기장에 세 열이 있다. A 열은 멈춰있고 B 열은 단위 시간 당 1의 속도로 위쪽에서 오른쪽으로, C 열은 단위 시간 당 1의 속도로 오른쪽에서 왼쪽으로 움직이고 있

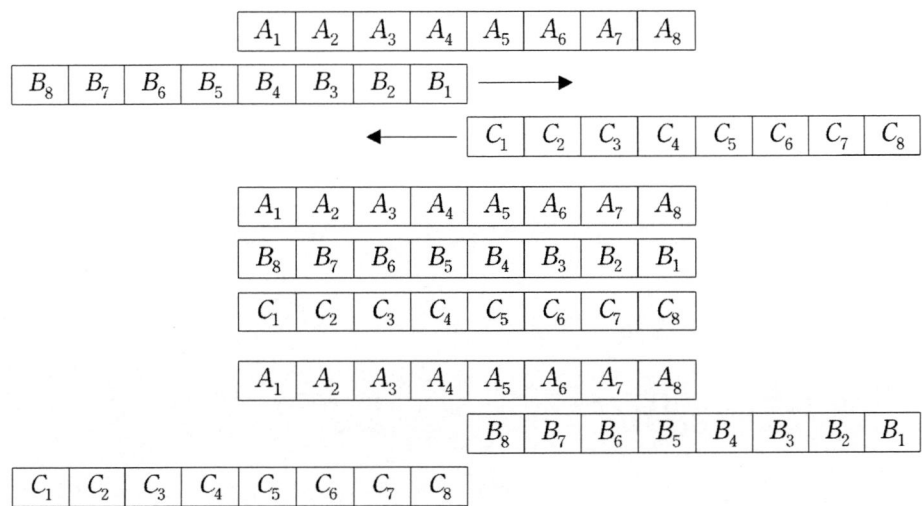

다. A, B, C 세 열의 시간에 따르는 열의 구성을 살펴보자. 이때 B 열의 구성원들은 A 열의 구성원들과 단위 시간 당 한 명 씩 만난나지만 C 열의 구성원들과는 두 명 씩 통과하여 만나게 된다. B와 C 열이 A열 위치에 도달 하는데 같은 시간이 걸리므로 B와 C 열이 만나는 단위 시간의 절반은 A 열과의 시간에 대한 단위 시간의 두 배와 같다.

결론적으로 제노는 물체의 운동을 설명하면서 물체가 이동한 거리 만을 고려하여 물체가 이동하는 데 걸린 시간은 고려하지 않았다. 실제 물체의 이동은 움직이는 데 걸린 시간으로 움직인 거리를 나누어서 속도를 구하여 비교해야 한다.

22
네 마리 아기 곰 패러독스

막 결혼한 한 쌍의 부부 곰이 몇 명의 자녀를 키울지에 대해 이야기를 하고 있다. 둘은 4명의 아기 곰을 가지기로 결심을 하였다. 아빠 곰은 "2명의 남자 곰과 2명의 여자 곰이면 매우 행복한 가정이 될 것 같아."라고 말하였다. 그러나 엄마 곰은 이에 동의를 하지 않았다. 엄마 곰은 "그것은 매우 어려워. 3명의 여자 곰, 1명의 남자 곰 또는 3명의 남자 곰, 1명의 여자 곰이 더 현실적이야!"라고 말하였다.

여러분의 생각은 어떠한가? 누구의 말이 더 옳은 것이라 생각되는가?

사람들은 일반적으로 3명의 여자 곰, 1명의 남자 곰 또는 3명의 남자 곰, 1명의 여자 곰 보다 여자 곰, 남자 곰 각각 2명이 더 가능성이 더 높다고 생각을 한다. 그러나 엄마 곰은 곰 대학교에서 확률과 통계 강좌 수강을 하였었고 확률을 바탕으로 3명의 여자 곰, 1명의 남자 곰 또는 3명의 남자 곰, 1명의 여자 곰이 나올 확률이 더 높다는 사실에서 이러한 결론 내렸다.

이러한 결론을 내린 이유를 살펴보기로 하자.

확률에서 어떤 일이 일어날 확률은 실제로 일어나고 있는 일의 횟수를 일어나는 일의 총 수로 나눈 값으로 나눔으로써 알 수 있다. 예를 들어 동전 던지기를 한다고 하면 동전을 한번 던지기를 하여 앞면이 나올 확률은 두 가지의 전체 결과인 {H(앞면), T(뒷면)} 중에서 우리가 원하는 앞면이 있기 때문에 앞면이 나올 확률은 $\frac{1}{2}$이다.

이제 4 마리의 아기 곰을 가질 수 있는 모든 방법의 수를 구하여 보자. [표 1]에 정리를 하여 놓았다. 4 마리의 곰(GGGG)에서 4 마리의 곰 (BBBB)까지 4 마리의 아기 곰을 가질 수 있는 16가지 가능한 모든 방법을 나열하였다.

연번 3의 조합 GGBG는 첫 번째 아기 곰은 여자이고, 두 번째는 남자이고, 세 번째와 네 번째는 여자라는 것을 의미한다. 오른쪽에서 왼쪽으로 읽으면 된다.

위의 [표 1]에 의해서 2마리의 남자 곰과 2마리의 여자 곰의 경우는 5, 6, 7, 10, 11, 12의 경우로 $\frac{6}{16} = 0.375(37.5\%)$이고, 3마리의 여자 곰, 1마리의 남자 곰 또는 3마리의 남자 곰, 1마리 여자 곰인 경우는 2, 3, 4, 8, 9, 13, 14, 15의 경우로

$\frac{8}{16}$ = 0.5(50%)이다. 그리고 모두 4마리 모두 여자 곰이거나 남자 곰일 경우는 1, 16의 경우로 $\frac{2}{16}$ = 0.125(12.5%)이다.

만약 당신이 틀렸다고 생각하였다면, 3명의 같은 성과 1명의 다른 성 중에서 3명의 남자와 1명의 여자, 그리고 3명의 여자와 1명의 남자가 있는 두 가지 방법이 있다는 사실을 고려하지 않았을 가능성이 가장 크다.

표 1 네 마리 곰의 성별에 따른 가능한 모든 경우(16가지)

연번	네 마리 곰의 성별	연번	네 마리 곰의 성별
1	GGGG	9	BGGG
2	GGGB	10	BGGB
3	GGBG	11	BGBG
4	GBGG	12	BBGG
5	GGBB	13	BGBB
6	GBGB	14	BBGB
7	GBBG	15	BBBG
8	GBBB	16	BBBB

23
베두인 유서 패러독스

늙은 베두인(Bedouin)은 17마리의 낙타를 그의 세 아들에게 남기고 죽었다. 그는 전체 낙타의 $\frac{1}{2}$은 첫째 아들에게, $\frac{1}{3}$을 둘째 아들에게, $\frac{1}{9}$을 그의 막내아들에게 주라는 유서를 남겼다. 그의 아들들은 낙타를 자르거나, 팔아서 돈으로 나누는 것을 원치 않았다. 그러나 세 아들들은 이 방법 외에는 아무런 방법도 생각나지 않았다. 그래서 그들은 조언을 얻기 위해서 부족 장로에게 갔다.

장로는 잠시 동안 생각하더니 다음과 같이 말했다. "나에게는 낙타 한 마리가 있네. 나는 내 낙타와 당신들의 낙타 17마리를 합쳐 낙타 18마리를 만들 것이네. 이들로 나눠봄세. 첫째 아들은 전체 낙타의 $\frac{1}{2}$인 $18 \times \frac{1}{2} = 9$마리를 가져가고, 둘째 아들은 전체 낙타의 $\frac{1}{3}$인 $18 \times \frac{1}{3} = 6$마리를, 막내아들은 전체 낙타의 $\frac{1}{9}$인 $18 \times \frac{1}{9} = 2$마리를 가져가게. 그러면 자네들이 가져갈 낙타가 총 17마리이기 때문에, 한 마리의 낙타가 남네. 내 낙타를 되돌려 받도록 하지!"

세 아들들이 그리고 분명 당신도 불가능 하다고 생각한 문제를 부족 장로는 어떻게 해결하였을까? 이를 설명하여 보아라.

사실 부족 장로는 정확하게 유서에 적힌 대로 유산을 분배하지 않았다. 장남이 9마리의 낙타를 갖는 것은 17마리 낙타의 $\frac{1}{2}$이 아닌 것처럼 $\left(\frac{9}{17} \neq \frac{1}{2}\right)$, 둘째 아들의 낙타 6마리는 17마리 낙타의 $\frac{1}{3}$이 아니고 $\left(\frac{6}{17} \neq \frac{1}{3}\right)$, 막내아들의 낙타 2마리도 17마리 낙타의 $\frac{1}{9}$을 가졌다고 볼 수 없다 $\left(\frac{2}{17} \neq \frac{1}{9}\right)$. 사실상 그들 각각은 그들의 아버지가 정한 것보다 더 많은 낙타를 가질 수 있었다.

유서에는 두 가지 문제점이 있다. 첫 번째는 살아있는 낙타를 부분으로 나눌 수 없다는 것이고, 두 번째는 $\frac{1}{2} + \frac{1}{3} + \frac{1}{9} = \frac{17}{18}$이기 때문에 유서에 나타난 분수의 합이 1이 되지 않는다는 것이다.

유서에서는 17마리의 낙타 중 $\frac{17}{18}$만을 논의하고 있기 때문에 17마리의 낙타 중 $\frac{1}{18}$은 어떤 아들에게도 나누어줄 수 없다. 부족 장로가 제시한 해결책은 바로 이를 활용한 것이다.

부족 장로의 해결책

부족 장로가 제안한 해결책은 $9:6:2 = \frac{1}{2} : \frac{1}{3} : \frac{1}{9}$이므로 낙타를 올바른 비율로 분배하는 것이고, 이것이 바로 늙은 베두인이 의도했던 분배였다. 이산적인 17마리의 낙타에 대한 상속을 연속적인 수 $17^{25}(kg)$의 낙타 모(털)를 나누는 것으로 대신해 생각을 하면 정수만 가지고 해결해야 한다는 문제를 없앨 수 있다. 이 문제를 통해서 우리들은 아들들에게 아버지의 유산에서 오직 $\frac{17}{18}$만 상속된다는 사실을 알 수 있다.

베두인 유서 일반화

5마리의 낙타를 두 명의 아들이 각각 $\frac{1}{2}$와 $\frac{1}{3}$으로 분배한다는 문제로 간단하게 바꿀 수 있다. 이 문제는 유서의 모순이 더 명확하게 드러난다. 확실히 $\frac{1}{2} + \frac{1}{3}$은 전체 1은 아니다 $\left(\frac{1}{2} + \frac{1}{3} = \frac{5}{6} < 1\right)$. 이 문제는 한 마리의 낙타를 더해 6을 만드는 것으로 문제를 해결할 수 있다. 두 아들은 각각 3마리, 2마리를 받을 수 있으며 남은 한 마리의 낙타는 원래 주인에게 돌려주면 된다.

13마리의 낙타를 세 명의 아들들이 각각 장남은 $\frac{1}{2}$, 둘째는 $\frac{1}{3}$, 막내는 $\frac{1}{4}$을 상속받는다고 하자. 앞에 제시된 문제들을 해결했다면 같은 방법으로 $\frac{1}{2} + \frac{1}{3} + \frac{1}{4} = \frac{13}{12} > 1$이라는 사실을 계산을 통해서 쉽게 알 수 있다.

위의 상속 문제는 한 마리의 낙타를 제외한 12마리를 분배하는 것으로 해결할 수 있다. 장남은 6마리, 둘째는 4마리를 받게 되고 막내는 3마리를 받아야 하지만 모자란 낙타의 수는 1마리이다. 이때 제외되었던 낙타를 막내에게 주는 것으로 이 문제를 해결할 수 있다. 비록 각 아들은 전체 낙타보다 적은 낙타를 가지게 되었지만 이들

---

25 연속적인 수 17은 닫힌구간 [0, 17]을 의미한다.

의 상속은 정확한 비율로 나누어 졌는데 그 이유는 $6 : 4 : 3 = \dfrac{1}{2} : \dfrac{1}{3} : \dfrac{1}{4}$이기 때문이다.

베두인 유서와 비슷하게 문제를 만들려면 $\dfrac{1}{2} + \dfrac{1}{4} + \dfrac{1}{6} = \dfrac{11}{12}$이기 때문에 베두인 유서와 비슷하게 11마리의 낙타를 각 분수로 나누는 것으로 만들 수 있다.

3개의 다른 분수의 합이 분자가 분모 보다 1이 작은 수가 되도록 하는 분수를 찾아 보도록 하자. 대수학적으로는

$$\dfrac{1}{a} + \dfrac{1}{b} + \dfrac{1}{c} = \dfrac{d-1}{d} \text{ 또는 } \dfrac{1}{a} + \dfrac{1}{b} + \dfrac{1}{c} + \dfrac{1}{d} = 1$$

인 4개의 양수 a, b, c, d를 찾아야 한다. 여기서는 낙타의 수는 $d - 1$ 마리이다. 4개의 양수 a, b, c, d의 각각의 역수가 1보다 작기 위해서는 모두 1보다 커야 한다.

$1 \leq a \leq b \leq c \leq d$ 라고 가정하자. 가장 간단한 해는 $a = b = c = d = 4$이다. $\dfrac{1}{a}$가 가장 큰 역수이기 때문에 $\dfrac{1}{a} \geq \dfrac{1}{4}$이면 세 수의 합은 1보다 작은 수가 된다. 그렇기 때문에 $1 < a \leq 4$이어야 한다. 따라서 $a = 4, 3, 2$이다.

1) $a = 4$ 인 경우

$\dfrac{1}{b} + \dfrac{1}{c} + \dfrac{1}{d} = \dfrac{3}{4}$이고, $4 \leq b \leq c \leq d$ 이고, 위에서와 같은 논리로 추론을 하면 $b = c = d = 4$이다. 즉, $\dfrac{1}{4} + \dfrac{1}{4} + \dfrac{1}{4} = \dfrac{3}{4} = 1 - \dfrac{1}{4} = \dfrac{4-1}{4}$이어서 낙타 3마리를 3명에게 각각 $\dfrac{1}{4}$씩 나누어주는 경우로 생각할 수 있다.

2) $a = 3$인 경우

$\dfrac{1}{b} + \dfrac{1}{c} + \dfrac{1}{d} = \dfrac{2}{3}$이고, $3 \leq b \leq c \leq d$ 이고, 위에서와 같은 논리로 추론을 하면 $b = 3$ 또는 $b = 4$이다.

① $b = 3$ 이면 $c = 4, 5, 6$이다.

- $c = 4$이면 $\dfrac{1}{3} + \dfrac{1}{4} + \dfrac{1}{d} = \dfrac{2}{3}$이어서, $\dfrac{1}{d} = \dfrac{1}{12}$이다.

이 경우 $\dfrac{1}{3} + \dfrac{1}{3} + \dfrac{1}{4} = \dfrac{11}{12} = 1 - \dfrac{1}{12}$이어서 11마리의 낙타를 3명에게 각각 $\dfrac{1}{3}$, $\dfrac{1}{3}$, $\dfrac{1}{4}$씩 나누어 주는 경우이다.

- $c = 5$ 이면 $d = \dfrac{2}{15}$ 이므로 분자가 1인 분수가 아니다. 따라서 이런 해는 없다.

- $c = 6$ 이면 $\dfrac{1}{d} = \dfrac{1}{6}$ 이다. 즉, $\dfrac{1}{3} + \dfrac{1}{3} + \dfrac{1}{6} = \dfrac{5}{6} = 1 - \dfrac{1}{6}$ 으로 5마리 낙타를 3명에게 각각 $\dfrac{1}{3}, \dfrac{1}{3}, \dfrac{1}{6}$ 씩 나누어 주는 경우이다.

② $b = 4$ 이면 $\dfrac{1}{c} + \dfrac{1}{d} = \dfrac{5}{12}$ 이므로 $c = 4$ 이다. 따라서 $\dfrac{1}{d} = \dfrac{1}{6}$ 이다.

이 경우는 $\dfrac{1}{3} + \dfrac{1}{4} + \dfrac{1}{4} = 1 - \dfrac{1}{6}$ 이지만 5마리 낙타를 3명에게 각각 $\dfrac{1}{3}, \dfrac{1}{4}, \dfrac{1}{4}$ 로 나누어 줄수는 없다.

3) $a = 2$ 인 경우

$\dfrac{1}{b} + \dfrac{1}{c} + \dfrac{1}{d} = \dfrac{1}{2}$ 이므로 $2 \leq b \leq 6$ 이다. 따라서 $b = 2, 3, 4, 5, 6$ 이다.

① $b = 2$ 일 때는 $\dfrac{1}{c} + \dfrac{1}{d} = 0$ 이어서 해가 될 수 없다.

② $b = 3$ 일 때 $\dfrac{1}{c} + \dfrac{1}{d} = \dfrac{1}{6}$ 이다. 따라서 $7 \leq c \leq 12$ 이다.

- $c = 7$ 이면 $\dfrac{1}{d} = \dfrac{1}{42}$ 이다. 즉, $\dfrac{1}{2} + \dfrac{1}{3} + \dfrac{1}{7} = \dfrac{41}{42} = 1 - \dfrac{1}{42}$ 이어서 41마리의 낙타를 3명에게 각각 $\dfrac{1}{2}, \dfrac{1}{3}, \dfrac{1}{7}$ 로 나누어 줄 수 있다.

- $c = 8$ 이면 $\dfrac{1}{d} = \dfrac{1}{24}$ 이다. 즉, $\dfrac{1}{2} + \dfrac{1}{3} + \dfrac{1}{8} = \dfrac{23}{24} = 1 - \dfrac{1}{24}$ 이어서 23마리의 낙타를 3명에게 각각 $\dfrac{1}{2}, \dfrac{1}{3}, \dfrac{1}{7}$ 로 나누어 줄 수 있다.

- $c = 9$ 이면 $\dfrac{1}{d} = \dfrac{1}{24}$ 이다. 즉, $\dfrac{1}{2} + \dfrac{1}{3} + \dfrac{1}{9} = \dfrac{17}{18} = 1 - \dfrac{1}{18}$ 이어서 17마리의 낙타를 3명에게 각각 $\dfrac{1}{2}, \dfrac{1}{3}, \dfrac{1}{9}$ 로 나누어 줄 수 있다.

- $c = 10$ 이면 $\dfrac{1}{d} = \dfrac{1}{15}$ 이다. 즉, $\dfrac{1}{2} + \dfrac{1}{3} + \dfrac{1}{10} = \dfrac{14}{15} = 1 - \dfrac{1}{15}$ 이어서 14마리의 낙타를 3명에게 각각 $\dfrac{1}{2}, \dfrac{1}{3}, \dfrac{1}{10}$ 로 나누어 줄 수 있다.

- $c = 12$이면 $\frac{1}{d} = \frac{1}{12}$이다. 즉, $\frac{1}{2} + \frac{1}{3} + \frac{1}{12} = \frac{11}{12} = 1 - \frac{1}{12}$이어서 11마리의 낙타를 3명에게 각각 $\frac{1}{2}, \frac{1}{3}, \frac{1}{12}$로 나누어 줄 수 있다.

- $c = 11$인 경우 $d = \frac{5}{66}$이므로 분자가 1인 분수가 아니다. 이러한 해가 없다.

③ $b = 4$일 때 $\frac{1}{c} + \frac{1}{d} = \frac{1}{4}$이다. 따라서 $5 \leq c \leq 8$이다.

- $c = 5$이면 $\frac{1}{d} = \frac{1}{20}$이다. 즉, $\frac{1}{2} + \frac{1}{4} + \frac{1}{5} = \frac{19}{20} = 1 - \frac{1}{20}$이어서 19마리의 낙타를 3명에게 각각 $\frac{1}{2}, \frac{1}{4}, \frac{1}{5}$로 나누어 줄 수 있다.

- $c = 6$이면 $\frac{1}{d} = \frac{1}{12}$이다. 즉, $\frac{1}{2} + \frac{1}{4} + \frac{1}{6} = \frac{11}{12} = 1 - \frac{1}{12}$이어서 11마리의 낙타를 3명에게 각각 $\frac{1}{2}, \frac{1}{4}, \frac{1}{6}$로 나누어 줄 수 있다.

- $c = 8$이면 $\frac{1}{d} = \frac{1}{8}$이다. 즉, $\frac{1}{2} + \frac{1}{4} + \frac{1}{8} = \frac{7}{8} = 1 - \frac{1}{8}$이어서 7마리의 낙타를 3명에게 각각 $\frac{1}{2}, \frac{1}{4}, \frac{1}{8}$로 나누어 줄 수 있다.

- $c = 7$인 경우 $d = \frac{3}{28}$이므로 분자가 1인 분수가 아니다. 이런 해는 없다.

④ $b = 5$일 때 $\frac{1}{c} + \frac{1}{d} = \frac{3}{10}$이다. 따라서 $5 \leq c \leq 10$이다.

- $c = 5$이면 $\frac{1}{d} = \frac{1}{10}$이다. 즉, $\frac{1}{2} + \frac{1}{5} + \frac{1}{5} = \frac{9}{10} = 1 - \frac{1}{10}$이어서 7마리의 낙타를 9명에게 각각 $\frac{1}{2}, \frac{1}{5}, \frac{1}{5}$로 나누어 줄 수 있다.

- 나머지 경우는 해가 없다.

⑤ $b = 6$일 때 $\frac{1}{c} + \frac{1}{d} = \frac{1}{3}$이다. 따라서 $4 \leq c \leq 12$이다.

- $c = 6$이면 $\frac{1}{d} = \frac{1}{6}$이다. 즉, $\frac{1}{2} + \frac{1}{6} + \frac{1}{6} = \frac{5}{6} = 1 - \frac{1}{6}$이어서 5마리의 낙타를 9명에게 각각 $\frac{1}{2}, \frac{1}{6}, \frac{1}{6}$로 나누어 줄 수 있다.

- 나머지 경우는 해가 없다.

수학 속 패러독스

그러므로 비슷한 문제는 낙타의 수가 3, 5, 6, 7, 9, 11, 14, 17, 19, 23, 41마리일 때 풀 수 있다. 5마리, 11마리의 낙타와 같은 경우에는 분배할 수 있는 경우의 수가 적다.

일반적으로, n개의 항을 갖는 항의 역수들의 합에서 n 번째 항에 1을 더한 것과 같은 경우는 유한한 개의 해를 갖는다. 단, 각 항들은 2보다 크거나 같아야 한다. 그렇지 않으면 $\frac{1}{1}$의 항을 포함을 하게 되고 이들 항의 역수의 나머지는 0과 같다. 그러나 이러한 경우는 불가능하다. 반면에, 가장 큰 역수는 $\frac{1}{n}$보다 크거나 같아야한다. 그렇지 않으면 n개의 역수를 모두 합쳐서 1보다 작아진다. 따라서 가장 작은 정수는 을 초과 할 수 없다. 서로 다른 n개의 정수가 있다고 하면, 가장 작은 정수로부터 분석을 시작하면 유한개의 해가 존재한다는 것을 유도할 수 있다.

5개의 항으로 이루어진 다이아몬드 유서 문제

엄청 부자인 조지는 수학 책을 써서 59억 원 벌었고, 1개에 1억 하는 다이아몬드를 59개를 샀다. 그리고 3명의 아들과 2명의 딸들에게 다음과 같이 나누어 준다는 유서를 남기었다.

맏이 버피에게는 전체 다이아몬드의 $\frac{1}{2}$, 둘째인 앨버트에게는 전체 다이아몬드의 $\frac{1}{4}$, 세째인 윌프레드에게는 전체 다이아몬드의 $\frac{1}{6}$, 네째인 엔드류에게는 전체 다이아몬드의 $\frac{1}{20}$, 막내인 카윈에게는 전체 다이아몬드의 $\frac{1}{60}$을 준다.

그리고 다이아몬드가 더 작은 조각으로 나누어서는 안되며 각각의 자식들은 유서에 명시된 다이아몬드의 정확한 비율을 받아야 한다. 그렇지 않으면 그 누구도 다이아몬드를 가져갈 수 없다.

이 유서의 비율대로 나누어 가지면

맏이 버피는 $59 \times \frac{1}{2} = 29 + \frac{1}{2}$(개)

둘째 앨버트는 $59 \times \frac{1}{4} = 14 + \frac{3}{4}$(개)

셋째 윌프레드는 $59 \times \frac{1}{6} = 9 + \frac{5}{6}$(개)

넷째 엔드류는 $59 \times \frac{1}{20} = 2 + \frac{19}{20}$(개)

베두인 유서 패러독스

$$\text{막내 카윈는 } 59 \times \frac{1}{60} = \frac{59}{60} \text{(개)}$$

를 가져야 한다. 그러나 위에 있는 숫자로는 유서의 끝 부분에 있는 다이아몬드를 절단해서 가져갈 수 없다는 단서 조항 때문에 나누어 가질 수가 없다.

그래서 형제들은 막내 카윈의 동네에 있는 수학과 교수 버드햇처에게 문의키로 하였다. 이 문제를 받은 버드햇처 교수는 다음과 같은 해결책을 제안하였다.

"여기, 내게 똑같은 다이아몬드 한 개가 있네. 내가 몇 분 동안 내 다이아몬드를 빌려주지. 이것이 이 문제를 모든 사람들에게 만족할 해결책을 줄 것이네" 교수는 주머니에서 반짝이는 물건을 꺼내어 다른 59개의 다이아몬드와 나란히 놓았다. "내 다이아몬드와 합쳐서 테이블 위에 60개의 다이아몬드가 있지."고 그는 말했다. "자, 이제 각자의 비율대로 다이아몬드를 배분하기로 하지."

버드햇처 교수는

$$\text{맏이 버피는 } 60 \times \frac{1}{2} = 30 \text{(개)}$$

$$\text{둘째 앨버트는 } 60 \times \frac{1}{4} = 15 \text{(개)}$$

$$\text{셋째 윌프레드는 } 60 \times \frac{1}{6} = 10 \text{(개)}$$

$$\text{넷째 엔드류는 } 60 \times \frac{1}{20} = 3 \text{(개)}$$

$$\text{막내 카윈는 } 60 \times \frac{1}{60} = 1 \text{(개)}$$

를 제시하였다. 그리고 각자 받은 다이아몬드의 합이 30 + 15 + 10 + 3 + 1 = 59개임을 확인 시킨 후에 다음과 같이 말하였다. "그리고 책상 위에 남은 한 개의 다이아몬드는 내가 당신들에게 빌려준 다이아몬드네." 버드햇처 교수는 그것을 주머니에 넣고 말했다. "당신과 함께 이 문제를 해결 할 수 있어서 즐거웠네." 문 밖으로 나오면서 모두들 매우 만족해하였다.

그렇다면 교수는 이 문제를 어떻게 해결할 수 있었을까?

이 문제도 베두인 유서 문제 처럼 $\frac{1}{2} + \frac{1}{4} + \frac{1}{6} + \frac{1}{20} + \frac{1}{60} = \frac{59}{60} < 1$ 이다.

즉, 유언에 명시된 다이아몬드의 분수는 완전히 나누어질 수 없으므로 교수는 59가 2, 4, 6, 20, 60으로 나눌 수는 없다는 것을 인식하였다. 따라서 교수는 자신의 다이아몬드를 59개의 다이아몬드에 추가하면 60개의 다이아몬드를 만들고 유서에 나온 비율로 다이아몬드를 나누는 것이 가능하다는 것을 쉽게 관찰 할 수 있다. 다섯 명의 자식들에게 나누어준 다이아몬드는

$$60 \times \frac{1}{2} + 60 \times \frac{1}{4} + 60 \times \frac{1}{6} + 60 \times \frac{1}{20} + 60 \times \frac{1}{60} = 59(개)$$

로 60개가 아니다. 상속인(5명의 자식들)에게 원래의 분수 비율의 다이아몬드가 수학적으로 유효하지 않았기 때문에 합산해야 한다고 생각할 이유가 없었다. 그래서 59개의 다이아몬드가 상속인에게 나누어지면 모두가 행복해 하고 교수도 그의 다이아몬드를 가지고 집에 돌아갈 수 있었다.

이 해결책은 수학적이지는 않지만, 59와 분수 $\frac{1}{2}, \frac{1}{4}, \frac{1}{6}, \frac{1}{20}, \frac{1}{60}$ 을 가지고 좋은 해결책을 만들 수 있다. 수학적으로는 $\frac{1}{2} + \frac{1}{4} + \frac{1}{6} + \frac{1}{20} + \frac{1}{60} = \frac{59}{60}$ 인 사실을 사용하였다. 즉

$$\frac{f-1}{f} = \frac{1}{a} + \frac{1}{b} + \frac{1}{c} + \frac{1}{d} + \frac{1}{e}$$

인 양의 정수 (a, b, c, d, e, f) 를 찾는 문제로 베두인 유서와 같은 맥락의 패러독스이다.

베두인 유서 역사적 사실

이 베두인 유서 문제는 굉장히 오래되었다. 고대 페르시아나 인도에서도 비슷한 문제를 발견할 수 있다. 이와 비슷하게 700조각의 빵을 4명의 남자에게 나누는 문제가 린드 파피루스(The Rhind Mathematical Papyrus)에 적혀있다. 린드 파피루스에서는 합쳐서 1이 넘는 $\frac{2}{3}, \frac{1}{2}, \frac{1}{3}, \frac{1}{4}$ 로 분배하는 것이다. 이 문제의 해결방법은 빵을 4개의 분수에 따라 4등분으로 나누는 것이다. 고대 이집트의 수학자들은 $\frac{2}{3}$ 을 제외하고 오직 단위분수(분자가 1인 분수)를 사용했다. 그들은 다른 분수를 단위분수의 합으로 표현했다. 1858년에 이집트 학자인 헨리 린드(Henry Rhind)에 의해 발견된 린드 파피루스는 $\frac{2}{n}$ (단, 은 5이상 101이하의 홀수)의 형태를 단위분수로 표현하는 공식이 적혀있다. 예를 들어 $\frac{2}{5} = \frac{1}{3} + \frac{1}{15}$ 이다.

이집트 수학에서는 이 문제는 패러독스가 아니다. 올바른 문제로 인식을 할 것이다. 이집트에서는 단위 분수로 나누어서 계산을 하였다. 그러니 우리가 이러한 문제들을 보면 이상해 보이는 것이다.

베두인 유서 패러독스

수학적인 린드 파피루스(Rhind Mathematical Papyrus)는 이집트인 아메스(Ahmes)가 필사한 아메스 파피루스(Ahmes Papyrus)로도 알려져 있으며 베드인 유서의 내용을 약 기원전 1650년 이전에 필사를 하였다. 이 파피루스는 현재 런던 대영박물관(the British Museum, London)에 전시 중이다.

이탈리아 수학자인 니콜로 폰타나(Niccol Fontana, 1499-1577)는 다른 낙타를 추가하는 것을 제안하여 베두인 유서를 해결한 첫 번째 사람이었다. 그는 삼차방정식의 해를 구한 것과 탄도학의 창시자로도 유명하다.

수학 속 패러독스

24
밀로스와 독이든 와인

밀로스는 이러지도 저러지도 못하고 있다. 밀로스는 왕의 공식 소믈리에로서 그의 의무는 왕의 축제 때에 와인에 독이 있는지 없는지 테스트를 하는 것이었다. 왕은 왕좌에 오른지 몇 년 만에 축하 행사를 발표하였고 밀로스에게 왕의 가장 훌륭한 와인 1,000개의 와인 병을 내올 것을 명령하였다. 그러나 성에 있는 정보원은 밀로스에게 축제 전날, 누군가 와인 병 중 하나에 독약을 넣었다고 알려주었다. 정확한 독이든 와인 병의 개수 모른다고 하였다.

밀로스는 손님들 중 한 명이 독이든 와인을 마시는 날이면 자신의 삶 모두와 소믈리에로서의 경력도 끝날 것임을 알고 있었다. 밀로스는 왕은 천명의 죄수들을 교도소과 지하 감옥에 감금하고 있었다는 것을 생각하였고, 수감 중인 죄수들에게 와인 한잔을 마시게 할 권한이 있었다. 다시 말해, 와인 병 1,000개를 죄수 1,000명에게 와인 한잔씩 각각 마시게 할 수 있었다.

그러나 연회를 열기 24시간 전에, 모든 죄수에게 마시게 할 시간이 없기 때문에 밀로스는 가장 적은 수의 죄수로 독이든 포도주를 찾아야 했다. 이렇게 하기 위해, 밀로스는 국왕의 수학자에게 도움을 요청하였다. 밀로스는 수학자에게 독이든 와인을 마신 후 사람이 죽는데 6시간이 걸린다고 하였다. 밀로스는 수학자의 계획에 매우 놀랐다.

독이든 와인 병을 아는데 필요한 최소한의 죄수자 수는 얼마일까? 1,000명의 죄수들 모두에게 마시게 할 것인가? 500명? 250명 아니면 더 적은 죄수로 가능한가? 여러분이 생각을 적어 보아라.

이 문제에 해답을 하기 찾기 위해서 우리는 수학에서 사용되는 이진법을 사용하자. 와인 1,000병이 많으니 더 작은 숫자로 같은 문제를 해결하여 보자. 8개 와인 병이 있고 이중에 어느 병인가에 독이 들어 있다고 가정하자.

우리는 3명의 죄수로 독이든 병을 찾기에 충분하지만 2명은 그렇지 않다는 것을 알게 될 것이다. 이것을 계산하려면 관습적으로 세는 1, 2, 3, …, 8이 아닌 8개의 병에 0, 1, 2, …, 7으로 나타내고 이 수들을 이진법으로 다시 표현하자. [표 1]을 참조하여라.

[표 1]은 3명의 죄수들에게 와인을주는 결과이다. 각 수감자들에게 8병 중 4병으로 만든 와인 칵테일 한잔씩을 마시게 한다. 주어진 열에 있는 죄수 아래에 있는 '1'

밀로스와 독이든 와인

은 죄수가 지정된 행의 병에서 술을 마셨다는 것을 의미하고 '0'은 죄수가 주어진 행의 병에서 오인을 마시지 않았다는 것을 의미한다.

다시 말해서

와인 병 0 : 000 = 어떤 죄수도 마시자 않는다.

와인 병 1 : 001 = 죄수 3 만이 병 1의 와인이 들어간 와인 칵테일을 마신다.

와인 병 2 : 010 = 죄수 2 만이 병 2의 와인이 들어간 와인 칵테일을 마신다.

와인 병 3 : 011 = 죄수 2와 죄수 3 만이 병 3의 와인이 들어간 와인 칵테일을 마신다.

와인 병 4 : 100 = 죄수 1만이 병 4의 와인이 들어간 와인 칵테일을 마신다.

와인 병 5 : 101 = 죄수 1과 죄수 3 만이 병 5의 와인이 들어간 와인 칵테일을 마신다.

와인 병 6 : 110 = 죄수 1와 죄수 2 만이 병 6의 와인이 들어간 와인 칵테일을 마신다.

와인 병 7 : 111 = 죄수 1, 죄수 2와 죄수 3 모두 병 7의 와인이 들어간 와인 칵테일을 마신다.

표 1 죄수가 먹을 와인(총 8개의 와인 병)

와인 병 연번	죄수 번호		
	1	2	3
0	0	0	0
1	0	0	1
2	0	1	0
3	0	1	1
4	1	0	0
5	1	0	1
6	1	1	0
7	1	1	1

[표 1]에서 본 것 처럼 모든 죄수가 와인 병의 모든 와인 한잔 씩 마실 필요는 없다. 3명의 죄수는 각각 4병의 와인으로 만든 와인 칵테일을 마시게 된다. 모든 죄수가 죽지 않으면 병 0이 독이든 병이다. 죄수 1과 3이 죽으면 병 5가 독이든 병이다. 죄수 2와 죄수 3이 죽으면 병 6이 독이든 병이 된다. 모든 죄수가 죽으면 병 8이 독이든 병이다. 이렇듯 죄수가 죽는 것을 관찰하면 어느 병이 독이 들어있는 병인지 알 수

수학 속 패러독스

있다. 3명의 죄수들에 와인을 썩은 칵테일을 준비를 다음과 같이 하면 된다. 죄수 1에게는 4, 5, 6, 7번의 와인 병의 와인으로 만든 칵테일 한잔을 마시게 하고, 죄수 2에게는 2, 3, 6, 7번의 와인 병의 와인으로 만든 칵테일 한잔을 마시게 하며, 죄수 3에게는 1, 3, 5, 7번의 와인 병의 와인으로 만든 칵테일 한잔 씩 마시게 하면 된다. 이 전략에는 죄수들 입장에서 좋은 소식과 나쁜 소식이 있다. 좋은 소식은 각 죄수가 마다 왕의 가장 훌륭한 와인의 50%를 섞은 칵테일을 마실 수 있다는 것이다. 그러나 나쁜 소식은 각 포로가 독인 든 와인으로 만든 칵테일을 먹을 확률도 50%라는 것이다.

또한 [표 1]에서 볼 수 있듯이 2명의 죄수로 부터 단지 4 가지 조합인, 두 자리 이진수 00, 01, 10 및 11, 가능하기 때문에 8명의 죄수로는 가능하지 않다. 즉, 2명의 죄수로는 4병에 독이든 와인 병을 찾기에는 충분하지만 4병을 초과하는 독이든 와인 병의 개수를 확인하기에는 불가능하다.

왕이 $16 = 2^4$개의 와인 병을 가지고 있다면, 4명의 죄수가 필요하다.

왕이 $32 = 2^5$개의 와인 병을 가지고 있다면, 5명의 죄수가 필요하다.

왕이 $1024 = 2^{10}$개의 와인 병을 가지고 있다면, 10명의 죄수가 필요하다.

밀로스 문제에서 병의 수는 2의 거듭 제곱의 수는 아니지만 $512 = 2^9$와 $1024 = 2^{10}$ 사이 이므로 죄수 10명이면 가능하지만 9명이면 불가능하다.

[표 2]에는 0000000000에서 1111101000까지 10자리 이진수 (십진수 1000의 이진수)가 나열되어 있다. [표 1]과 같이, '1'은 죄수가 그 행의 번호에 해당하는 와인 병의 와인을 마셨다는 것을 의미하고 '0'은 마시지 않았다는 것을 의미한다. 밀로스는 10명의 죄수들에게 먹게 하였다.

표 2 1000개의 와인 병과 죄수 10명

와인병연번	죄수 번호									
	1	2	3	4	5	6	7	8	9	10
0	0	0	0	0	0	0	0	0	0	0
1	0	0	0	0	0	0	0	0	0	1
2	0	0	0	0	0	0	0	0	1	0
3	0	0	0	0	0	0	0	0	1	1
...										
548	1	0	0	0	1	0	0	1	0	0
...										
999	1	1	1	1	1	0	0	1	1	1

첫 번째 와인 병(0번의 와인 병)을 제쳐 놓고 모든 죄수가 그것을 마시지 않도록 한다. 두 번째 와인 병 (1번의 와인 병)을 죄수 10(0000000001에 해당하는 죄수)에게 마시게 한다. 또한 세 번째 와인 병 죄수 9(0000000010에 해당된 죄수)에게 마시게 한다. 네 번째 와인 병은 죄수 9와 죄수 10(0000000011에 해당된 죄수)에게 마시게 한다. 같은 방법으로 죄수들에게 마시게 한다.

독이든 와인 병의 와인을 먹은 죄수가 죽을 때까지 6시간이 걸리므로, 독인 와인 병을 찾기 위해서는 가능한 한 빨리 1000개의 와인 병에 들어 있는 와인을 죄수들에게 16시간 안에 칵테일을 만들어 마시게 하여야 한다.

1,000개의 와인 병에서 조금씩 추출하여 만든 칵테일을 죄수 10명에게 마시게 하면 된다. 예를 들어 병 0은 모든 죄수에게 마시게 하지 않는다. 병 1이 죄수 10번에게 마시게 하며 병 999는 죄수 1, 2, 3, 4, 8, 9, 10에게 마시게 한다.(1111100111에 대응하는 대로). 그런 다음 죄수가 죽을 때까지 기다린다. 죄수 2, 3 및 9가 죽었을 경우 이를 다시 이진수로 나타내어 보면 2, 3 및 9가 위치한 수는 이진수 0110000010이고 이 수는 십진수 $2^8 + 2^7 + 2^1 = 386$이므로 와인 병 386이 독이든 병이다.

일반적으로 독이든 와인 병을 발견하는 데 필요한 죄수의 수는 와인 병 수의 밑을 2로 하는 로그 수의 비율로 증가한다. 예를 들어 1,000개의 와인 병을 시험하기 위해서는 부등식 $2^n > 1000$을 만족하는 최소 자연수 n일 필요하다.

$2^{10} = 1024$이므로 $n = \log_2 1024 = 10$이므로 10명이 필요하다. 500병이 있다면, 필요한 수용자의 수는 $2^9 = 512$ 이므로 $n = \log_2 512 = 9$이어서 9명이 필요하다.

놀랍게도 60,000개 중 1 개의 독이든 병을 찾으려면 $n = \log_2 65,536 = 16$이어서 16명 만으로 가능하다. 물론 죄수는 3만병으로 만든 칵테일을 먹기 때문에 자신의 운명에는 관심을 두지 않을 것이다.

간단한 곱셈법

밀로스와 독이든 와인의 해결 책은 이진법에 있다. 이진법의 유용성은 고대 로마 시대의 곱셈법에도 그 원리가 있다. 로마시대 숫자는 로마 숫자로 표기하여서 계산을 하여야 하는데 로마 표기법으로 넛셈과 뺄셈은 그냥 쉽게 시금도 할 수 있다. 그러나 곱셈은 상황이 다르다. 49×85 를 로마 숫자로 나타내어 보면 (XLIX) × (LXXXV)로 나타낼 수 있다. 이 두 수의 곱을 할 수 있겠는가?

과거 로마 시대에 실제로 사용되었던 곱셈 방법은 곱하기 2의 표 이외에 일반적인 12개의 곱셈 표에 대한 표가 필요하지 않다. 예를 들어, 이 방법으로 49와 85를 곱하여 보자. 1 열의 1행에 49를, 2 열의 1행에 85를 써라. 49를 2로 나눈 몫과 85를 2로 곱한 결과를 2행에 각각 적는다. 다시 2행에서 결과를 1열은 2로 계속 나누어 몫을 2열에서는 2로 곱한 결과를 3행에 적는다. 이러한 방법으로 행에 계속해서 적고 1열을 2로 계속해서 나눌 때 몫이 1이 나오면 그 행까지만 적는다.

이제 1열에서 짝수 맞은편에 있는 2열에서 모든 숫자를 삭제하여라. 그런 다음 2열에 나머지 숫자를 더하면 4165을 얻을 수 있다. 이 숫자가 49와 85을 곱한 정확한 값이다.

결과는 다음과 같다.

(2로 나눈다.)	(2를 곱한다.)
49	85
24	170
12	340
6	680
3	1360
1	2720
	4165

이진법으로 49를 표현하면 이 방법의 원리를 쉽게 알 수 있다.

$$49 \cdot 85 = (1 \cdot 2^5 + 1 \cdot 2^4 + 0 \cdot 2^3 + 0 \cdot 2^2 + 0 \cdot 2^1 + 1 \cdot 2^0) \cdot 85$$
$$= (32 + 16 + 0 + 0 + 0 + 1) \cdot 85$$
$$= 2720 + 1360 + 0 + 0 + 0 + 85$$
$$= 4165$$

49를 이진법으로 나타내었을 때 2^3, 2^2, 2^1은 자리값이 0이어서 나타나지 않기 때문에 $2^3 \cdot 85 = 680$, $2^2 \cdot 85 = 340$, $2^1 \cdot 85 = 170$은 2열에서 나타나지 않는 수이다.

25
러셀 패러독스

집합 S를 "자신을 원소로 포함하지 않는 모든 집합들의 집합"으로 정의하자. 다시 말해, A가 S의 원소가 되기 위한 필요충분조건은 원소 A가 집합 A의 원소가 아닌 것이다. 칸토어의 집합 공리 체계에서 위와 같은 정의로 집합 S은 문제 없이 잘 정의된다. 여기서 S이 자기 자신을 원소로 포함하는가?

"원소 S은 집합 S의 원소이다."라는 명제와 "원소 S은 집합 S의 원소가 아니다."라는 명제는 참인가? 거짓인가?

만약 포함한다고 가정하면 그 정의에 의해 S은 자신을 원소로 포함하지 않는다. 반대로 S이 자신을 원소로 포함하지 않는다고 가정했을 때에는 다시 그 정의에 의해 S은 자신에 포함되어야 한다. 즉 "S은 S의 원소이다."라는 명제와 "S은 S의 원소가 아니다."라는 명제는 둘 다 모순을 도출하여 참 혹은 거짓 중에 어떤 것도 될 수가 없다.

조금 더 역사적으로 거슬러 올라가자.

규칙을 줄이고 각 팀이 어떠한 것의 철학을 채택한 경쟁 팀간의 게임을 본 적이 있는가? 약속한 규칙에 대해 팀간에 상호 합의가 없는 한 매우 빠르게 감당할 수 없는 상황으로 치닫게 된다. 수학의 일부 영역에서, 특히 집합 이론에서, 1900년 경까지 게임의 규칙인 공리 체계가 설정되지 않았다. 그 이전에는 주제에 대한 이해는 직관을 기반으로 하였다. 공리 체계에서는 모두가 같은 규칙(공리)을 따르므로 모든 사람이 같은 출발점을 가지며 옳고 그른 점에 대해 합의를 한 것이다. 집합의 개념은 수학 기초이며, 언뜻 보기에는 기본 원리가 수학을 학습하는데 거부감 없이 그냥 받아들인다. 결국 직관적인 차원에서 원소이라고 하는 것들의 모임이 집합이다.

전형적인 집합은 3학년 학생들의 모임, 해변의 모래알의 모임 등 매우 다양하다. 원소의 개수가 유한한 유한 집합은 수학자에게 심각한 논리적 문제를 제공하지는 못하였다. 그러나 순수 수학의 연구에서 중요한 실수 및 복소수, 함수 등과 같은 무한 집합은 다른 문제이다.

1800년대 후반, 특히 무한 집합에서 집합론의 기초에 균열이 나타나기 시작했다. 집합의 정의는 어떤 것들 즉 원소들의 모임이며, 그것을 더 간단하게 정의할 수 없다고 모두 동의를 하였다. 그러나 시간이 지남에 따라 집합론의 문제는 더욱 미묘해졌다. 사람들은 무엇이 집합에 들어갈 수 있도록 해야 할지 질문을 하기 시작했다.

집합 A, B, C를 아래와 같이 정의하자.

$A = \{1, 2, 3\}$

$B = \{a, b, c, \cdots, x, y, z\}$

$C = \{x \mid 0 < x < 1\}$

집합은 대문자로 나타내고, 원소는 소문자로 나타내는 것이 일반적이다. 또한 원소들을 중괄호 { } 안에 넣는다. 그리고 셀수 있는 집합은 원소나열법과 조건제시법으로 둘다 나타낼 수 있지만, 셀수 없는 집합은 조건제시법으로 나타낸다.

집합의 의미는 분명하다. 집합 A의 원소는 1, 2, 3이 포함하고 있다. 집합 B는 알파벳 문자를 포함하고 있다. 집합 C는 0과 1 사이의 실수를 포함한다. 집합을 이렇게 나타내어야 하는 것에 동의해야 한다. 그리고 집합답지 않은 집합을 생각해 보아라. 어떠한 것이라도 좋다.

집합 자체가 집합에 포함하는 것을 허용 할 수 있다고 제안을 하여 보자. 어떻게 그럴 수가 있을까? 글쎄, 나는 그것을 포함시켜야한다고 주장한다. 이전에 그런 집합을 보지 못했기 때문에 그러한 것이 없다는 것을 의미하지는 않는다. 아래와 같은 집합 D를 생각하여 보자.

$D = \{1, 2, 3, D\}$

집합 D는 원소 1, 2, 3을 포함하고 있으며 집합 자신도 원소로 포함하고 있다. 그런 다음 자신을 포함하는 또 다른 집합으로 누구나 상상할 수 있는 가장 큰 집합 즉, 모든 집합의 집합, '전체 집합(유니버셜 집합)'이라고 하는 집합을 만들 수 있다.

$U = \{$모든 집합$\}$

이 집합은 확실히 자기 자신의 집합을 포함하고 있다. 결국 집합 U는 모든 집합을 포함한다. 모든 집합은 집합 U에 포함되어 있다. 그러면 집합 U 자기자신도 집합 U에 포함되어 있다. 우리가 상상하는 것과 상상하지 못하는 것들 모든 것들이 전체 집합 U에 포함되어 있다.

이러한 전체 집합 U가 존재할 수 없다는 명제를 증명하여 보자. 전제 집합 U가 두 부분으로 나누어질 수 있다. 첫째, 집합 자신을 포함하는 집합을 '나쁜 집합(Bad Set)'이라고 하자. 둘째는 집합 자신을 포함하지 않는 집합을 '좋은 집합(Good Set)'이라고 하자. 수학적으로 나타내어 보면,

$U = $ 좋은 집합 $\cup$ 나쁜 집합

(단, 좋은 집합(Good Sets)은 집합 자기 자신을 포함하지 않는 모든 집합, 나쁜 집합(Bad Sets)은 집합 자기 자신을 포함하는 집합이다.)

예를 들어 집합 $A = \{1, 2, 3\}$, $B = \{a, b, c, \cdots, x, y, z\}$, $C = \{x \mid 0 < x < 1\}$은 좋은 집합이고, $D = \{1, 2, 3, D\}$은 나쁜 집합이다.

러셀 패러독스

그러면 전체 집합 U는 모든 집합을 포함하고 있기 때문에, 좋은 집합을 포함 해야만 한다. 그러나 문제가 발생한다.

'좋은 집합' 자신은 좋은 집합에 포함되는가? 아니면 나쁜 집합에 포함되어야 하는가?

아래 그림을 보아라. 그리고 다시 같은 질문에 답을 하여 보아라.

모든 집합이 전체 집합 U에 포함되어 있다면, 좋은 집합도 포함을 해야 한다. 그러면 좋은 집합을 좋은 집합에 포함 시켜야 하는가? 아니면 나쁜 집합에 포함 시켜야 하는가?

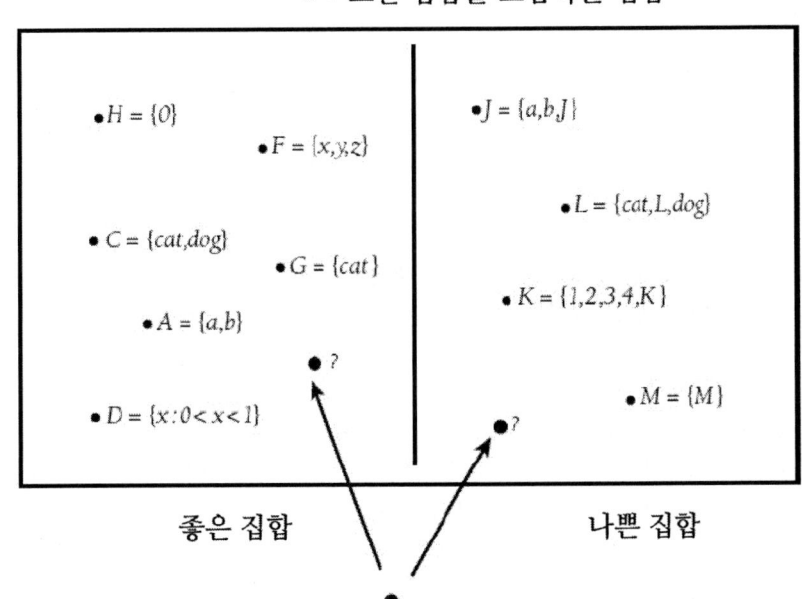

'좋은 집합'은 어디에 포함되어야 하는가?

먼저 좋은 집합이 좋은 집합의 원소라고 가정하자. 그러나 좋은 집합은 자신을 포함하지 않는 집합만 포함하므로 좋은 집합은 좋은 집합의 원소가 아니다.

반대로, 좋은 집합이 좋은 집합의 원소가 아니라고 가정하면, 그것은 나쁜 집합의 원소라는 것을 의미한다. 그러나 나쁜 집합은 자신을 포함하는 집합을 포함한다. 이는 좋은 집합 자신을 포함한다는 것을 의미하지만 정의 상 좋은 집합은 자신을 포함하지 않으므로 모순이다.

따라서 우리는 좋은 집합이 좋은 집합에 포함되기도 하고 좋은 집합에 포함되지도 않음을 증명하였다.

이게 무슨 증명이란 말인가? 다른 말로 나타내어 보면 아래와 같다.

"좋은 집합은 좋은 집합의 원소인 것의 필요충분 조건은 좋은 집합은 좋은 집합의 원소가 아니다."

머 이런 괘변 있나!

집합 이론에서 모든 집합의 집합인 '전체 집합 U'는 의미가 없다고 말한다. 다시 말해 집합 자체를 포함하는 집합은 집합의 공리적 연구에서는 집합으로 간주되지 않는다. 집합으로 간주되는 경우에 논리적인 어려움이 발생하기 때문이다.

1902년 무한 집합에 관한 논리적인 어려움을 지적한 영국의 논리학자 베르트랑 러셀 (Bertrand Russell)은 집합이 자신의 집합을 포함 할 수 없다고 주장하였다. 그의 연구는 수학자들이 집합 이론을 공리적 기초에 두도록 하기 위해서였다. 러셀이 전체 집합이 될 수 없다는 증거가 집합의 언어로 표현되었지만, 같은 원칙은 자연 언어로 '이발사 세비야 역설(the Barber of Seville Paradox)'의 로 나타낼 수 있다.

이발사 세비야 역설(the Barber of Seville Paradox)은 아래와 같다.

세비야의 이발사(남자)는 자신이 면도하지 않은 세비야의 모든 남자들을 면도를 하여 준다. 이발사는 자신이 면도하는 사람들은 면도하여 주지 않는다. 그러면 문제가 발생한다. 이발사는 자기 자신이 면도를 하는가?

그가 면도를 한다면 그는 자신이 면도하지 않는 사람들만 면도하기 때문에 면도를 하지 않는다. 그러나 면도하지 않으면 자기 자신이 면도하지 않는 사람들을 면도하기 때문에 면도를 한다. 그러므로 '이발사가 자기 자신이 면도하지 않는다.'의 필요충분 조건은 '이발사는 자기 자신이 면도를 한다.'이다.

이 역설의 해결책으로 그 단서를 러셀의 패러독스의 집합 이론에서 실마리를 찾을 수 있다. 여기에 우리는 단순히 그의 특성이 역설을 야기하기 때문에 주어진 속성을 가진 세비야의 이발사가 있을 수 없다는 것을 지적할 수 있다.

집합 이론의 가장 일반적으로 받아 들여지는 공리는 독일 논리학자 체르멜로 (Ernst Zermelo, 1871~1956)와 아브라함 프랭켈(Abraham Fraenkel, 1891~1965)에 의해 발표된 체르멜로-프랭켈-선택 공리(Zermelo-Fraenkel-Choice 공리, ZFC 공리)이다. 체르멜로는 허용 될 수 있는 집합의 유형을 평면 기하와 같은 공리 집합을 생각했다. 체르멜로-프랭켈-선택 공리계는 10개로 이루어진 공리계로 엄격하게는 공리꼴과 치환 공리꼴로 인해 무한히 많은 문장으로 이루어진 공리계가 된다. 1961년 리처드 몬타그(Richard Montague)는 ZFC 공리계가 유한한 명제로 구성할 수 없음을 증명하였다.

26
칠교 퍼즐 패러독스

칠교 퍼즐은 7개의 기하학적 도형으로 구성되어 있는 잘 알려진 퍼즐이다. 정사각형, 평행사변형, 5개의 이등변 직각삼각형(작은 것 2개, 큰 것 2개, 중간 크기 1개). 이 7개 조각들이 서로 잘 맞추면 하나의 정사각형을 이룬다. 조각 사이 상대적 크기는 아래 [그림 1]을 보면 알 수 있다.

그림 1

다음 페이지에 있는 [그림 2], [그림 3], [그림 4]는 일곱 가지 조각에서 잔 모양을 만드는 세 가지 다른 방법을 보여준다. 세 개 모든 잔은 같은 7개의 조각으로 이루어져 있고 같아 보인다. 그런데 [그림 2]가 모두 채워져 있는 반면 [그림 3]과 [그림 4]는 삼각형 한 조각이 부족하다. 어떻게 이러한 일이 일어 날 수 있는가?[26]

---

[26] 이 것은 샘 로이드(Sam Loyd)의 The Eighth Book of Tan(Mineola, NY: Dover, 1968)의 책 페이지 25~26에 있는 것을 약간 바꾼 것이다.

수학 속 패러독스

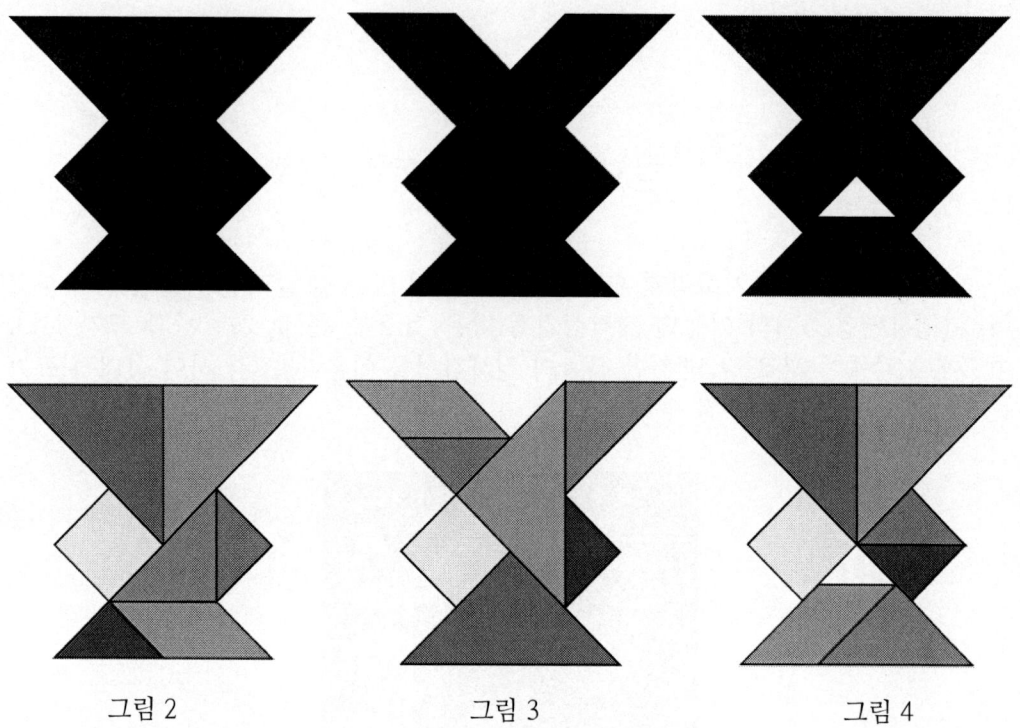

그림 2   그림 3   그림 4

잔의 어두운 부분의 넓이는 모두 같다. 하지만 자세히 보면 같아 보이지만 잔들의 높이가 조금씩 다르다. [그림 3]은 [그림 2]보다 약간 더 크고, [그림 4]는 윗부분이 약간 넓다. 이러한 변형들이 빈 공간을 만든다. [그림 2]를 먼저 보여주고 [그림 3]과 [그림 4]의 빈 공간을 보여주는 방법으로도 이 패러독스를 설명할 수 있다.

모양은 같지만 가장 작은 삼각형 1개를 뺀 여섯 개의 조각으로 [그림 3]과 [그림 4]를 만들 수 있을까?

답은 당연히 '아니요.'이다. 왜냐하면 잔들은 비슷해 보이지만 모두 다른 모양을 하고 있기 때문이다.

여기 비슷한 문제가 있다.

다음 페이지의 [그림 5]처럼 왼쪽 칠교 조각들로 오른쪽 조각들 처럼 만들 수 있을까?

칠교 퍼즐 패러독스

그림 5 칠교 패러독스

[그림 5]의 두 개의 그림을 비교하고 관찰해보면 둘의 넓이는 같으나 첫번째 모양과 두 번째 모양이 합동이 아니라는 것은 쉽게 알 수 있다. 두 번째 도형의 모양의 변이 길어서 오른쪽 위의 모서리 부분에 빈 공간이 생기기 때문이다.

이 패러독스는 다각형의 같은 넓이에 대해 공부하는 학생들에게 중요하다. 예를 들어, 평행사변형의 면적은 보통 직사각형을 잘라 재 배열 함으로서 만들어진다. 재배열 후, 넓이가 제대로 보존되었는지 반드시 확인해야 한다.

칠교 퍼즐의 역사적 이야기

현대에 들어와서는 칠교 퍼즐이라고 알려진 이 중국의 퍼즐은 19세기에 들어 아시아, 유럽, 북아메리카를 통틀어 매우 유명한 게임이었다. 수백 개의 패턴들이 모두 이 일곱 조각으로 표현될 수 있다. 프랑스의 지도자 나폴레옹 보나파르트(Napoleon Bonaparte)와 미국의 작가 에드가 엘렌 포도(Edgar Allan Poe)도 이 퍼즐에 매우 빠져있었다고 한다.

'칠교(탱그램, Tangram)'라는 이름의 기원은 잘 알려지지 않다. 중국에서 칠교는 '일곱의 난해한 모양'이라고 불렸다. 19세기의 아마추어 수학자 샘 로이드(Sam Loyd)는 'The Eight Book of Tan(도버(Dover) 출판사에서 구할 수 있다.)'라는 책을 썼다. 이 책에서 그는 수천 년 전에 '탄(Tan)'이라는 이름을 가진 한 중국인 남자 일곱 개의 조각으로 만들어진 일곱 개의 패턴에 관한 책을 집필했다고 기술하고 있다. 하지만 중국 문학과 역사에 대한 연구 결과 탄과 그의 책에 대한 그 어떤 증거도 발견되지 않았으며, 지금은 그 이야기가 로이드의 풍부한 상상력에서 나온 산물이라고 여겨진다. 어쨌든 간에, 퍼즐은 중국에서 매우 오랜 기간 유명했고, 19세기에 들어 중국으로 여행을 간 선원들이 유럽과 북아메리카로 가져왔다.

27
체스 토너먼트 패러독스

체스 경기에 세 팀이 삼각 토너먼트(triangular tournament)[27]로 경기를 하는 경기에 참가하였다. 각 팀은 3명으로 선수로 구성되어 있다. 참가한 선수 9명은 높은 선수 1부터 낮은 선수 9까지 선수들은 랭킹 1, 2, 3, 4, 5, 6, 7, 8, 9로 매겨져 있다. 선수들은 모두 매우 일관된 실력을 가지고 있고, 랭킹 위에 있는 선수는 랭킹 아래에 있는 선수보다 결코 실력이 뒤지지 않는다고 가정하자.

A 팀은 랭킹 2, 4, 9의 선수로 구성되어 있다.

B 팀은 랭킹 3, 5, 7의 선수로 구성되어 있다.

C 팀은 랭킹 1, 6, 8의 선수로 구성되어 있다.

각 팀의 평균 랭킹이 5이므로 팀의 실력이 동등한 것 같다.

첫 번째 경기에서 팀은 자신의 능력에 따라 순위가 결정되며, 각 선수는 랭킹의 순서대로 의해 경기를 한다. 만약 A 팀이 B팀과 경기를 한다면

랭킹 2 선수는 랭킹 3 선수와 랭킹 4 선수는 랭킹 5 선수와 랭킹 9 선수는 랭킹 7 선수와 경기를 한다.

A 팀은 B 팀을 상대로 2 게임을 이겨 1승을 한다.

만약 B 팀이 C 팀과 경기를 한다면,

랭킹 2 선수는 랭킹 1 선수와 랭킹 5 선수는 랭킹 6 선수와 랭킹 7 선수는 랭킹 8 선수와 경기를 한다.

그리고 같은 방법으로 B 팀은 C 팀을 2 게임을 이겨 1승을 한다.

그러므로 A 팀은 B 팀을 이기고, B 팀은 C 팀을 이긴다.

C 팀이 A 팀과 경기를 한다면 어떠한 결과가 일어날 것으로 생각하는가? 물론 C 팀은 A 팀을 2 게임을 이겨서 1승을 한다. 이 결과는 전혀 예상치 못한 결과이다. A 팀이 B 팀을 이기고, B 팀이 C 팀을 이기면, A 팀은 C 팀을 이긴다. 그러나 다른 것은 있을 수 없다.

---

[27] 3개의 팀으로 토너먼트 방식으로 경기를 하는데 3개의 팀이 풀리그전으로 경기를 하는 것임.

체스 토너먼트 패러독스

토너먼트의 주최자는 우승자가 없으면 대회의 결과에 매우 만족스럽지 못하다고 판단하고 대회의 규칙을 변경하였다. 새로운 규칙에서는 두 팀이 만나는 각 팀 구성원은 상대 팀의 모든 멤버와 대결하는 것으로 바꾸었다.

A 팀이 B 팀과 경기를 할 때 어떠한 일이 일어나는가 보자. 9번의 게임을 하고 A 팀이 5번을 이긴다. (랭킹 2가 랭킹 3, 5, 7을 이긴다. 랭킹 4는 랭킹 5, 7을 이긴다.) 그러면 A 팀이 이긴다.

B 팀이 C 팀과 경기를 하면, B 팀이 5번 게임을 이긴다.(랭킹 3과 5는 랭킹 6과 8을 이기고, 랭킹 7은 랭킹 8을 이긴다.) 그러므로 B 팀이 이긴다.

C 팀이 A 팀과 경기를 하면 어떠한 결과가 나오는가? 우리의 상상대로 C 팀이 A 팀을 5번 게임을 이긴다.(랭킹 1이 랭킹 2, 4, 9를 이기고, 랭킹 6과 8은 랭킹 9를 이긴다.)

토너먼트 주최자는 절망을 하였다. A 팀이 B 팀 보다 더 우수하고, B 팀 C 팀 보다 우수하면, 논리적으로 확실히 A 팀이 C 팀 보다 더 우수할 것이다. 그것은 '더 우수하다.'는 무슨 의미일까?

토너먼트 역설은 추이성을 지니고 있지 않은 순서 체계의 예이다. 우리가 수를 비교 할 때 부등식의 기본 성질은 만약 $a > b$고 $b > c$이면, $a > c$라는 추이성을 만족한다. 실수의 순서는 [그림 1]에서 처럼, 수직선 위의 숫자의 위치로 인해 추이성을 설명할 수 있다.

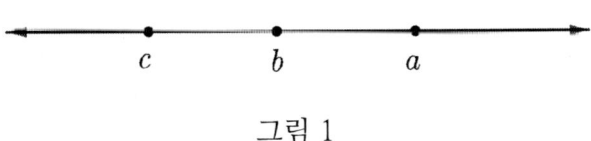

그림 1

그러므로 $a > b$ 라는 것은 수직선에서 a가 b보다 오른쪽에 있다는 것이다. a가 b보다 오른쪽에 있고 b가 c보다 오른쪽에 있으면, a는 c보다 오른쪽에 있다. 사람들의 키의 순위는 추이성이 있는 순서 체계의 또 다른 예이다. 만약 갑이 을 보다 크고 을은 병보다 크면, 갑은 병 보다 크다. 추이성은 열거된 항목을 나열하는 것이 가능하다. 많은 일반적 순서는 추이적이지만, 다는 아니다. 토너먼트 역설은 추이성을 지니고 있지 않은 순서 체계의 좋은 예이다.

여기 토너먼트 문제에 대한 흥미로운 작은 측면이 있다. 만약 체스 팀들이 아래에서 보이는 것처럼 배열되었으면, 가로 열, 세로 열, 주대각 선의 합이 같은 값인 3×3인 마방진을 만들 어 설명할 수 있다.

수학 속 패러독스

표 1 합이 15인 3 × 3 정방마방진

A	B	C
4	3	8
9	5	1
2	7	6

각각 5명의 선수로 이뤄진 5팀의 토너먼트에 연관된 5 × 5 마방진을 이용한 비슷한 패러독스를 만들어 보아라.

표 2 합이 65로 일정한 5 × 5 정방마방정

A	B	C	D	E
9	2	25	18	11
3	21	19	12	10
22	20	13	6	4
16	14	7	5	23
15	8	1	24	17

각각 4명의 선수로 이뤄진 4팀의 토너먼트에 연관된 4 × 4마방진을 이용한 비슷한 역설을 만들어 보아라.

표 3 합이 16로 일정한 4 × 4 정방마방정

A	B	C	D
16	3	2	13
5	10	11	8
9	6	7	12
4	15	14	1

이 경우에는 어느 두 팀은 2:2로 비긴다. 이 4 × 4 정방마방진은 비슷한 역설을 만들지 못한다. 그 이유는 무엇인지 독자여러분께 맡기도록 하겠다.

28
픽 정리 패러독스

[그림 1]에는 몇 가지 단순한 다각형 있다. 각 다각형에는 내부 격자 점 개수(I)와 경계 격자 점 개수(B)를 구하고 픽 정리(Pick's theorem)를 이용하여 넓이를 구할 수 있다. 픽 정리는 아래와 같다.

$$(\text{넓이}) \ A = I + \frac{B}{2} - 1$$

픽 정리는 다각형의 꼭짓점이 모두 격자 점 (좌표가 모두 정수인 평면 좌표 위의 점)일 때 다각형의 넓이를 구하는 공식이다. 넓이를 구하기 위해 해야 할 일은 다각형의 내부와 경계 위의 격자 점을 세는 것이다. 픽 정리를 이용해서 다른 다각형의 넓이를 구해 보아라. 이는 몹시 단순한 넓이 공식이 분명하게 정확하다는 것을 알 수 있다.

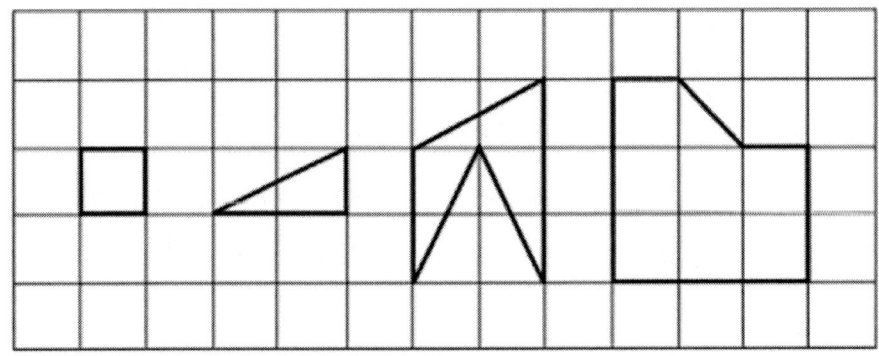

그림 1 픽 정리

[그림 1]의 각 도형의 내부 격자 점 개수와 경계 격자 점 개수를 세서 넓이를 구하여 보자. 그 결과는 아래와 같다.

$I = 0$	$I = 0$	$I = 0$	$I = 3$
$B = 4$	$B = 4$	$B = 8$	$B = 11$
$A = 1$	$A = 1$	$A = 1$	$A = \dfrac{15}{2}$

수학 속 패러독스

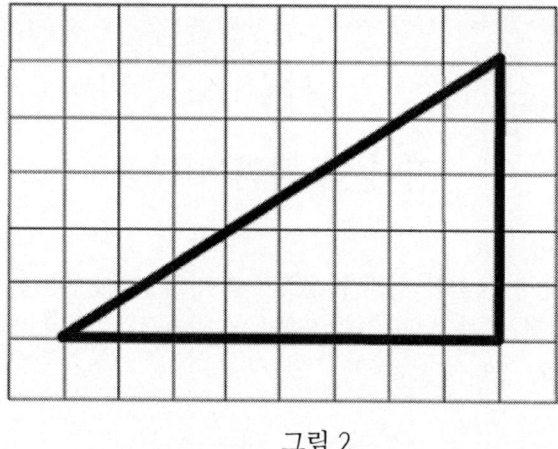

그림 2

그러면 이번에는 [그림 2]의 삼각형의 넓이를 구하여 보자. 밑변은 8이고 높이는 5이므로, 넓이는 $\frac{1}{2} \times 5 \times 8 = 20$이다. 그러나 픽 정리에 의해서 구하여 보면 삼각형은 14개의 내부 점과 15개의 경계점을 가지고 있기 때문에, $I = 14$, $B = 15$이므로 넓이는 $I + \frac{B}{2} - 1 = 14 + \frac{15}{2} - 1 = \frac{41}{2}$이다. 왜 다른 넓이의 결과가 나온 것일까?

좌표의 원점이 삼각형의 왼쪽 아래 꼭짓점에 있다고 추론할 때, 다른 두 개의 꼭짓점의 좌표는 (8,0)과 (8,5)이다. 빗변의 기울기는 이고, $\frac{5}{8}$이기 $\frac{5}{8} < \frac{2}{3}$ 때문에, 점 (3,2)는 빗변 위에 있다. 즉 삼각형 바깥에 위치한다. 그러므로 경계 위의 점은 15개가 아니라 14개이다. 따라서 $B = 14$이므로 $I + \frac{B}{2} - 1 = 14 + \frac{14}{2} - 1 = 20$으로 올바르게 구하여 진다.

분수 $\frac{2}{3}$와 $\frac{5}{8}$의 값은 비슷하기 때문에 눈은 빗변의 두 부분의 기울기의 차이를 쉽게 알아챌 수가 없다. 눈은 착시에 속아서 점 (3,2)가 빗변 위에 위치한다고 생각하게 판단을 하여서 생긴 오류이다. 분수 $\frac{2}{3}$와 $\frac{5}{8}$과 같이 값이 서로 매우 가까운 분수 쌍을 사용하여 픽 정리가 모순되는 것처럼 보이는 더 많은 예제를 만들 수 있다. 사실, 피보나치 수열, 1, 1, 2, 3, 5, 8, 13, 21, …의 연속적인 세 항들로 매우 가까운 분수 쌍을 만들 수 있다.

$$\left(\frac{2}{3}, \frac{3}{5}\right), \left(\frac{3}{5}, \frac{5}{8}\right), \left(\frac{5}{8}, \frac{8}{13}\right), \cdots$$

피보나치 수열은 착시와 오류를 만들어 내는 수열인가 보다.

픽 정리 패러독스

픽 정리 증명

격자 점(Lattice Point)은 평면 좌표에서 x 성분과 y 성분 모두 정수로 이루어진 순서쌍의 점이다. **격자 다각형**(Lattice Polygon)은 모든 꼭지점이 격자점인 도형이다.(그리고 모든 변들이 직선으로 이루어져 있는 도형이다.) 여기서의 격자 다각형은 볼록한 다각형으로 정의 하자. 픽 정리의 증명은 볼록한 다각형 뿐만 아니라 오목한 다각형과 가운데가 제거된 다각형 등으로 일반화를 하여 증명을 할 것이다.

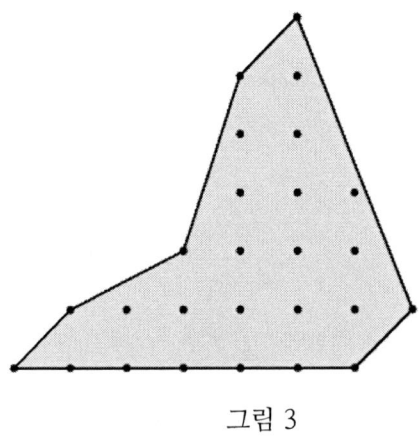

그림 3

격자 다각형에서

$I =$ (격자 다각형 내부의 격자 점 개수)

$B =$ (격자 다각형의 경계에 있는 격자 점의 개수)

이라고 정의 하자. 경계에 있는 격자 점은 꼭지점 개수와 변 위에 있는 격자 점의 개수를 포함한다.

정리(픽 정리) 격자 다각형의 넓이는 $I + \dfrac{B}{2} - 1$ 이다.

만약 격자 다각형이 삼각형이라면 간단한 공식에 의해서 넓이를 계산할 수가 있다. 세 꼭짓점의 좌표가 (x_1, y_1), (x_2, y_2), (x_3, y_3)이라고 하자. 그러면 이 세 좌표로 이루어진 격자 삼각형의 넓이 S는

$$S = \frac{1}{2}\begin{vmatrix} x_1 & y_1 & 1 \\ x_2 & y_2 & 1 \\ x_3 & y_3 & 1 \end{vmatrix}$$

이다. 이 공식은 물론 사선 공식으로 잘 알려져 있다. 사선 공식으로 나타내면

$$S = \frac{1}{2}\begin{vmatrix} x_1 & x_2 & x_3 & x_1 \\ y_1 & y_2 & y_3 & y_1 \end{vmatrix} = \frac{1}{2}\left|(x_1y_2 + x_2y_3 + x_3y_1) - (x_2y_1 + x_3y_2 + x_1y_3)\right|$$

이다. 이 공식은 모든 성분이 정수 뿐 아니라 실수에서도 성립한다. 더 특별한 경우로 한 점이 원점이고 다른 두 점이 (x_1, y_1), (x_2, y_2) 이면 이 삼각형의 넓이는 $\frac{1}{2}\left|x_1y_2 - x_2y_1\right|$ 이다.

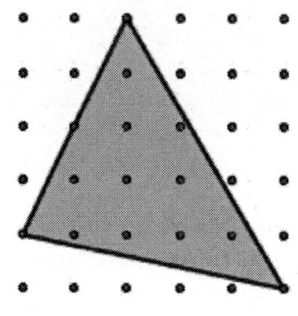

그림 4

[그림 4]의 격자 다각형의 넓이를 구하여 보아라.

격자 다각형의 내부에는 14개의 점이 있고, 격자 다각형의 경계에는 12개의 점이 있다. 따라서 $I = 14$, $B = 12$ 이다. 그러므로 격자 다각형의 넓이 S는

$$S = I + \frac{B}{2} - 1 = 14 + \frac{12}{2} - 1 = 19$$

이다.

세 점 $(0, 1)$, $(5, 0)$, $(2, 5)$의 격자 삼각형 넓이를 픽 정리를 이용하여 구하여 보고 사선공식에 의해서 구하고 이를 비교하여 보아라.

내부 점의 개수가 10개이고 경계에 있는 점의 개수가 4개이어서 $I = 10$, $B = 4$이어서 격자 삼각형의 넓이는

$$I + \frac{B}{2} - 1 = 10 + \frac{4}{2} - 1 = 11$$

이다. 그리고 사선 공식에 의해서 구하여 보면,

$$S = \frac{1}{2} \begin{vmatrix} 0 & 1 & 1 \\ 5 & 0 & 1 \\ 2 & 5 & 1 \end{vmatrix}$$

$$= \frac{1}{2} \begin{vmatrix} 0 & 5 & 2 & 0 \\ 1 & 0 & 5 & 1 \end{vmatrix} = \frac{1}{2} \left| (5 + 0 + 0) - (0 + 25 + 2) \right| = 11$$

이다. 두 가지 방법에 의해서 구한 넓이가 같음을 알 수 있다.

격자 직사각형의 픽 정리 증명

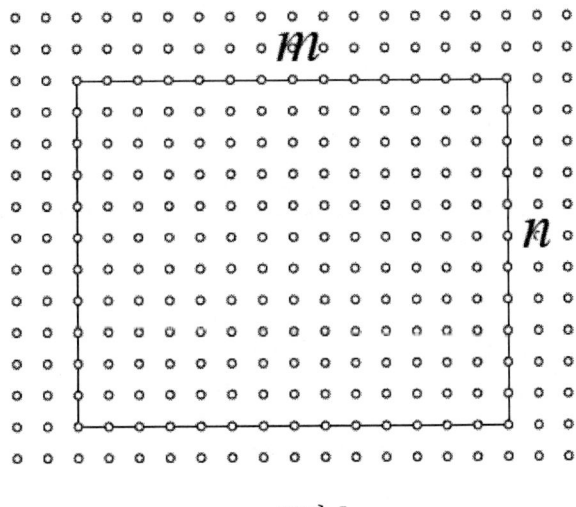

그림 5

[그림 5]은 14×11 ($m = 14, n = 11$)인 직사각형이고 그 넓이는 $14 \cdot 11 = 154$ 이다. 우리는 격자 직사각형의 내부점의 개수와 경계점의 개수를 쉽게 계산을 할 수 있다. 내부점의 개수는 $I = 13 \cdot 10 = 130$개이고, 경계점은 $B = (14 + 11) \cdot 2 = 50$개이다. 따라서 픽정리에 의해서 격자 직사각형의 넓이는

$$I + \frac{B}{2} - 1 = 130 + \frac{50}{2} - 1 = 154$$

이다. 그러므로 같은 값임을 알 수 있다.

그러면 가로 세로 길이가 $m \times n$인 격자 직사각형의 넓이는 얼마일까? 넓이는 mn이다.

픽 정리를 이용하여 구하여 보자. 내부 점의 개수는 $I = (m-1)(n-1)$이고, 경계점의 개수는 $2(m+n)$이다. 따라서 격자 삼각형의 넓이는

$$I + \frac{B}{2} - 1 = (m-1)(n-1) + \frac{2(m+n)}{2} - 1 = mn$$

이다. 넓이가 같음을 알 수 있다.

격자 직각삼각형의 픽 정리 증명

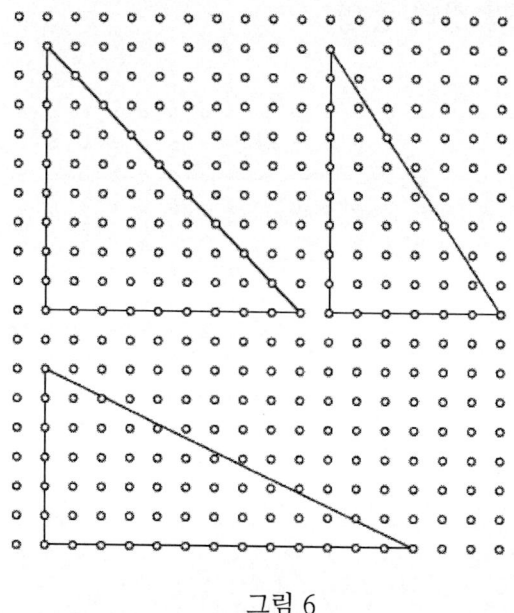

그림 6

따라서 격자 직각삼각형 T의 밑변의 길이와 높이를 각각 m, n이라고 하면 넓이는 $\frac{mn}{2}$이다. 격자 삼각형 T의 내부점 개수와 경계점의 개수를 어떻게 셀것인가? [그림 6]의 위의 왼쪽 격자 직각삼각형은 빗변에 격자점이 8개로 촘촘히 있는 경우이고 위의 오른쪽 격자 직각삼각형은 빗변에 격자점이 2개 밖에 없으며 아래의 격자 직각삼각형은 빗변에 격자점이 하나도 없는 경우로 다양한 경우가 있다. 이러한 경우는 문제될것이 없다. 빗변에 있는 격자점의 개수를 k개라고 하면 된다. 단, 빗변의 격자점 개수는 삼각형의 꼭지점의 개수는 세지 않는다. 그러면 경계점의 개수는

$$B = m + n + 1 + k$$

개 이다. 왜 일까? 격자 점을 연결한 선분 위의 격자 점 개수는 선분 길이에 하나를 더한 것이 점의 개수이고 빗변의 개수에서는 꼭지점의 개수가 포함 되지 않기 때문이다.

또한 내부 점의 개수는 어떻게 셀까? 격자 직각삼각형을 포함하는 가장 작은 격자 직사각형으로 생각을 하자. 이 격자 직각삼각형은 격자 직사각형의 절반이다. 격자 직사각형의 내부의 점의 개수는 $(m-1)(n-1)$개이고, 대각선에 있는 격자 점의 개수는 k개이므로 내부 점의 개수에서 대각선에 있는 격자 점의 개수를 빼고 2로 나누면 내부 점의 개수를 구할 수 있다. 따라서 내부 점의 개수는

$$I = \frac{(m-1)(n-1)-k}{2}$$

개 이다. 그러므로 픽 정리에 의해서 넓이를 계산하면,

$$I + \frac{B}{2} - 1 = \frac{(m-1)(n-1)-k}{2} - \frac{m+n+1+k}{2} - 1$$

$$= \frac{mn}{2} - \frac{m}{2} - \frac{n}{2} + \frac{1}{2} - \frac{k}{2} + \frac{m}{2} + \frac{n}{2} + \frac{1}{2} + \frac{k}{2} - 1$$

$$= \frac{mn}{2} = \mathscr{A}(T)$$

이다. 직각삼각형 넓이의 공식을 이용한 넓이와 픽 정리를 이용하여 구한 넓이와 같다는 사실을 알 수 있다.

일반적인 격자 삼각형의 픽 정리 증명

일반적인 격자 삼각형의 넓이에 픽 정리를 적용하려면 일반적인 격자 삼각형을 포함하는 가장 작은 격자 직사각형을 작도 하자. 그러면 [그림 7]과 같이 나타낼 수 있다. 격자 직각삼각형 A, B, C와 일반적인 격자 삼각형 T 그리고 격자 직사각형 R이라고 하자.

각각의 도형에 픽 정리를 적용하여 나타내자.

$$\mathscr{A}(A) = I_a + \frac{B_a}{2} - 1$$

$$\mathscr{A}(B) = I_b + \frac{B_b}{2} - 1$$

$$\mathscr{A}(C) = I_c + \frac{B_c}{2} - 1$$

$$\mathscr{A}(R) = I_r + \frac{B_r}{2} - 1$$

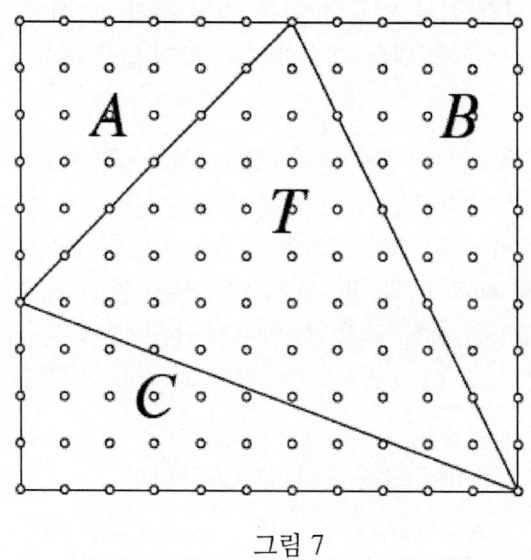

그림 7

또한 일반적인 격자 삼각형 T에도 픽 정리를 적용하면

$$\mathscr{A}(T) = I_t + \frac{B_t}{2} - 1$$

이다. 우리의 목표는 격자 직각삼각형 A, B, C와 일반적인 격자 삼각형 T 그리고 격자 직사각형 R일반적인 격자 삼각형의 픽 정리와 같다는 것을 증명하여야 한다.

$$\mathscr{A}(T) = \mathscr{A}(R) - \mathscr{A}(A) - \mathscr{A}(B) - \mathscr{A}(C)$$
$$= I_r - I_a - I_b - I_c + \frac{(B_r - B_a - B_b - B_c)}{2} + 2$$

이다.

$m \times n$인 격자 직사각형 R의 넓이는 $\mathscr{A}(R) = mn$, 경계점은 $B_r = 2(m+n)$, 내부점은 $I_r = (m-1)(n-1)$이다.

격자 직사각형과 세개의 격자 직각삼각형의 경계점의 개수는 격자 삼각형 T의 경계점들이 두번 세어졌기 때문에 이들의 관계식은

$$B_a + B_b + B_c = B_r + B_t \quad \text{또는} \quad B_r = B_a + B_b + B_c - B_t$$

이다.

격자 직사각형과 세 개의 격자 직각삼각형의 내부 점의 개수는 세 격자 삼각형 A, B, C의 내부점 개수와 일반적인 격자 삼각형 T의 내부점의 개수와 경계점의 개수를 더하고 격자 삼각형 T의 세 꼭지점의 개수를 빼주어야 한다. 그러므로

픽 정리 패러독스

$$I_r = I_a + I_b + I_c + I_t + (B_a + B_b + B_c - B_r) - 3$$

이다. 이제 픽 정리를 이용하여 일반적인 격자 삼각형 T의 넓이를 구하여 보자.

$$\mathscr{A}(T) = I_r - I_a - I_b - I_c + \frac{(B_r - B_a - B_b - B_c)}{2} + 2$$

$$= (I_a + I_b + I_c + I_t + B_t - 3) - I_a - I_b - I_c$$

$$+ \frac{(B_a + B_b + B_c - B_t) - B_a - B_b - B_c}{2} + 2$$

$$= I_t + \frac{B_t}{2} - 1$$

[그림 7]의 일반적인 격자 삼각형의 넓이와 직사각형의 넓이를 픽 정리를 이용하여 구하여 보아라. 그 결과는 아래와 같다. 픽 정리가 성립한다는 확인할 수 있다.

	I	B	$\mathscr{A} = I + \dfrac{B}{2} - 1$
A	10	18	$18 = 10 + \dfrac{18}{2} - 1$
B	16	20	$25 = 16 + \dfrac{20}{2} - 1$
C	15	16	$22 = 15 + \dfrac{16}{2} - 1$
T	40	12	$45 = 40 + \dfrac{12}{2} - 1$
R	90	42	$110 = 90 + \dfrac{42}{2} - 1$

일반적인 도형의 픽 정리 증명

일반적인 격자 n 각형의 도형의 픽 정리가 적용이 되는지 증명하여야 한다. 그러나 이 책에서는 너무 어려워서 방법만 소개하려고 한다. 격자 n 각형의 도형이 오목한 도형이건 볼록한 도형이건 상관이 없다. 증명방법은 수학적 귀납법으로 증명을 하여야 한다. 수학적 귀납법의 증명 방법에 의해서

1) 모든 격자 삼각형에 대해서 픽 정리가 성립함을 보여야 한다.

2) 모든 격자 삼각형, 사각형, 오각형, ⋯, $(k-1)$각형에 대하여 픽 정리가 성립한다고 하면 격자 k각형이 픽 정리가 성립함을 보야야 한다.

수학 속 패러독스

한번 증명을 도전을 하여 보아도 좋을 것이다. 또한 구멍이 뚫린 경우도 있다. 구멍이 뚫린 경우를 포함해서 일반화된 경우의 증명은 논문 Davis, T. (2003). "Pick's Theorem."을 참고하여라.

그림으로 증명하는 픽 정리

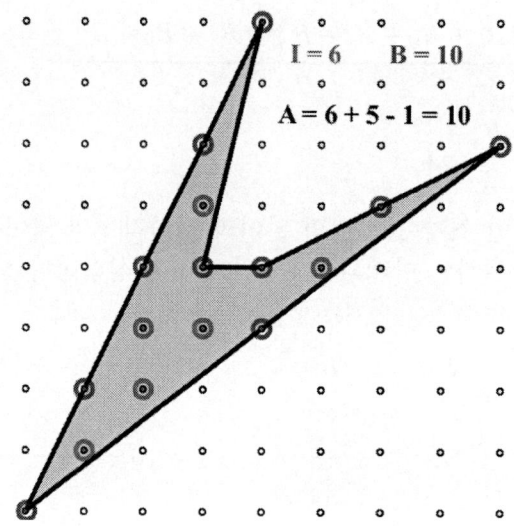

그림 8 격자 다각형

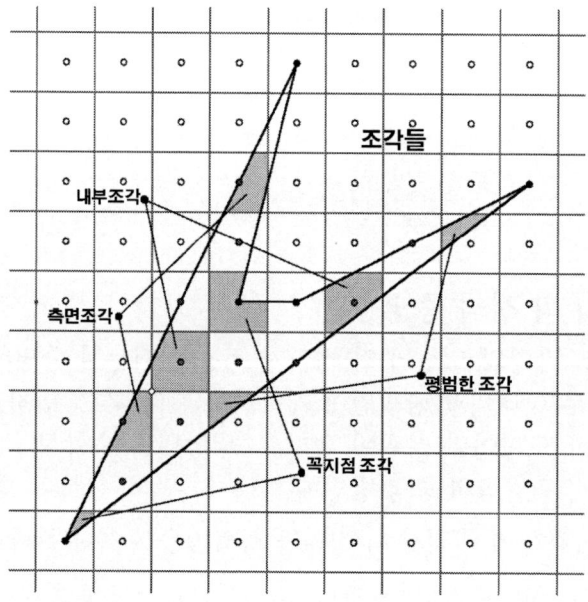

그림 9 격자 다각형의 조각들

픽 정리 패러독스

[그림 8]의 격자 다각형 넓이를 픽 정리를 이용하여 구하여 보자. 내부 점의 개수는 $I = 6$개, 경계점의 개수는 $B = 10$개이므로

$$\mathscr{A}(T) = I - \frac{B}{2} - 1 = 6 + \frac{10}{5} - 1 = 10$$

이다. 격자 다각형의 조각들을 내부 조각, 측면 조각, 꼭지점 조각, 평범함 조각(내부 조각, 측면 조각, 꼭지점 조각도 아닌 조각)으로 나누자.

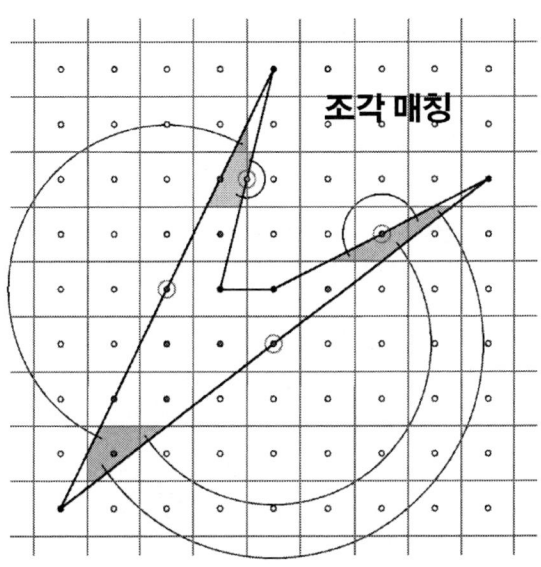

그림 10 격자 다각형의 조각 매칭

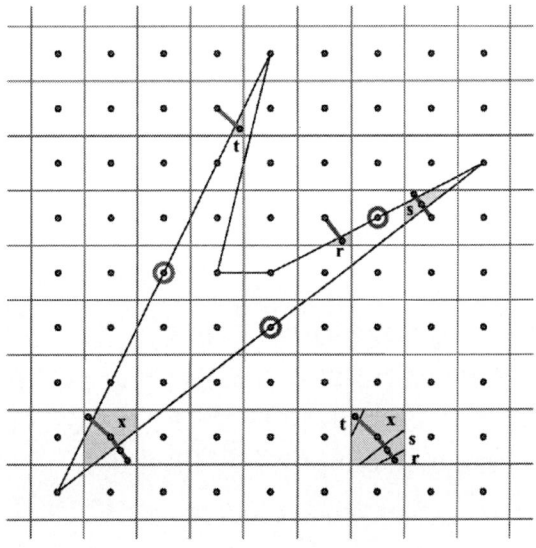

그림 11 격자 다각형의 조각 모임

171

꼭지점을 포함하는 조각들의 넓이 합은 $\frac{V}{2} - 1$이다. 색은 $c_1, c_2, c_3, \cdots, c_{I+S+V}$의 색들이 필요하다.

[그림 11]조각들의 모임은 변의 중심을 기준으로 180° 회전을 하여서 조각을 합치면 된다. 변의 중점을 기준으로 조각들을 변에 해당하는 조각들을 매칭할 수 있다. [그림 12]은 대표적인 조각 매칭을 보여준다.

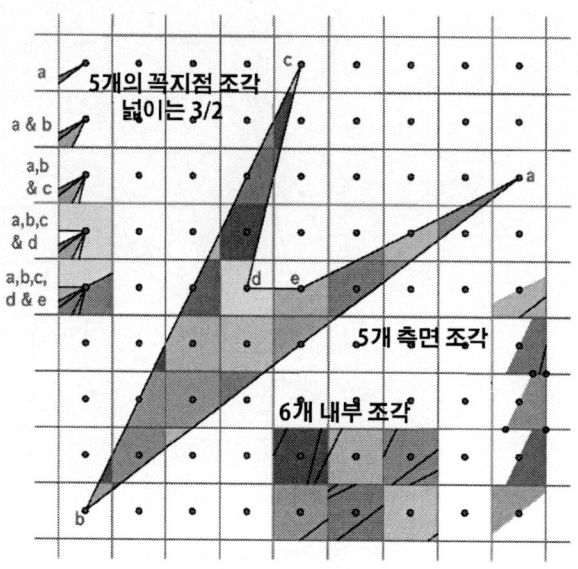

그림 12 격자 다각형의 조각 색갈별 모임

변에서 꼭지점을 제외한 측면 점의 개수는 $S = B - V$이어서 이를 픽 정리에 대입을 대입하여 정리를 하면

$$\mathscr{A} = I - \frac{B}{2} - 1 = I + \frac{S}{2} + \frac{V}{2} - 1$$

이다.

오스트리아의 수학자 게오르그 픽(Georg Pick, 1859-1943)에 대해 알려진 사실은 매우 적다. 그는 1899년에 자신의 정리를 출판했고, 1911년에 알버트 아인슈타인(Albert Einstein, 1879-1955)과 함께 연구를 하였다. 픽은 아우스비츠 집중 수용소(Theresienstadt concentration camp)[28]에서 사망하였다.

---

[28] 제2차 세계대전 중 체코에 있던 강제수용소.

29
에프론 주사위 패러독스

당신과 친구 두 명이 주사위 놀이를 한다고 가정하자. 각각 기존의 정육면체에 1부터 6까지의 숫자가 한 번씩 적혀져 있는 평범한 주사위를 굴린다고 할 때, 더 큰 숫자가 나오는 사람이 이긴다. 두 사람 모두 같은 확률로 승리할 수 있기 때문에 매우 공정한 게임이다.

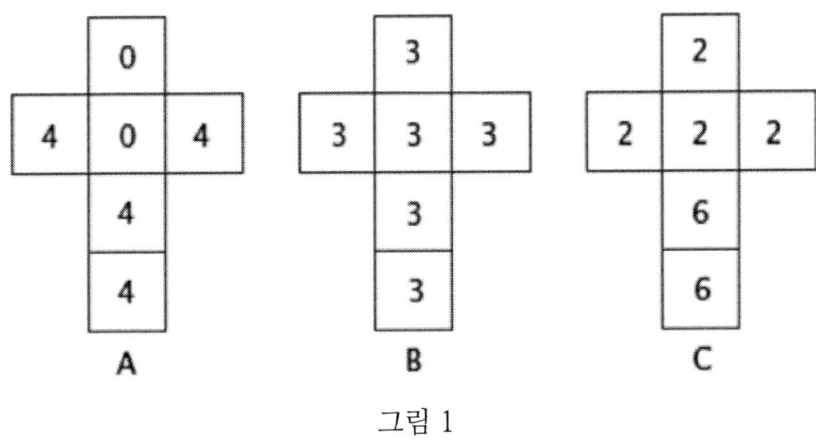

그림 1

그럼 이제 [그림 1]의 평범하지 않은 주사위를 가지고 주사위 게임을 하여 보자. [그림 1]은 정육면체에 아래와 같이 숫자자 적혀져 있는 3개의 A, B, C 주사위이다.

이제 이 주사위를 가지고 다른 게임을 하여 보자.

먼저 당신이 주사위 하나를 고르면 친구는 남은 두 개의 주사위 중 하나를 고른다. 동시에 주사위를 굴려서 큰 숫자가 나온 사람이 이긴다.

질문 1. 당신이 주사위 A를 고르면 상대는 주사위 B를 고른다. 누가 이길까?

질문 2. 당신이 주사위 B를 고르면 상대는 주사위 C를 고른다. 누가 이길까?

질문 3. 질문 1과 2를 통해 우리는 가능성으로 보았을 때 A가 B를 이기고 B가 C를 이긴다. 주사위 와 를 동시에 굴린다면 A가 C를 이길 것이다. 맞는가? 어떻게 이러한 일이 일어났는지 설명할 수 있는가?

질문 4. 처음에 주사위를 선택할 것이 더 좋은가? 나중에 선택하는 하는 것이 더 좋은가?

질문 5. 처음 주사위를 선택한다면 세 개의 주사위 중 무엇을 고르는 것이 가장 높은 확률로 이길 수 있는가?

질문 6. 세 개의 주사위가 동시에 던진다면 무슨 일이 일어나는가? A의 평균은 $\frac{0+0+4+4+4+4}{6} = \frac{8}{3}$이다. B의 평균은 $\frac{3+3+3+3+3+3}{6} = 3$이고, C의 평균은 $\frac{2+2+2+4+6+6}{6} = \frac{10}{3}$이다. 이 말인 즉, 가장 이길 확률이 높은 주사위는 C, 그리고 다음으로는 B이고 마지막으로 C이다. 이렇다고 말할 수 있는가?

위의 6개의 질문에 대하여 살펴보도록 하자.

질문 1. 주사위 A와 B를 함께 굴렸을 때 일어날 사건을 계산해 보자. 6번 중 4번 꼴로 A의 4가 B의 3을 이긴다. 즉, A가 B를 이길 확률은 $\frac{2}{3}$이고, B가 A를 이길 확률은 당연히 $\frac{1}{3}$이다.

질문 2. 주사위 B와 C를 함께 굴려질 때 일어날 사건을 계산해 보자. 6번 중 4번 꼴로 B의 3이 C의 2를 이긴다. 그러므로 B가 C를 이길 확률은 $\frac{2}{3}$이며, 반대로 C가 B를 이길 확률은 $\frac{1}{3}$이다.

질문 3. 주사위 A와 C를 함께 굴려질 때 일어날 사건을 계산해 보자. A가 4이고 C가 2이면 A가 이길 것이다. 즉, A가 4일 확률은 $\frac{2}{3}$이고 C가 2일 확률은 $\frac{2}{3}$이다. 즉, A가 C를 이길 확률은 $\frac{2}{3} \times \frac{2}{3} = \frac{4}{9}$이다. 그러므로 C가 이길 확률은 $\frac{5}{9}$가 된다. 평균적으로 C가 A를 이길 확률이 더 높다.

질문 4. 항상 두 번째 주사위를 선택하는 것이 더 유리하다. 첫 번째 학생이 어떤 주사위를 선택하던 간에 그 주사위를 이길 수 있는 주사위를 선택하면 되기 때문이다.

질문 5. 만약 처음 선택해야만 한다면, 주사위 A 를 선택하라. 주사위 C에게 지더라도 $\frac{4}{9}$의 확률로, 질 확률이 $\frac{2}{3}$이나 되는 주사위 B보다는 작다.(B가 A에 질 확률이던, C가 B에 질 확률이던 간에 이 모든 확률보다 주사위 A를 선택하는 것이 질 확률이 가장 낮다.)

질문 6. "평균"으로 판단한 주장은 잘못된 답을 제공한다. 만약 주사위 세 개가 함께 던진다면,

A는 4가, B는 2일 때 A가 이긴다. 즉 확률은 $\frac{2}{3} \times \frac{2}{3} = \frac{4}{9}$ 이다.

B는 A가 4이고 C가 2일 때 이긴다. 즉 확률은 $\frac{1}{3} \times \frac{2}{3} = \frac{2}{9}$ 이다.

C는 6일 때 이긴다. 즉, 확률은 $\frac{2}{3}$ 이다.

그러므로 세 경우를 비교해보면 주사위 A가 이길 확률이 가장 높다.

이렇듯 가장 높은 평균을 가진 주사위가 이길 수 있는 기회를 가진다는 주장은 잘못된 것이다. 주사위 면의 숫자는 승의 확률에 영향을 주지 않고 변경 될 수 있다. 예를 들어 주사위 A의 0이 1로 바뀌고 주사위 C의 6이 5로 바뀌면 주사위 눈의 평균은 똑같이 3이 되지만 이길 확률은 전과 같다.

만약 당신 교사라면 수업에서 3명으로 구성된 그룹들을 만들고 각 그룹마다 세 개의 주사위를 만들게 하여라. 평범한 주사위에 스티커를 붙여서 에프론 주사위 3개를 만들게 하여라. 그 다음에 학생들에게 주사위 놀이를 하고 그 결과를 계속해서 기록하게 하여라. 게임을 하는 중에 학생들이 알아서 게임 전략을 찾아낼 것이다. 이 활동이 끝나면, 학생들은 이 주사위 게임을 분석할 수 있을 것이다. 결과에 모두를 놀랄 것이다. 세 주사위의 이기는 관계는 A가 C를 이기고, B가 C를 이기고, C가 A를 이긴다는 순환하는 순서이다.

순서 R은 추이적 관계를 나타내는 기호이다. 사용법은 aRb (a가 b와 관계를 갖는다.), bRc (b가 c와 관계를 갖는다.)이면 aRc (a가 c와 관계를 갖는다.)를 만족한다. 예로는 임의의 세 정수 a, b, c에대하여 $a > b$, $b > c$ 이면 $a > c$를 만족하는 정수의 일반적인 순서 관계를 들 수 있다. 하지만 모든 것이 각각 추이적인 것처럼 보이지만 모든 관계가 추이적이지는 않다. 한 주사위가 다른 주사위를 이기는 것만 보면 추이적 관계이지만 A가 B를 이기고, B가 C를 이기지만 A가 C를 이기지 못 하는 것을 보면 그렇지 아닌 것을 알 수 있다. 이 순환 때문에 첫 번째 학생이 힘들어진다. 첫 번째 학생이 무엇을 뽑던 간에 두 번째 학생이 그 보다 승률이 높은 주사위를 뽑을 수 있기 때문이다.

4개의 순환적인 관계를 가지는 주사위는 캘리포니아 스탠포드 대학교 통계와 생물 통계학 교수 브래들리 에프론(Efron, b. 1938)이 개발했다. 에프론은 MaxH. Stein 대학교 인류학과 과학 교수이기도 하다. 그가 만든 주사위 중 3개가 이 활동에서 사용되었다. 그의 네 번째 주사위의 숫자는 5, 5, 5, 1, 1, 1 이다.

30
탐험가 패러독스

한 탐험가가 남극 대륙에 상륙하고 그대로 남동쪽 방향으로 여행을 시작했다. 그의 지도는 메르카토르식 투영도법[29]으로 평면의 점과 구의 표면의 점이 일치한다. 지도의 밑 부분은 남극점이다. 지도 상에서 탐험가의 경로는 직선이다.([그림 1]을 보아라.)

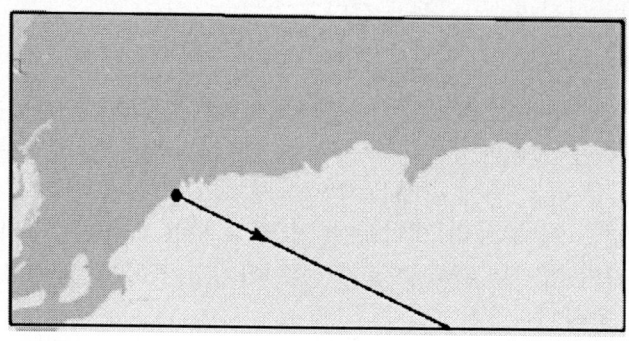

그림 1

구인 지구의 표면에서 탐험가는 남극점이 항상 자신의 오른쪽에 있다는 것을 알게 되었다. 아래 [그림 2]와 같이 그의 경로는 나선형으로 극을 돌아 점점 줄어드는 원형을 그린다. 결국 그는 남극점에 다다르게 된다.

탐험가가 다시 그의 발자취를 따라 돌아가려면 어떻게 해야 할 것인가? 그는 북서쪽 방향으로 가야 하지만, 그가 남극점에 있기에 모든 방향이 남쪽이다!

왔던 길을 다시 어떻게 가야 하는가? 여러분의 해답은 무엇인지 말하여 보아라.

---

29 점장도법(Mercator projection)은 1569년 네덜란드의 게르하르두스 메르카토르가 발표한 지도 투영법으로서 벽지도에 많이 사용되는 대표적 도법이다. 원통중심도법과 원통정적도법을 절충한 이 도법은, 경선의 간격은 고정되어 있으나 위선의 간격을 조절하여 각도관계가 정확하도록(정각 도법) 되어 있다. 따라서 적도에서 멀어질수록 축척 및 면적이 크게 확대되기 때문에 위도 80' ~ 85' 이상의 지역에 대해선 사용하지 않는다. 이 도법의 가장 큰 특징은 지도 상 임의의 두 지점을 직선으로 연결하면 항정선과 같아진다는 것이다. 따라서 항해용 지도로 많이 사용되어 왔다. 또 방향 및 각도관계가 정확하기 때문에 해류나 풍향 등을 나타내는 지도에도 많이 쓰인다.(출처:위키백과)

탐험가 패러독스

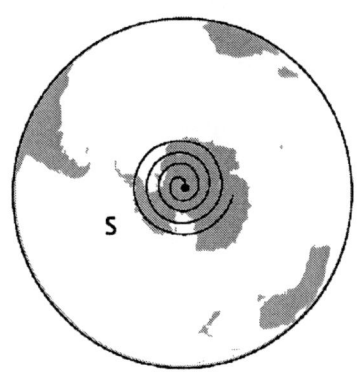

그림 2

탐험가는 그의 발자취를 따라 돌아갈 수 없다. 이것은 역으로 되돌릴 수 없는 무한한 과정의 예이다. 이 같은 과정은 오직 사고 속에서만 존재한다. 물리적인 세계에서는 오직 유한한 현상 만을 구현 할 수 있다. 탐험가가 남극점에 다가감은 그가 남서쪽을 향하고 있다는 것이다. 결국 그는 남쪽을 향하고 있는 것이다!

북극의 지리적으로 특이한 성질

이러한 패러독스와 비슷한 예를 두 가지를 더 들어 보자. 첫 번째 문제는 틀림없이 괴짜인 사람에 관한 것이다. 그는 모든 네 개의 옆면에 창문이 있는 정육면체 집을 설계했다. 각 창문은 모두 남쪽을 볼 수 있다. 세 개의 면을 동시에 볼 수 있는 어떠한 돌출된 창은 없고 그와 비슷한 어떤 한 것도 없다. 지구 상에서 이러한 집을 지을 수 있을까? 그러한 곳이 있다면 지구 상에서 이러한 조건을 만족하는 집을 지을 수 있는 곳은 어느 곳인가?

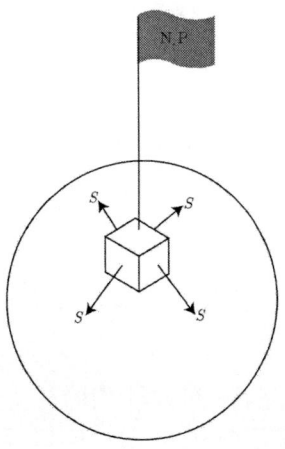

그림 3 북극점에 있는 정육면체 집의 네 옆면의 모든 창은 남쪽을 바라보고 있다.

실제로 지구 상에 단 한 곳만이 이러한 조건을 만족하는 집을 지을 수 있다. 잘 생각해보아라. 북극점에 정육면체의 집을 지으면 네 옆면의 모든 창은 모두 남쪽을 바라보고 있다.

초보 곰 사냥꾼 문제

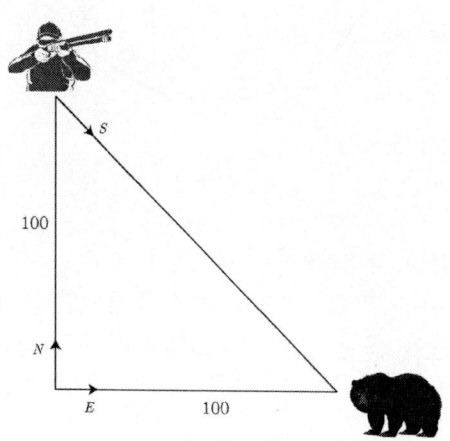

그림 4 사냥꾼과 곰의 세부적인 그림

위의 패러독스를 제시 하지 않았다면, 이 패러독스는 대부분의 사람들은 아주 역설적으로 느끼게 된다.

작은 사격 경기의 경험이 있는 어떤 사냥꾼이 첫 번째 곰 사냥을 하러 나갔다. 갑자기 그는 자신이 있는 곳으로 부터 동쪽으로 100(m) 거리에 있는 거대한 곰을 목격했다. 공포에 질린 사냥꾼은 곰으로부터 바로 도망가지 못하였고, 이러한 혼란 속에서도 북쪽으로 가야만 했다. 사냥꾼은 북쪽으로 100(m)를 이동하여 멈추고 몸을 숨기었다. 사냥꾼은 마음의 안정을 찾은 뒤 남쪽을 향해 뒤돌아서 원래의 위치에서 벗어나지 않은 곰을 총으로 쏴서 죽였다.

모든 거리를 생각하여 보아라. 남쪽에 곰이 있겠는가? 이러한 현상이 어떻게 일어날 수 있는지 설명하여 보아라.

사냥꾼은 100(m)를 북쪽으로 움직여서 북극점에 위치해야 한다. 그래야만 곰을 바라보고 있는 쪽이 남쪽이 된다.

비슷한 문제를 만들 수 있다. 어떤 사람이 집에서 출발하여 남쪽으로 5(km) 서쪽으로 5 (km), 북쪽으로 5(km)을 걸어 가서 집으로 되 돌아갈 수 있겠는가?

집이 북극점에 있어야만 가능하다.

31
펜로즈 삼각형

정사각형 단면을 갖는 3개의 긴 막대는 정삼각형이 만들어지는 것처럼 함께 맞닿아 있다. 아래 그림과 같은 삼각형 구조물이 존재할 수 있을까?

그것은 불가능하다! 이 물체를 멀리 떨어져서 보면 존재할 수 없는 삼각형 구조물을 볼 수 있다. 정사각형 단면을 갖는 세 개의 긴 막대는 정삼각형이 만들어지는 것처럼 함께 맞닿아 있다. 특정한 시점에서만 정삼각형으로 보이고 그 밖의 시점에서는 정삼각형이 아닐 뿐 아니라 단순한 세 개의 정사각기둥이 수직으로 연결된 모양이다. 단면이 정사각형의 긴 막대로는 이러한 정삼각형 모양을 얻을 수 없기 때문이다.

불가능한 정삼각형을 확대해서 보면, 우선 정삼각형 모양이 불가능한 것을 생각하기 쉽지 않다. 정사각형의 긴 막대 세 개가 보이고, 수평 하단의 막대는 90°로 다

른 두 개의 막대에 각각에 견고하게 연결되어 있으며, 두 개의 다른 막대는 서로 다른 방향을 가리키고 만나지 않는다. 앞으로 향한 막대의 끝 부분이 뒤로 향한 막대의 상단과 정교하게 만나는 것처럼 보인다.

이 불가능한 정삼각형은 스웨덴의 예술가 오스카 로이터스바르드(Oscar Reutersvärd, 1915-2002)의 작품이며, 1934년 18살에 이 작품을 만들었다. 막대기로 구성된 정삼각형으로 보일 뿐만, 각각의 긴 막대는 밑면이 정사각형인 직육면체로 만들어져 있다. 1982년 스웨덴의 우체국은 로이터스바르드의 불가능한 정삼각형 작품으로 일련의 우표를 발행했다. 왼쪽 그림은 불가능한 정삼각형으로 발행한 첫번째 우표이다.

심리학자 라이오넬 펜로즈(Lionel Penrose, 1898-1972)와 그의 아들, 유명한 물리학자 로저 펜로즈(1931년 생, Roger Penrose)는 로이터바르드와는 독립적으로 지난 1950년대 중반에 불가능한 정삼각형을 발견했다. 부자인 두 명의 영국인에 의해 이 불가능한 정삼각형은 매우 인기가 있어서 공평하진 않지만 펜로즈 삼각형(penrose triangle)이라고 불리어지고 있다.

1954년 물리학자 로저 펜로즈 (Roger Penrose)는 네델란드의 그래픽 아티스트인 에셔의 강의에 참석하여 불가능한 삼각형을 재발견하였고, 가장 친숙한 형식으로 그려 냈으며, 1958년에 그의 저서인 〈라이오넬 펜로즈 (Lionel Penrose)〉를 영국 심리학 저널 (British Journal of Psychology)에 실었다. 네델란드 예술가 M.C. 에셔(M. C. Escher)는 L. 펜로즈(L. Penrose)과 R. 펜로즈(R. Penrose)의 근본적인 아이디어를 인용하고 이를 능수능란하게 발전시켜 끝없는 계단 모양의 작품을 만들었다. 1954년 에셔는 '전망대(Belvedere)', '올라가기와 내려가기(Ascending and Descending)', '폭포(Waterfall)'와 같은 세 가지 불가능한 작품을 만들었다.

32
떠오르는 달 패러독스

보름달일 때 지평선에서 보이는 달이 몇 시간 후 완전히 머리 위에 떠 있는 달보다 훨씬 커 보인다. 눈에 보이는 것과 반대로 달은 떠오를 때가 완전히 머리 위에 떠 있을 때보다 지구로부터 더 멀리 위치한다.

지평선 상의 달이 머리 위에 떠 있는 달보다 커 보이는 이유는 무엇일까?

달이 떠오를 때가 완전히 떠올랐을 때보다 지구에서 더 멀리 떨어진 상태라는 것은 사실이다. 이 현상을 설명하기 위해 [그림 1]에서 보이는 것처럼, 지구의 반지름을 r이라고 하고 달에서 부터 지구 표면 까지 거리를 R이라고 하고 관찰자에서 부터 떠오르는 달까지 거리를 d라고 하자.

삼각 부등식에 의해서 $OP + PQ > OQ$이므로 $r + d > r + R$이다. 즉, $d > R$이다. 하지만 이 식은 달의 위치에 따른 달 크기의 눈에 보이는 변화를 설명할 수 없다.

달이 지평선 위에 있을 때와 완전히 떠올랐을 때의 겉보기 크기 차이는 심리학자들이 말하는 시각적 환각인 폰조 착시(Ponzo illusion)에 의거해 설명할 수 있다. [그

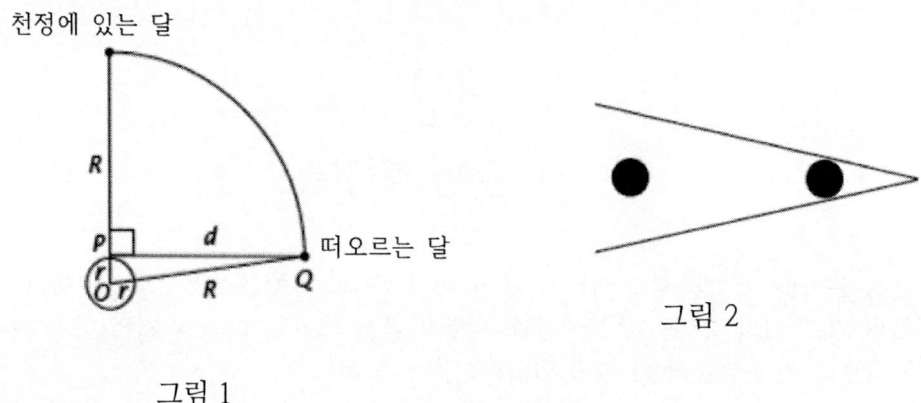

그림 1

그림 2

림 2]에서 두 원은 같은 반지름을 가지고 있다. 하지만 오른쪽으로 모이는 선은 오른쪽에 있는 원이 왼쪽에 있는 원보다 커 보이게 한다.

떠오르는 달 역설 [그림 3]처럼 폰조 착시에 의해 설명될 수 도 있다. 폰조 착시(Ponzo illusion)는 지평선을 따라 나무가 펼쳐진 길을 바라보고 있는 관찰자가 자신에게 가까운 나무가 지평선 근처의 나무보다 더 크다고 느끼게 만든다.

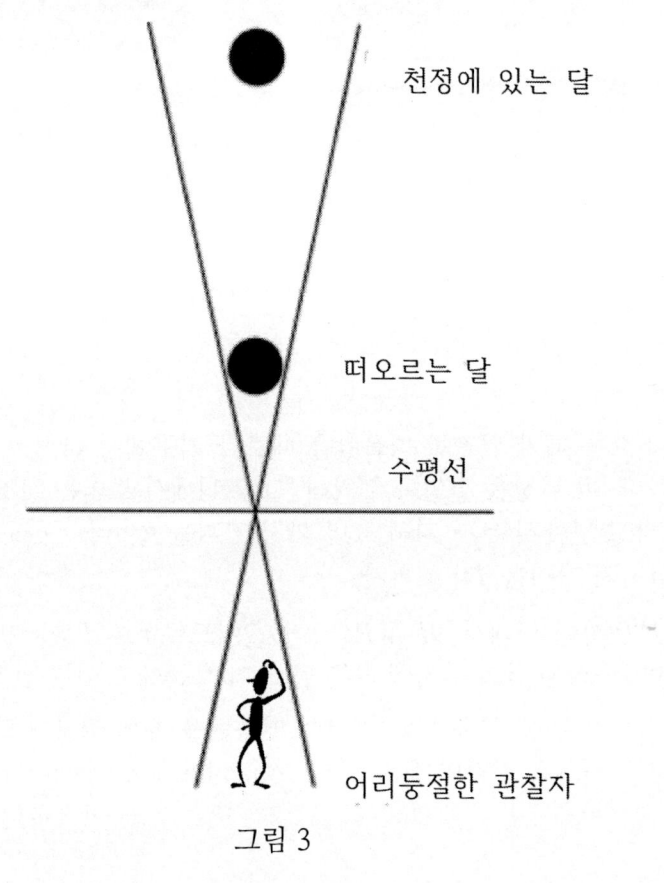

그림 3

떠오르는 달 패러독스

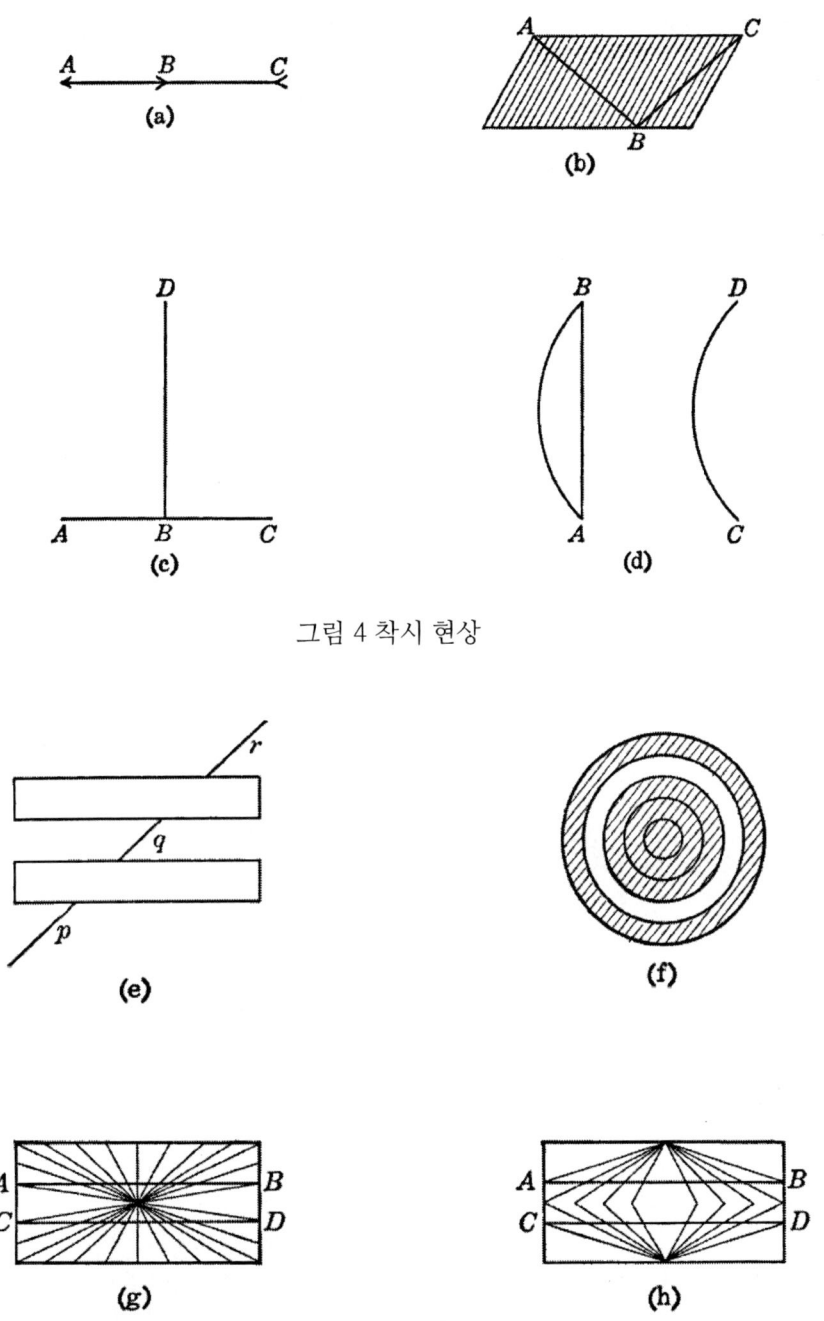

그림 4 착시 현상

그림 5 착시 현상 (계속해서)

폰조 착시는 심리학자들이 연구한 착시 중 하나이다. 뮬러-라이어 착시(Müller-Lyon illusion)는 수학적인 설명이 아닌 심리학적 설명으로 이해할 수 있다. 하지만 위에서 보인 착시는 기하학적인 성질을 가지고 있다. 이 말은 곧, 학생들은 결코 모양만을 보고서 추론을 하지 말아야 한다. 모든 기하 속 역설 중 가장 간단한 것은 눈을 속이는 착시 현상이다. 이러한 착시 현상의 예는 거의 모든 기초 기하학 책 속에서 찾을 수 있다. 이러한 것들은 학생들에게 보이는 것에 너무 믿지 말라고 경고하는데 사용된다. [그림 4]의 예를 보아라. 확실히 [그림 4] (a)의 선분 BC는 선분 AB보다 길다. 그러나 아니다. - 실제 길이를 측청하면 이 두 선분 AB와 BC의 길이는 같다. 마찬가지로 [그림 4] (b)에서 두 선분 AB와 BC의 길이가 같고, [그림 4] (c)에서 두 선분 AC와 BD의 길이도 같다. 그리고 [그림 4] (d)의 두 호 AB와 CD의 길이는 같다.

[그림 5] (e)의 선분 p, q, r은 보이는가? 이들 세 선분은 평행한가? 전혀 그렇지 않다. 이 세 선분들은 같은 직선의 일부분들이다. [그림 5] (f)에서 음영 처리된 두 부분은 동일한 넓이이다. 이를 입증하기 위해 가장 큰 원의 반지름을 5로 잡으면 링 모양의 음영 부분의 안쪽 반지름은 4이고, 음영으로 처리된 원의 반지름은 3이다. 따라서 음영으로 처리된 원의 넓이는 $\pi r^2 = \pi \cdot 3^2 = 9\pi$ 단위 넓이이고, 링 모양의 음영 부분의 넓이는 $\pi \cdot 5^2 - \pi \cdot 4^2 = 25\pi - 16\pi = 9\pi$ 단위 넓이를 갖는다. [그림 5] (g)와 (h)에서, 믿거나 말거나, 두 선분 AB와 CD는 평행한 직선이다.

[그림 6]와 같이 횔너 착시(Zöllner illusion)는 사선은 모두 평행 하지만 가는 사선이 우리의 시각을 왜곡해 밑에 있는 선들이 위쪽으로 기운 것처럼 느껴지게 만든다.

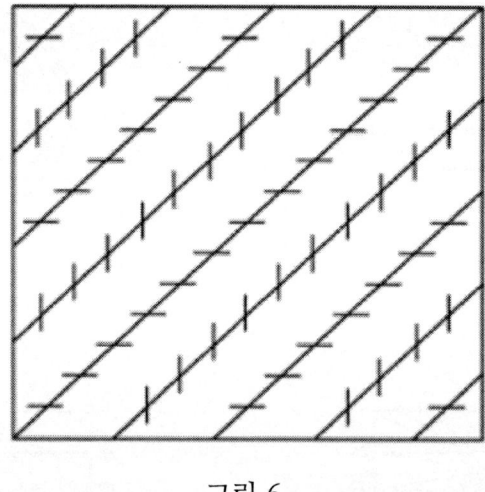

그림 6

33
3D 착시 현상

위의 사진에서 보듯이 거울과 눈으로 보는 구조물의 형태가 다르다. 이것이 어떻게 된 것일까? 이를 설명하여 보아라.

모호한 기둥 착시 : 사각기둥과 원기둥

일본 코키치 슈기하라(Kokichi Sugihara)가 만든 이 착시 도형은 '2016년 세계 착시 대회'에서 2등을 한 작품이다. 이 도형은 3차원 착시 도형으로 착시 현상을 보여주고 있는데, 도형 앞에서 볼때와 거울에 비춘 도형을 볼때 모양이 다르게 보인다. 착시 현상을 이렇게 까지 했다는 것에 매우 아이디어가 참신하다고 생각한다. 이제 이 착시 현상을 수학으로 분석을 하려고 한다. 우선 이와 같은 현상을 지오지브라를 이용하여 만들어 보았다.

[그림 1]은 그 도형의 기본이 되는 그래프를 그린 것인데, 회전시키면 2가지(원 기둥과 정사각형 기둥)으로 보이게 된다. [그림 2, 3] 어떻게 이러한 현상이 일어나는 것일까? 이것은 원근법과 대칭에 의하여 나타나는 현상이다.

수학적으로 이것을 보이 위해서, 3차원 좌표계에서 2가지의 그림을 떠올려야 한다. 점 $P(0,a,a)$에서 관찰자가 점 $Q(0,-a,a)$에서 다른 관찰자이다. 다른 관찰자는 거울 안에 있는 관찰자이다. 두 관찰자들은 곡선 $\vec{r}(t)$을 위에서 아래로 보게된다. 어느 지점에서 보아야 xy-평면에 비추어진 2개의 다른 곡선이 보일까?

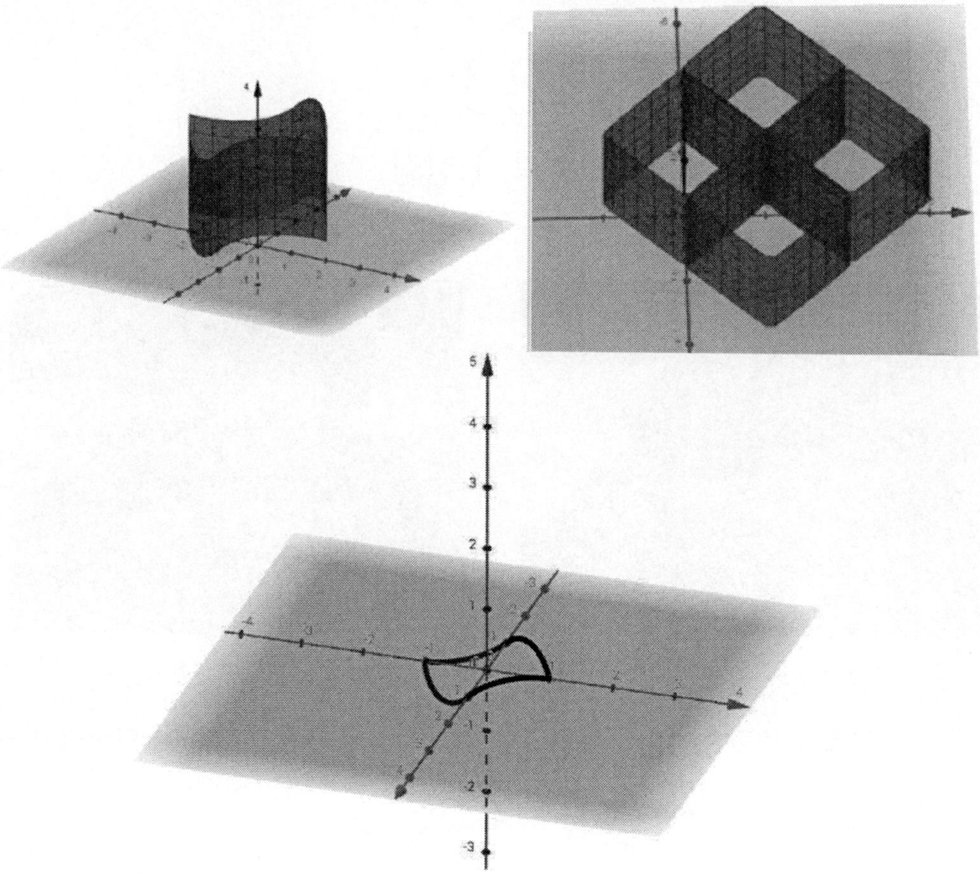

수학 속 패러독스

그림 1 착시 현상 그래프

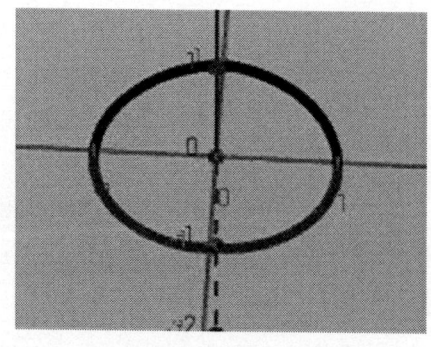

그림 2 원 모양

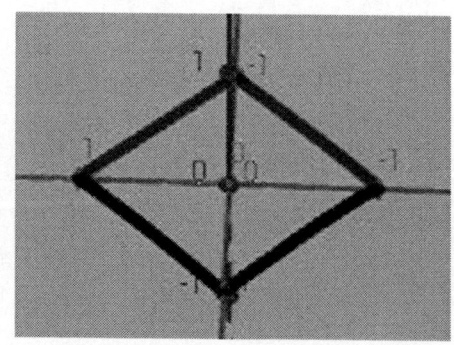

그림 3 정사각형 모양

3D 착시 현상

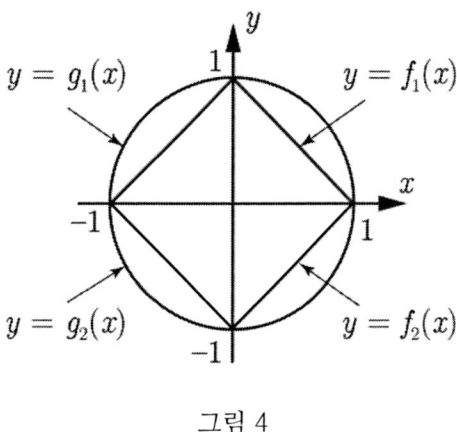

그림 4

[그림 4]에서 처럼 $xy-$평면에 비추어진 2개의 다른 매개변수 곡선을 각각 $(u, f(u), 0)$, $(u, g(u), 0)$이라고 하자. 예를 들어 2개의 곡선을 4개의 점 $(\pm 1, \pm 1, 0)$을 지나는 $xy-$평면에 위에 있는 원과 정사각형이라고 하자. 그러면 정사각형의 방정식은 $f_1(u) = 1 - |u|$ 와 $f_2(u) = |u| - 1$ 이고 원의 방정식은 $g_1(u) = \sqrt{1-u^2}$ 과 $g_2(u) = -\sqrt{1-u^2}$ 이다. a는 충분히 1보다 큰 수를 택하자. (여기서 $a = 10$이다.)

그러나 우리는 나중에 일반화를 시키는 작업을 할 것이고, 또한 나중에 구체적인 모형을 얻기 위해서 특정한 숫자를 넣을 것이다.

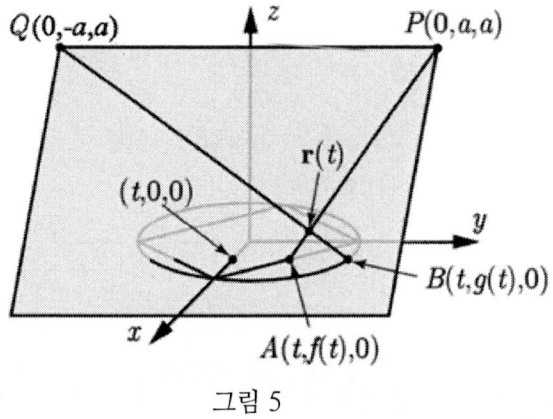

그림 5

[그림 5]와 같이 우리가 구하고자 하는 곡선을 벡터 $\vec{r}(t)$이라고 하자. t를 고정하고, 그 때 $xy-$평면 위에 있는 정사각형 위의 점 $A(t, f(t), 0)$, 원 위의 점 $B(t, g(t), 0)$이라고 하자. 점 P에서 이 도형을 보고 있다고 하면, 벡터 $\vec{r}(t)$는 직선 AP 위에 있다. 더욱이 점 Q에서 다른 관찰자가 이 도형을 보고 있다고 하면, 또한 벡터 $\vec{r}(t)$는 직선 BQ 위에도 있다. 그러므로 벡터 $\vec{r}(t)$는 직선 AP 와 직선 BQ

의 교점이다. 우리는 직선이 점 P, Q 그리고 $(t,0,0)$를 지나는 평면에 놓여 있기 때문에 직선이 왜곡되지 않는 다는 것을 알 수 있다. 함수 f, g와 a를 적합하게 선택을 하면 두 직선들은 교점을 갖고, 평면 $z=a$와도 한 점에서 만난다. 직선 AP 는

$$\vec{r}_{AP} = s\overrightarrow{OA} + (1-s)\overrightarrow{OP} = \left(ts, (f(t)-a)s+a, -as+a\right)$$

로 매개변수 벡터 방정식으로 나타내어지고, 직선 BQ 는

$$\vec{r}_{BQ} = s\overrightarrow{OB} + (1-s)\overrightarrow{OQ} = \left(ts, (g(t)+a)s-a, -as+a\right)$$

로 매개변수 벡터 방정식으로 나타낼 수 있다. 이 두 직선의 교점을 구하여 보면, y 성분이 같아야 하므로

$$(f(t)-a)s+a = (g(t)+a)s-a$$

$$s = \frac{2a}{g(t)-f(t)+2a}$$

이다. 이 식을 $\vec{r}_{AP}$ 에 대입을 하면,

$$\left(\frac{2at}{g(t)-f(t)+2a}, \frac{af(t)+ag(t)}{g(t)-f(t)+2a}, \frac{ag(t)-af(t)}{g(t)-f(t)+2a}\right)$$

이다. 또한 $\vec{r}_{AP} = \vec{r}(t)$ 이므로, 이를 다시 정리하면,

$$\vec{r}(t) = \frac{a}{g(t)-f(t)+2a}\left(2t, f(t)+g(t), g(t)-f(t)\right)$$

이다. 여기에 위에서 초기 함수들을 대입하고, 실수 a를 넣자. y값이 음이 아닌 수에서 두 함수를 정의하면, 아래와 같다.

$$\vec{r}_1(t) = \frac{10}{\sqrt{1-t^2}+|t|=19}\left(2t, 1-|t|+\sqrt{1-t^2}, \sqrt{1-t^2}+|t|-1\right) \text{ (단, } -1 \leq t \leq 1\text{)}$$

$$\vec{r}_2(t) = \frac{10}{\sqrt{1-t^2}+|t|=19}\left(2t, |t|-1-\sqrt{1-t^2}, 1-\sqrt{1-t^2}-|t|\right) \text{ (단, } -1 \leq t \leq 1\text{)}$$

이를 다시 원점 대칭하면 원하는 그래프를 얻는다. 이를 원하는 높이만큼 올려서 기둥을 만들면 된다.

3D 착시 현상

3중 모호한 객체는 어떻게 만들었는가?

[그림 5]의 객체를 90° 수직인 두 평면 거울에 놓고 카메라로 관찰을 하면 [그림 7] 처럼 보인다. 왜 이러한 착시 현상이 일어나는 것일까?

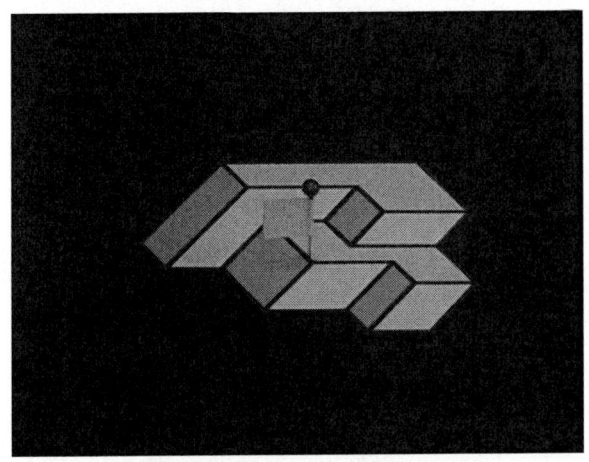

그림 5

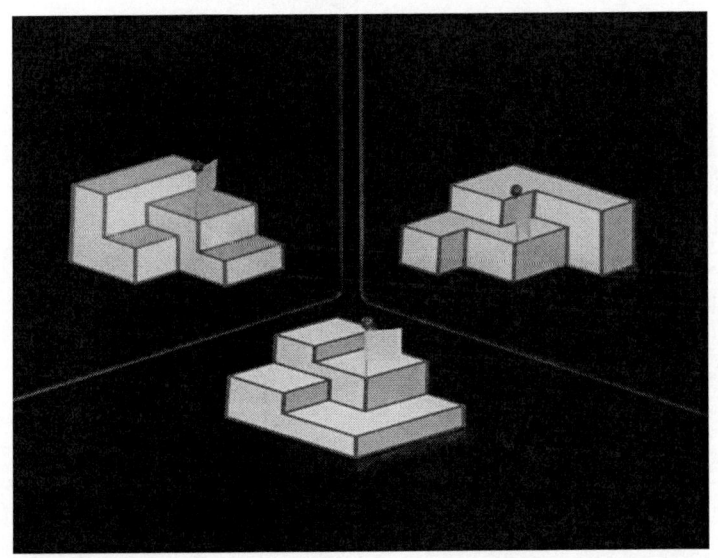

그림 7

고이치 슈기하라(Kokichi Sugihara) 본인이 2018년 10월 22일에 작성 글을 참고하여 작성하였다. 본인의 글에서 '2018 착시 콘테스트'에서 대상을 받은 '3중 모호한 객체'를 만드는 방법을 아래와 같이 소개하고 있다.

그림 성질의 기초 이론

90°도로 연결된 평면들로 둘러 쌓인 3D 객체를 '직사각형 객체'라고 하자. 이 직사각형 객체는 서로 평행한 면으로 이루어진 3개의 그룹과 모서리들로 이루어진 평행한 3개의 그룹을 가지고 있다. 결과적으로 직사각형 물체의 정사영 투영된 그림에는 세 개의 평행선 그룹 만 포함한다. 다음 그림은 세 개의 선 그룹이 서로 120°도로 서로 연결된 객체이다.

[그림 8]과 같이 하나의 평행선 그룹이 수직인 그림의 세 가지의 형태가 있다.

그림 8

[그림 9]의 세 그림이 동일한 그림 [그림 8]을 회전시켜서 얻어진다는 것을 인식하는 것은 쉽지 않을 수 있다. 이는 동일한 물체의 다른 형태를 나타내는 것을 인식하는 것이 쉽지 않을 수 있음을 의미한다. 다음 그림을 아래에서 비스듬한 방향으로 보도록 하자. 그러면 아래의 그림과 같이 변경된다. 이제 그들은 같은 그림에서 온다는 것을 인식하는 것이 훨씬 더 어려워진다.

 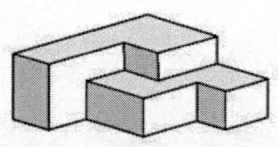 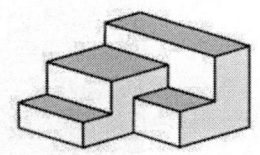

그림 9

이 3개의 그림은 수직 방향으로 압축되었다. 결과적으로, 그것들을 정사영으로 투영된 그림으로 간주한다면, 그들은 같은 대상의 다른 형태를 나타남에도 불구하고 다른 대상을 나타낸다. 직사각형 객체의 그림에 대한 이러한 속성을 사용하여 3중 모호한 객체를 구성 할 수 있다.

3D 착시 현상

만드는 방법

3중 모호한 객체는 다음 단계에 따라 만들 수 있다.

1 단계) 직사각형 객체의 그림을 그리고 수평 면에 놓는다.

2 단계) 볼록한 꼭짓점에 깃발이 있는 수직인 핀을 꽂는다. [그림 5]는 핀이 있는 그림이다. 이 결과에 대한 객체를 삽화(artwork)라고 부르자.

3 단계) 한 그룹의 평행선이 수직인 방식으로 이 삽화를 기울어 진 방향으로 보자. 그러면 다음 세 개의 직사각형 객체를 인지한다. 삽화 뒤에 두 개의 수직 거울을 배치하여 세 가지 모습을 동시에 볼 수 있다.

왜 이러한 착시 현상이 일어나는가?

삽화는 깃발이 있는 수직 핀으로 장식 된 수평 면에 배치 된 2D 그림이지만 세 가지 다른 객체에 대대 인식을 하도록 생성 할 수 있다. 왜 이러한 일이 발생하는가? 나는 이 착시가 다음과 같은 요인들의 결과라고 생각한다.

요인 1. 이것은 카메라로 찍은 비디오 이다.

삽화를 직접 본다면 착시를 즐길 수 없다. 우리는 두 개의 눈을 가지고 쌍안의 스테레오에 의해 물체 표면 까지 거리를 잴 수가 있다. 따라서 결과적으로 우리는 수평적으로 지향 된 그림으로 인식한다. 이 착시는 우리가 한쪽 눈으로 작품을 볼 때만 발생한다. 카메라로 비디오를 찍는 것은 한 눈으로 작품을 보는 것과 같다. 따라서 두 눈으로 비디오를 볼 때도 착시 현상을 즐길 수 있다.

요인 2. 우리의 뇌는 직사각형의 형태를 선호한다.

망 막 이미지는 2D이므로 깊은 정보가 포함되어 있지 않다. 따라서 투영된 2D 이미지와 일치하는 3D 구조의 가능성은 무한히 많다. 그것들의 사이에서, 우리의 뇌는 보통 많은 직사각형을 포함하는 해석을 선택한다. 특히, 그림에 3개의 평행선 그룹만 포함되어있는 경우, 우리의 뇌는 이것을 직사각형 객체로 해석한다. 결과적으로 우리는 2D 그림 대신에 3D 객체를 인식합니다.

요인 3. 깃발이 있는 핀은 중력의 방향을 나타낸다.

우리가 기울어 진 방향으로 작품을 볼 때, 우리는 단지 우리 자신을 향한 그림을 보지 않고 3D 공간에서 무엇인가 보고 있다고 느낀다. 이러한 상황은, 우리는 수직으로 서있는 핀에 의해 강조되는 중력의 방향에 대해 지각을 한다.

슈기하라는 이러한 요소들이 모여서 3중 모호한 착시를 느끼게 하는 것으로 생각하였다.

34
항상 이기는 게임

수학은 남들보다 뛰어났지만 세상 물정에 경험이 없는 가난한 젊은 대학원생이 1년 동안 유학할 수 있을 만큼 돈을 모았다. 유럽으로 크루즈 여행을 가던 중, 그는 어느 날 저녁에 도박꾼들과 어울려 포커로 거의 모든 돈을 탕진하였다. 다음날 저녁 젊은이는 다시 도박꾼들과 마주쳤고, 또 다시 포커 게임이 초대되었다. 젊은이는 자신이 포커 게임을 충분히 알지 못한다는 것을 알고 이점을 스스로 인정했다. 그래서 그들에게 한 가지 제안을 하였다. "신사 여러분, 좀 다른 게임을 하면 어떨까요?" 도박꾼들은 그들의 총명함과 거의 모든 것을 속일 수 있는 능력이 있다고 생각하고 이 게임에 흔쾌히 동의했다. 젊은이는 테이블 위에 많은 성냥을 놓았다.

젊은이는 도박꾼들 중 한 명에게 말하였다. "이제, 당신은 원하는 만큼 성냥개비를 가져갈 수 있습니다. 한 개에서 부터 성냥개비 더미 전체를 가져가도 됩니다. 그리고 나도 똑같은 규칙으로 성냥개비를 가져갈 수 있습니다. 우리는 모든 성냥개비가 사라질 때까지 교대로 경기를 계속하고 마지막에 성냥개비를 가져가는 사람이 이 게임에서 지는 게임입니다." 나머지 이야기는 쉽게 상상이 간다. 그 게임의 판돈은 컸고, 크리스마스 전날까지 그 젊은이는 자신의 돈을 모두 되찾았을 뿐만 아니라 해외에서 몇 년을 보낼 만큼 많은 돈을 벌었다. 사실, 그의 마지막 소식을 들었을 때도 그는 여전히 그곳에 있었다.

젊은이는 어떻게 게임에서 항상 이길 수 있었을까?

이 게임에서 성냥개비를 어쩔 수 없이 가져가게 만들어 항상 승리하는 방법을 설명하는 데는 약간의 시간이 걸리지만, 우리들 중 대부분은 이것을 끝까지 보고 싶어 할지도 모른다. 두 선수 A와 B가 게임을 하고 게임이 끝났을 때 몇 가지 우승을 할 수 있는 경우를 살펴보자.

	경우 1	경우 2	경우 3	경우 4
더미 1	//	///	///	//
더미 2	//	///	//	//
더미 3			/	
더미 4				/

그림 1

항상 이기는 게임

A는 [그림 1]에 나타난 네 가지 경우 중 어느 하나의 경우를 만들어 B가 어쩔 수 없이 가져가게 만들 데 성공할 수 있다면 항상 이길 것이다.

경우 1. (a) B가 첫 번째 더미에서 1개의 성냥 개비를 가져간다면, A는 두 번째 더미를 모두 가져가고, B는 마지막 1개 성냥 개비를 가지고 가져가게 된다. (b) B가 첫 번째 더미를 모두 가져가면, A는 두 번째 더미에서 1개 성냥 개비를 가져가고, 다시 B는 마지막 1개 성냥 개비를 가져가게 된다.

경우 2. 사례 2. (a) B가 첫 번째 더미에서 성냥 개비 1개를 가져가면, A는 두 번째에서 성냥 개비 1개를 가져간다. 이후 첫 번째 경우와 같이 진행한다. (b) B가 첫 번째 더미에서 성냥 개비 2개를 가져가면, A는 두 번째 더미를 모두 가져간다. 그러면 B는 마지막 성냥 개비 1개를 가져가게 된다. (c) B가 첫 번째 더미를 모두 가져간 경우, A는 두 번째 더미 중 성냥 개비 1개를 남겨두고 모두 가져간다. 그러면 B는 마지막 성냥 개비 1개를 가져가게 된다.

경우 3. (a) B가 첫 번째 더미에서 성냥 개비 1개를 가져가면 세 번째 더미에서 A는 성냥 개비 1개를 가져간다. 이후 첫 번째 경우와 같이 진행한다. (b) B가 첫 번째 더미에서 성냥 개비 2개를 가져가면, A는 두 번째 더미에서 성냥 개비 1개를 가져간다. 그러면 B가 아무 더미에서 성냥 개비 1개를 가져가면, A는 나머지 더미에서 성냥 개비 1개를 가져간다. 그러면 마지막 남은 더미에서 B가 마지막 성냥 개비 1개를 가져가게 된다. (c) B가 첫 번째 더미에서 성냥 개비를 모두 가져가면, A가 두 번째 더미에서 성냥 개비를 모두 가져간다. 그러면 B는 나머지 더미에 있는 1개의 성냥 개비를 가져가게 된다. (d) B가 두 번째 더미에서 성냥 개비 1개를 가져가면, A는 첫 번째 더미에서 성냥 개비 2개를 가져간다. 그러면 세 개의 더미에 각각 성냥 개비가 1개씩 남고 B가 가져갈 순서이니 마지막은 성냥 개비는 B가 가져가게 된다. (e) B가 두 번째 더미를 모두 가져가면, A는 첫 번째 더미를 모두 가셔간다. 그러면 세 번째 더미 성냥 개비 1개를 B가 가져가게 된다. (f) B가 세 번째 더미에서 성냥 개비 1개를 가져가면 A는 첫 번째 더미에서 성냥 개비 1를 가져간다. 그 이후 첫 번째 경우와 같이 게임을 한다.

위의 경우들이 분명히 게임에 종료될 수 있는 모든 경우를 나타내지는 않지만 우리의 목적, 즉 지지 않는 경우를 보여주기 위해서 몇 가지 사례를 들었다.

	경우 1	경우 2	경우 3	경우 4
더미 1	10	11	11	10
더미 2	10	11	10	10
더미 3			1	1
더미 4				1
	20	22	22	22

그림 2

수학 속 패러독스

이제 [그림 2]의 각 성냥 개비 수들을 이진수로 바꾸어 나타내어 보자. 앞에서 보았던 십진수 1은 $1 \cdot 2^0 = 1$, 십진수 2는 $1 \cdot 2^1 + 0 \cdot 2^0 = 10$ 그리고 십진수 3은 $1 \cdot 2^1 + 1 \cdot 2^0 = 11$로 쓰여진다는 것을 상기하여라. 그러면 위 [그림 2]의 네가지 경우를 이진법으로 나타낸 것이다.

네 가지 경우 모두 각 열의 자릿수 합계가 맨 아래에 적혀있다. 각 합계의 숫자는 짝수이다. 0 또는 2는 짝수이다. 그렇지 않은 숫자 즉, 1 또는 3과 같은 숫자는 홀수이다. 게임의 비밀에 대해서 알아보자. '계수'라는 용어를 도입하면 설명을 더 명확히 할 수 있다. 십진법 수 567은 $5 \cdot 10^2 + 6 \cdot 10^1 + 7 \cdot 10^0$을 의미한다. 여기서 7은 10^0의 계수, 6은 10^1의 계수, 5는 10^2의 계수라고 한다. 마찬가지로 이진수 101은 $1 \cdot 2^2 + 0 \cdot 2^1 + 1 \cdot 2^0$을 의미하고 2^0의 계수는 1이고 2^1의 계수는 0이며 2^2의 계수는 1이다.

이제 A는 경기에 대한 원리를 알고 B는 알지 못한다면, A는 다음과 같은 방식으로 게임에서 항상 승리를 할 수 있다. 그는 각 더미의 성냥 개비 수를 이진수로 표현하고, 2의 거듭 제곱으로 나타내어지는 즉 $2^0, 2^1, 2^2, \cdots$의 계수 끼리 각각 모두 더하여라. 그런 다음, 2의 거듭제곱의 합이 짝수가 되도록 위해 필요한 만큼의 더미 또는 다른 더미에서 성냥개비를 가져간다. B가 가져가면 그러한 배치가 깨질것이고, A는 그 과정을 반복한다. 이 규칙의 유일한 예외는 A는 각각 성냥개비가 하나만 있는 더미가 짝수 개가 되록 하여서는 절대 안 된다.

이러한 아이디어를 한 개의 예제 게임을 하여 보자. 첫 번째 더미에 6개, 두 번째와 세 번째에 5개, 네 번째에 3개의 성냥 개비가 있는 4개의 더미가 있다고 가정하자.

$$
\begin{array}{cccc}
 & & & \quad\quad 110 \\
 & & & \quad\quad 101 \\
////// \quad\quad ///// \quad\quad ///// \quad\quad /// & & & \quad\quad 101 \\
 & & & \quad\quad\;\; 11 \\
\hline
 & & & \quad\quad 323
\end{array}
$$

그림 3

A가 먼저 가져간다고 하자. 이러한 설정이 아래 [그림 3]같고 오른쪽에는 각각의 더미의 성냥 개비 수에 대응하는 이진수가 적혀 있고 2의 거듭제곱의 각 자리수의 계수의 합이 아래에 적혀 있다.

2^0와 2^2의 계수 합계가 홀수이므로, A는 첫 번째 더미에서 3개의 성냥 개비를 가져가야 하며, 모든 2의 거듭제곱의 계수 합계가 짝수가 되는 각각 더미의 성냥 개비를 남겨 두어야 한다. [그림 4]

항상 이기는 게임

```
                                              11
                                             101
   ///      /////      /////       ///       101
                                              11
                                             ───
                                             224
```
그림 4

다음으로 B가 두 번째 더미에서 4개의 성냥을 가져갔다고 가정하자. [그림 5]

```
                                              11
                                               1
   ///        /        /////       ///       101
                                              11
                                             ───
                                             124
```
그림 5

다음으로 A는 세 번째 더미에서 4개의 성냥 개비를 가져가야 한다. [그림 6]

```
                                              11
                                               1
   ///        /          /         ///         1
                                              11
                                             ───
                                              24
```
그림 6

다음으로 B가 첫 번째 더미를 모두 가져갔다고 가정하자. 그러면 [그림 7]과 같이 정리를 할 수 있다.

```
                                               1
                                               1
      /          /          ///               11
                                             ───
                                              13
```
그림 7

이제 A가 규칙에 따라 경기를 한다면 마지막 한 무더기의 성냥 개비를 모두 가져가면 게임에서 이기게 된다. 그러나 이 게임은 각각 하나의 성냥 개비가 있는 두 개 더미를 남긴 예이다. 그것은 피해야 할 사건의 예외적인 사건이다. 그러나 A는 정확한 게임의 규칙대로 한다면 마지막 더미에서 성냥 개비 2개를 가져와서 한 개의 성냥 개비를 갖는 홀수 더미를 남기는 것이다. 그러면 A는 항상 승리하게 된다. 예외적인 경우는 상식 만으로 게임을 이기는 상황을 게임 후반에나 일어날 수 있기 때문에 어려운 상황을 피는 것은 어렵지 않다.

이 게임은 이진수로 표현하고 계수를 빠르게 더하는데 약간의 시간으로 즐겁게 많은 배당금을 챙길 수 있다.